VORTRÄGE UND AUFSÄTZE ÜBER
ENTWICKLUNGSMECHANIK DER ORGANISMEN
HERAUSGEGEBEN VON **WILHELM ROUX**

HEFT XXII

DIE
REGULATIONEN DER PFLANZEN

EIN SYSTEM DER TELEOLOGISCHEN BEGRIFFE IN DER BOTANIK

VON

DR. PHIL. EMIL UNGERER

SPRINGER-VERLAG BERLIN HEIDELBERG GMBH

1919

ISBN 978-3-642-88814-4   ISBN 978-3-642-90669-5 (eBook)
DOI 10.1007/978-3-642-90669-5

Softcover reprint of the hardcover 2nd edition 1919

Einleitung.

Zwei Gebieten gehört diese Arbeit an: der Botanik, sofern sie Tatsachen der botanischen Forschung, Ergebnisse der Physiologie der Pflanzen in bestimmter Weise ordnet; der Logik, sofern die Formen der Ordnung, das logische Recht der Betrachtungsweise, die systematische Gliederung der Begriffe ihr Gegenstand ist.

Aus zwei Quellen ist auch die Anregung zu der Aufgabe geflossen, welche sie sich stellt. Ein Ausgangspunkt waren Überlegungen, die an Kants Kritik der Urteilskraft anknüpften und klarstellen wollten, welche Tragfähigkeit der Begriff des »Organismus«, den Kant hier entwickelt, gegenüber den Ergebnissen der heutigen biologischen Forschung hat. Diese Untersuchung führte in das heiß umstrittene Gebiet der Zweckmäßigkeitsfrage, brachte dazu freilich aus dem Kantschen Werk einen Wegweiser mit in der Forderung, vor aller Theorie die Tatsachen sprechen zu lassen, zunächst einmal den unangreifbaren Sachverhalt eindeutig festzulegen, dem die widerstreitenden Erklärungen gelten. Hier nun mündet die zweite Quelle ein. Der aus dem Studium der experimentellen Morphologie der Pflanzen hervorgegangene Versuch, das System der pflanzlichen Regulationen aufzuzeigen, das sich dem von Driesch geschaffenen und von ihm wie von anderen Forschern vor allem nach der zoologischen Seite hin ausgebauten System der organischen Regulationen einfügen sollte, mußte den geeignetsten Stoff für jene Untersuchung bieten. Mit der erweiterten Grundlage der Untersuchung wandelte und erweiterte sich die Fragestellung. Das historische Interesse trat völlig in den Hintergrund, alle Sonderfragen waren einbeschlossen in der einen Aufgabe, die grundsätzliche Berechtigung der teleologischen Betrachtungsweise und ihre Grenzen darzulegen und sie auf das gesamte Tatsachengebiet der wissenschaftlichen Botanik systematisch anzuwenden.

Der erste Teil dieser Aufgabe war freilich in der Hauptsache schon

gelöst. Die Frage nach Wesen und Wert der teleologischen Begriffs-
bildung in der Biologie war in einem im letzten Jahrhundert immer erneuten Ringen zu einem gewissen Abschluß gekommen und hatte insbesondere in den Arbeiten von Driesch eine für den heutigen Stand
biologischer Probleme endgültige Formulierung gefunden. Freilich war
diese weit davon entfernt, allgemein anerkannt zu werden. Die Verwechslung von Ganzheitsbetrachtung und Vitalismus, welche
der klaren Erfassung des vorliegenden Problems stets am meisten im
Wege gestanden hatte, mußte dann vor allem verhängnisvoll werden
und zur Verkennung des geleisteten Fortschritts führen, wo dieser sich
in den Werken eines der bedeutendsten Vertreter des Vitalismus fand.
Es galt daher, den völlig hypothesenfreien, rein beschreibenden Begriff
der Ganzheit, der bei Driesch gegenüber dem Kausalbegriff der »echten
Ganzheit« (als Ausdruck vitalistischen Geschehens) etwas in den Hintergrund tritt, scharf herauszuarbeiten und als Kern aller »teleologischer«
Begriffe der Botanik nachzuweisen. Dem Vorurteil, das in jeder Teleologie schon ein Zugeständnis an den Vitalismus sieht, der Einseitigkeit,
welche einen wesentlichen Grundzug alles Lebendigen, sein eigentliches
Kennzeichen übersieht und jeder echten »Zweckmäßigkeit« mit abge-
wandtem Antlitz den Schild des Darwinismus entgegenhält, mußte
ebenso begegnet werden wie dem unberechtigten Streben, hinter allen
»Anpassungserscheinungen« einen deus ex machina zu suchen. Dies-
seits von allem Vitalismusstreit mußte gezeigt werden, daß der ganze
Sachverhalt des Lebensgeschehens mit bloßen Kausalbegriffen allein
nicht dargestellt werden kann und nie dargestellt wurde, wie die wissenschaftliche Verarbeitung der Tatsachen stets und mit Recht »Ganzheitsbegriffe« verwendet hat und verwendet. Es war zu zeigen, was »teleologische Betrachtungsweise« frei von allen Beimischungen bedeute, wie
sie notwendig und ohne Gefahren benutzt werde.

Keine Hypothese und keine Theorie sollte geschmiedet werden.
Reinlichkeit der Begriffe war das wesentlichste Ziel der Bemü-
hungen, deren Ergebnis sich in den Rahmen einer erst erstehenden Logik
der Biologie eingliedern soll.

Die strenge und geordnete Besinnung über das Wesen der in einer
bestimmten Wissenschaft verwendeten Begriffe und Methoden setzt

einen gewissen Reifegrad dieser Wissenschaft voraus, erfolgte daher bei der Mathematik und bei den anorganischen Forschungszweigen der Naturwissenschaft früher als bei den organischen. Ein Mißverständnis bezüglich dieser Logik der Einzelwissenschaften gilt es von vornherein abzuweisen: Wie die formale Logik nicht in erster Linie Kunstlehre des richtigen Denkens ist, sondern Ordnungslehre des vorliegenden Denkens, dessen Ordnungsbestandteile es aufzeigt, so hat jeder Wissenschaftszweig seine Urteils-, Begriffs- und Methodenlehre, seine »Logik«, welche ihm nicht etwa Vorschriften über die Zweckmäßigkeit einzuschlagender Wege macht, sondern die ihn kennzeichnenden Arten von Begriffen und Beziehungen aufdeckt. Sorgsame Untersuchungen dieser Art haben seit dem Beginn des 17. Jahrhunderts, mit besonders regem Eifer in den letztvergangenen Jahrzehnten, die logischen Grundlagen der Physik und Chemie dargelegt, und die klare Sonderung der Begriffe, der Ziele und Wege der Erkenntnis haben wiederum ihre günstige Rückwirkung auf diese Wissenschaften selbst gehabt. So ist auch von einer Logik der Biologie eine einheitlichere Gestaltung der theoretischen Biologie zu erhoffen, die bisher fast so viele Sonderformen als Forscher aufweist. Zu dieser Logik der Biologie möchte diese Arbeit ein bescheidener Beitrag sein.

Weil sie nur als erster Beitrag, als Vorarbeit zu einer umfassenderen Behandlung der logischen Probleme der Biologie gewertet werden will, durfte auch darauf verzichtet werden, auf eine Reihe sonst naheliegender Fragen einzugehen.

Stoff der Untersuchung waren Vorgänge an Pflanzen. Gegenstand der Untersuchung die verschiedenen Formen von »Zweckmäßigkeit« oder, wie es in der Arbeit heißen wird, von »Ganzheiterhaltung«, die in diesen Vorgängen sich äußert. Es erwies sich als erforderlich, über die zunächst allein berücksichtigten »Regulationen« hinauszugreifen und auch die Fälle »normaler« Ganzheiterhaltung, von »Harmonie«, in die Betrachtung einzubeziehen. Während bei diesen letzten eine Beschränkung auf die Anordnung des Stoffes in großen Klassen ohne allzu eingehende Zergliederung im einzelnen und ohne den Versuch der Vollständigkeit eintreten mußte, wurde bei den Regulationen eine Vollständigkeit wenigstens der typischen Fälle der Ganzheiterhaltung und eine

möglichst scharfe Gliederung der einzelnen Gruppen erstrebt. Auf Grund
eines ausgedehnten Studiums der weitläufigen Literatur, das nach Möglichkeit auf die Originalarbeiten zurückgriff und Lehrbücher sowie zusammenfassende Darstellungen nur als willkommene Führer benutzte,
wurde versucht, das gesamte Material der botanischen Physiologie nach
der Verwendung teleologischer Begriffe zu prüfen und ein geordnetes
System dieser Begriffe aufzubauen. Die sondernde Arbeit selbst, die
Analyse der einzelnen Vorgänge, die in den Quellen meist unter ganz
anderen Gesichtspunkten dargestellt waren, kam dabei in den wenigsten
Fällen in der schließlichen Wiedergabe zum Ausdruck, sondern nur ihr
Ergebnis, die Definition und Gliederung der teleologischen Formen.
Die Darstellung mußte geradezu den umgekehrten Weg gehen als die
Untersuchung. Begann diese, nachdem einmal die einfachsten
Grundbegriffe festlagen, immer bei den Tatsachen, den einzelnen Vorgängen, deren Analyse dann zu einer immer eingehenderen Gliederung jener Begriffe führte, so mußte jene alles nach der als Ergebnis
erhaltenen Begriffsgliederung anordnen, so daß die Tatsachen zu »Beispielen« eines fertigen Schemas wurden. Eine einheitliche Bezeichnungsweise der Vorgänge war dazu unbedingt erforderlich, welche die
Bedeutung jedes Begriffs so genau als möglich umgrenzte, um dadurch
der manchmal beträchtlichen Verwirrung der Terminologie in der botanischen Literatur zu begegnen. Es geht nicht an, daß z. B. Ausdrücke
wie Restitution und Regeneration bald in gleicher Bedeutung, bald als
über-, bald als untergeordnet verwendet werden. Selbstverständlich ist
die in der Arbeit vorgeschlagene Bezeichnungsweise bis zu einem gewissen
Grade willkürlich und mag vielleicht nicht in allen Teilen Gegenliebe
finden. Aber nicht auf die einzelnen Fachausdrücke, sondern auf ihre
einheitliche, gleichartige Verwendung kommt es an, und mehr noch als
auf die Berechtigung der einzelnen Worte auf die scharfe und strenge
Sonderung des durch sie bezeichneten Sachverhalts. Wenn eine Neuprägung von Fachausdrücken nicht vermieden werden konnte, so war
dafür die Notwendigkeit bestimmend, das Vorhandensein von Zusammenhängen und Unterschieden, die sich aus der Ganzheitbeurteilung ergaben,
durch ein besonderes Wort zu unterstreichen. Die Neuprägung von
Worten für die Abgrenzung bestimmter Tatsachen und Probleme hat

hier einen guten Sinn, wo es sich nur um die begriffliche Ordnungstätigkeit handelt und scheidet sich scharf von der Wortschöpfungsfreudigkeit einzelner neuerer, sich »entwicklungsmechanisch« gebärdender botanischer Arbeiten, die neue Gesetzmäßigkeiten aufzeigen wollen, dabei aber den Reichtum an gewonnenen gelehrten Ausdrücken mit wissenschaftlichen Ergebnissen verwechseln. Ein Anschluß an den berechtigten Grundstock der bestehenden Terminologie wurde stets erstrebt, soweit die teleologische Analyse keine Abweichungen verlangte. Je deutlicher die verschiedenen Formen von Vorgängen geschieden werden, desto genauer kann die Fragestellung bei ihrer Erforschung werden und desto weniger sind Mißverständnisse über die Bedeutung des Erforschten möglich. In der reinlichen Scheidung der teleologischen Begriffe, in ihrer den Problemen angepaßten Abgrenzung und Anordnung sehe ich die wesentlichste Aufgabe und die Notwendigkeit der vorliegenden Untersuchung.

Die Anordnung der Arbeit ergab sich ungezwungen aus den Bedingungen der Fragestellung und aus den oben bereits aufgezeigten Erfordernissen der Darstellung. Aus der Gegenüberstellung kausaler und teleologischer Betrachtungsweise erwächst in einer Entwicklung, die in großen Zügen dem geschichtlichen Gange der Forschung folgt, die Kennzeichnung des Wesens der Ganzheitbeurteilung. Die gewonnene Betrachtungsweise mußte dann in ihrer Anwendung so klar als möglich dargelegt und ihre Fruchtbarkeit an einer Reihe von Grundbegriffen der Biologie dargetan werden; es galt ferner, sie gegen Mißverständnisse sicher zu stellen und ihre Schwierigkeiten und Grenzen zu erörtern. Diesem allgemeinen Teil folgt das System der teleologischen Begriffe der Botanik, der Harmonien und Regulationen, in der oben bereits angedeuteten Weise. Zugleich als Zusammenfassung wesentlicher Ergebnisse der Arbeit und als eine Antwort auf Fragen, die in den ersten Abschnitten aufgeworfen wurden, schließt ein Kapitel über die teleologische Kennzeichnung des Organismus das Ganze ab.

Der für die Untersuchung gewählte Titel »Die Regulationen der Pflanzen« bezeichnet zwar nur einen Teil, aber den bedeutungsvollsten, zentralsten der behandelten Probleme, deren weiterer Umkreis durch den Untertitel angedeutet werden soll.

Der Verfasser hofft, daß die Form der Arbeit nicht allzusehr darunter gelitten hat, daß infolge anderweitiger Berufsarbeit und nicht zuletzt infolge des Krieges volle sechs Jahre von ihrer ersten Inangriffnahme bis zu ihrem Abschluß verstrichen sind. Es war ihm ein gutes und ermunterndes Zeichen, daß da und dort inzwischen erschienene zusammenfassende Darstellungen der Tatsachen von anderen Gesichtspunkten aus sich in Einzelheiten der begrifflichen Gliederung der Regulationen mit seinen bereits schriftlich niedergelegten Ergebnissen mehrfach berührten. Da während dieser langen Zeit von verschiedenen zitierten Werken neue Auflagen erschienen, so wurde die neue Auflage meist nur an den Stellen genannt, wo im Anschluß an ihre Durchsicht Änderungen im Text der schon vorliegenden Kapitel notwendig wurden oder wo sie neue Belege für irgend eine Tatsache enthielt, sowie bei nachträglich erst entstehenden Abschnitten; im übrigen blieb der Bezug auf die frühere Auflage gewöhnlich stehen.

Die vorliegende Abhandlung wurde im Juni 1917 abgeschlossen; Arbeiten, die mir erst später zugänglich wurden, konnten daher nicht mehr berücksichtigt werden. Der größte Teil des Restitutionskapitels erschien mit einem vom Juli 1917 datierten Vorwort nach Abschluß der Gesamtarbeit als Heidelberger Dissertation unter dem Titel »Die pflanzlichen Restitutionen« (Berlin 1918).

Infolge der durch den Krieg geschaffenen Verhältnisse blieb der übrige Teil der Abhandlung seither liegen und konnte erst jetzt zur Veröffentlichung kommen.

Besonderen Dank schuldet der Verfasser seinem inzwischen verstorbenen, hochverehrten Lehrer Herrn Geh. Hofrat Prof. G. Klebs (Heidelberg) sowie Herrn Prof. H. Driesch (Heidelberg) nicht nur für die nun lange Jahre zurückliegende Ausbildung in methodischer Experimentalforschung und strenger Begriffsarbeit, sondern besonders für die dauernde, liebenswürdigste Unterstützung und Förderung seiner wissenschaftlichen Betätigung.

Karlsruhe, im Dezember 1918.

Dr. Emil Ungerer.

Inhaltsübersicht.

I. Grundlegung der Teleologie.

Der Ausgangspunkt aller neueren Untersuchungen über das Problem der Teleologie war K a n t s » Kritik der Urteilskraft «. Dieses Werk hat alle späteren Lösungsversuche bis in unsere Zeit herein auf das nachhaltigste beeinflußt und verlangt daher eine eingehende Darstellung.

1. Kants Kritik der Urteilskraft.

Nicht als eine Untersuchung zur Theorie des Lebens schrieb K a n t seine Kritik der Urteilskraft.

Die Urteilskraft soll eine Brücke bauen von den in der theoretischen Vernunft gegründeten Naturbegriffen zu dem in der praktischen Vernunft wurzelnden Freiheitsbegriff. Diese Vermittlerrolle kommt ihr zu kraft ihres apriorischen Prinzips der Zweckmäßigkeit. Dieses Prinzip führt im Bereiche der Natur zur Setzung eines » letzten Zweckes «, den K a n t in der Kultur sieht, welche den Menschen in die bürgerliche Gesellschaft eingliedern, diese einem weltbürgerlichen Ganzen unterordnen soll. Der so bestimmte letzte Zweck der Natur erhält seinen Sinn aber erst durch einen Zweck, » der keines andern als Bedingung seiner Möglichkeit bedarf «, der dem menschlichen Dasein absoluten Wert verleiht und damit » Endzweck « des Daseins der Welt ist: die Freiheit des menschlichen Handelns, ein » guter Wille «. Hier wurzelt ferner der von K a n t so hoch geschätzte, wenngleich nur auf den » praktischen Gebrauch unserer Vernunft « beschränkte moralische Gottesbeweis, der eine » mit der Befolgung moralischer Gesetze harmonisch zusammentreffende Glückseligkeit vernünftiger Wesen, als das höchste Weltbeste « nur durch die Annahme eines vernünftigen Welturhebers für möglich erklärt. So verschafft die Urteilskraft dem vom Verstande notwendigerweise unbestimmt gelassenen Naturgeschehen, dem nur das praktische Gesetz der

Vernunft Bestimmung, »Sinn« geben kann, »Bestimmbarkeit durch das intellektuelle Vermögen« mittels des Prinzips der Zweckmäßigkeit.

Die in der Kritik der teleologischen Urteilskraft durchgeführte Anwendung des Prinzips der Zweckmäßigkeit im Bereiche der Natur soll nun diesen Überlegungen metaphysischer Art, welche das für das System kantischer Philosophie Wesentlichste des Werkes enthalten, die breite Grundlage schaffen.

Zweckmäßigkeit ist das Prinzip der Urteilskraft, insofern die Natur unter diesem Begriff so vorgestellt wird, »als ob ein Verstand den Grund der Einheit des Mannigfaltigen ihrer empirischen Gesetze enthalte«. A priori ist dieses Prinzip, weil es in keiner Weise der Erfahrung entnommen sein kann, sondern an die Natur Geltung fordernd herangebracht wird. Dies ist besonders gegen Reinke (1901, S. 81) festzustellen, der hier Schopenhauers Kantinterpretation sehr zu Unrecht angreift, sowie gegen Rádl (1905, Bd. I, S. 281), der die Kausalität bei Kant für transzendental, die Teleologie für empirisch erklärt. Dieses letzte Mißverständnis dürfte zum Teil wohl darauf beruhen, daß das Prinzip der Zweckmäßigkeit nach Kant zwar ein transzendentales sein soll, aber nicht konstitutiv, sondern nur regulativ. Zweckmäßigkeit macht also nicht erst Erfahrung überhaupt möglich, wie die Kategorien, sondern dient nur der Beurteilung der Erscheinungen, die unter den besonderen — kausal nicht weiter verständlichen — Gesetzen der Natur stehen. Wenn E. v. Hartmann (1896, S. 437 f.) die »Finalität« Kants höchste Kategorie nennt, so ist dies nicht in dem transzendentalen Sinn des Wortes Kategorie, sondern bezüglich der Rolle des Zweckbegriffs in seiner Metaphysik gemeint: —

In seinem allgemeinsten Sinne bedeutet das Prinzip der Zweckmäßigkeit nichts anderes als die »Faßlichkeit der Natur« für unseren Verstand, die Tatsache des Zusammenstimmens der Gegebenheit mit dem Ordnung-fordernden Denken.

Bei ihrer Anwendung im Bereiche der Natur wird nun die Zweckmäßigkeit — im Gegensatz zu der subjektiven, ästhetischen — den Dingen selbst beigelegt (wiewohl nicht in dogmatischer Weise); sie ist also objektiv.

Scheidet man die nur formale objektive Zweckmäßigkeit, wie sie sich in der Tauglichkeit geometrischer Gebilde zur Auflösung vieler Probleme aus einem Prinzip ausspricht, sowie im Gebiete der materialen Zweckmäßigkeit die bloß relative — die »Nutzbarkeit (für den Menschen)« und die »Zuträglichkeit (für jedes andere Geschöpf)« — aus, so bleibt die für die Theorie des Organischen wichtigste objektive, materiale, innere Zweckmäßigkeit übrig.

Im Falle der formalen und der relativen (äußeren) materialen Zweckmäßigkeit konnte das Wesen eines Dinges vollkommen angegeben, begriffen werden, ohne die nachträglich hinzugenommene (gewissermaßen konstruierte) Zweckbestimmung.

Der Fall der inneren materialen Zweckmäßigkeit liegt vor, wenn die an die Dinge herangebrachte Zweckmäßigkeit von diesen selbst als ergänzendes Prinzip der Beurteilung gefordert wird, weil der »Mechanismus der Natur« zu ihrer Erklärung nicht ausreicht. In der Erfahrung also steckt hier etwas, demgegenüber mechanische »Kausalität« versagt; darum aber ist das Prinzip der Zweckmäßigkeit, das zur Beurteilung dieses nichterklärbaren Erfahrungsrestes tauglich ist, nicht etwa »empirisch«.

Als Bedingung für dieses Nichtausreichen des Mechanismus der Natur zur Erklärung eines Naturproduktes wird verlangt, daß seine Form nicht nach bloßen Naturgesetzen möglich sei, sondern erst einen Sinn erhalte durch eine Ursache, deren Vermögen zu wirken durch Begriffe bestimmt wird.

Das vorläufige Kriterium hierfür: »Ein Ding existiert als Naturzweck, wenn es von sich selbst (obgleich in zwiefachem Sinne) Ursache und Wirkung ist«, — durch die Tatsachen der Vererbung, des Wachstums und der »Selbstregulation« (einschließlich der »Korrelationen«) des näheren erläutert — wird nach Auseinanderhaltung der »wirkenden Ursachen« und der »Endursachen« in zwei Forderungen aufgelöst: »Zu einem Dinge als Naturzweck wird erstlich erfordert, daß die Teile (ihrem Dasein und der Form nach) nur durch ihre Beziehung auf das Ganze möglich sind«; zweitens, »daß die Teile desselben sich dadurch zur Einheit eines Ganzen verbinden, daß sie voneinander wechselseitig Ursache und Wirkung ihrer Form sind«.

Als »organisiertes und sich selbst organisierendes Wesen« also wird der »Naturzweck« bestimmt.

Obgleich nirgends ein zureichender Grund besteht, mit der Forschung im Rahmen des Naturmechanismus aufzuhören, so ist doch »respektiv auf unser Erkenntnisvermögen« die Organisation, die »Form« eines organisierten Wesens der Erklärung durch den Naturmechanismus grundsätzlich entzogen; sie erfordert eine besondere »Maxime der Beurteilung der inneren Zweckmäßigkeit organisierter Wesen«: »Ein organisiertes Produkt der Natur ist das, in welchem alles Zweck und wechselseitig auch Mittel ist.«

Nur der Beurteilung dient diese Maxime, nicht der Erklärung, da wir die abwärts und aufwärts Abhängigkeit mit sich führende Reihe der Endursachen nicht ebenso zu überschauen vermögen, wie die immer abwärts gehende Reihe der wirkenden Ursachen; weil wir nicht im einzelnen zu begreifen vermögen, wie die Idee des Ganzen die Teile zu bestimmen imstande ist.

Eine Vereinigung beider Betrachtungsweisen ist unserem diskursiven, »der Bilder bedürftigen« Verstande (einem »intellectus ectypus«) versagt, weil er das Besondere durch das Allgemeine zu bestimmen nicht fähig ist; wir können sie uns aber in einem intuitiven, synthetischen, gewissermaßen architektonischen Verstande, einem »intellectus archetypus« vollzogen denken. Hierbei bleibt Kant streng auf kritischem Boden und lehnt jede Verwendung des Gottesbegriffs im Bereiche der Naturwissenschaft, zu der eine Umdeutung der Idee des intellectus archetypus führen könnte, auf das entschiedenste ab. Die Widerspruchlosigkeit der Idee eines intellectus archetypus gibt der teleologischen Betrachtungsweise die innere Berechtigung. —

Die eigenartige Stellung Kants zum Problem des Organismus, die durch den gezwungenen Schematismus in der Anordnung seines Werkes, die vielen Wiederholungen und mehrere recht dunkle Sätze (z. B. im § 65) durchaus nicht an Klarheit gewinnt, gab Veranlassung, daß er sowohl von den Vertretern eines Mechanismus des Lebens wie von Vitalisten (mit besonders eingehender Begründung von Driesch 1905) für ihre Auffassung in Anspruch genommen wurde. Daß Kants Teleologie einem sogenannten strengen Mechanismus, der die Zweckmäßigkeit in der Organisation etwa im Sinne der Darwinschen Selektionstheorie mechanisch »erklären« will, grundsätzlich ablehnend gegenübersteht, kann wohl kaum bestritten werden; aber es dürfte auch fraglich sein, ob sie sich im Sinne moderner vitalistischer Anschauungen, im Sinne der Annahme nichträumlicher Ordnung-schaffender Faktoren wird verwerten lassen. An der einzigen Stelle, wo Kant sich mit dieser Problemstellung berührt (die »Seele« als »Künstlerin«, § 65), scheint sie ihm so fremdartig zu sein, daß er auf ihre eingehende Diskussion verzichtet. Und wenn er (im § 81) Blumenbachs Bildungstrieb beifällig zitiert, so faßt er ihn offenbar nicht dynamisch wie dieser, sondern rein statisch-teleologisch auf, wenn er ihn als das »Vermögen der Materie« zu dem »unbestimmbaren, zugleich doch auch unverkennbaren Anteil« des »Naturmechanismus« unter dem »unerforschlichen Prinzip einer ursprünglichen Organisation« definiert.

Allerdings wäre die Kritik der Urteilskraft wohl zu wesentlich anderen Ergebnissen gekommen, wenn Kant hier den in der Kritik der reinen Vernunft angedeuteten Gedanken von der bloß regulativen Geltung der »Grundsätze« der Relationskategorien zur Durchführung gebracht hätte[1]). Dort werden nämlich in der Analytik der Grundsätze (die ja eine »transzendentale Doktrin der Urteilskraft« ist), in dem »Beweis« zum Prinzip der Analogien der Erfahrung diese letzten als »bloß regulative Prinzipien« den »konstitutiven« Axiomen der Anschauung und Antizipationen der Wahrnehmungen gegenübergestellt. Diese beiden, die Kant auch »mathematische« nennt, »gingen auf Erscheinungen ihrer bloßen Möglichkeit nach«, jene aber sollen »das Dasein der Erscheinungen a priori unter Regeln bringen«; da dieses sich nicht konstruieren läßt, können sie nicht konstitutiv sein. Diesem Gedanken, der die Kausalitätskategorie in der Anwendung nur zu regulativer Geltung gelangen läßt, hat Kant aber in der Kritik der Urteilskraft keine weitere Folge gegeben, so daß hier nur auf den bestehenden Widerspruch hingewiesen werden kann. Wenn dieser Widerspruch im Sinne Drieschs so zu lösen wäre, daß Kant, wenn vielleicht auch nicht völlig klar bewußt, zwei Kausali-

---

[1]) Den Hinweis auf diese Stelle der Kr. d. r. V. (Ausgabe von B. Erdmann. 5. Aufl. Berlin 1900. S. 194f.) verdanke ich einer brieflichen Mitteilung von Herrn Prof. Driesch.

tätsbegriffe hätte, »Kausalität im allgemeinsten Sinne« (konstitutiv) und »mechanische Kausalität« (regulativ), so würde seine Auffassung den Vitalismus jedenfalls nicht mehr ausschließen. — Es waren neben seinen Voraussetzungen über das »Transzendentale« wohl besonders seine metaphysischen Ziele, die Kants Stellungnahme zum Vitalismusproblem in der oben angedeuteten Richtung beeinflußt haben. Im übrigen mag als durchaus wahrscheinlich bezeichnet werden, daß aus seinen früheren Schriften eine dem eigentlichen Vitalismus näherstehende Anschauung nachgewiesen werden kann. Einige Zitate aus dem »Beweisgrund« und den »Träumen eines Geistersehers« bei Menzer (1911, Kapitel II) dürften hierfür sprechen[1]).

2. Teleologie und Kausalität.

Die scharfe Trennung der mechanistisch kausalen und der teleologischen Methode, die Hervorhebung der Unerläßlichkeit der zweiten bei der Erforschung der Lebewesen und die teleologische Charakterisierung des Organismus — das sind die wesentlichsten Verdienste der Kritik der Urteilskraft im Bereiche theoretischer Biologie. Sie hat der weiteren Forschung das Problem der Zweckmäßigkeit erst klar gestellt: Welches ist der logische Wert der Teleologie und welches ihre praktische Bedeutung für die Naturwissenschaft?

Die späteren Untersuchungen zu diesem Problem, die alle unmittelbar oder mittelbar an Kant anknüpfen, glauben eine logische Wertung des Zweckbegriffs meist aus seiner Gegenüberstellung mit dem der Kausalität gewinnen zu können.

Nach Kant bestand ein wichtiger Unterschied dieser zwei allein möglichen »Arten der Kausalität« darin, daß die Reihe der »wirkenden« oder »realen« Ursachen »immer abwärts geht«, von der Ursache zur Wirkung, während die Reihe der »Endursachen« oder »idealen« Ursachen »sowohl abwärts als aufwärts Abhängigkeit bei sich führen würde«, indem »das Ding, welches einmal als Wirkung bezeichnet ist,

---

[1]) Eine Würdigung und Kritik der Kantschen Teleologie ist dem Schlußkapitel dieser Arbeit vorbehalten.

dennoch aufwärts den Namen einer Ursache desjenigen Dinges verdient, wovon es die Wirkung ist«. Da das Prinzip der Endursachen nach der Beschaffenheit unseres Verstandes nur ein solches der reflektierenden Urteilskraft sein kann, so ergibt sich die verschiedene Wertigkeit der beiden Ursachenarten: Nur die »kausale« ist Erfahrung-begründend, konstitutiv, die teleologische bloß beurteilend, regulativ.

Diese Ungleichwertigkeit der beiden Betrachtungsweisen in Kants Entscheidung gab den Anlaß zur weiteren Entwicklung der Frage, die hauptsächlich nach zwei Seiten hin erfolgte.

Sigwarts Untersuchung (1881), in deutlichster Weise von Kant beeinflußt, stellt den Gedanken in den Mittelpunkt, daß es doch derselbe Vorgang sei, der einmal synthetisch betrachtet werde — wenn nämlich die einzelnen wirksamen Elemente den Ausgangspunkt bilden —, das andere Mal analytisch — wenn vom einheitlichen Resultat auf die Bedingungen zurückgegangen wird —: »Kausale Betrachtung und Zweckbetrachtung so einander entgegengestellt, verhalten sich wie zwei entgegengesetzte Rechnungsarten, etwa wie Multiplikation und Division«. Bei vollkommener Einsicht in den Kausalzusammenhang der Welt würden sich beide Betrachtungsweisen vollkommen decken. In zwei Punkten führe die mechanische Auffassung der Vorgänge über sich selbst hinaus und schlage in die teleologische um: Die Vielheit der einzelnen Ursachen erfordere ein einheitliches Prinzip, das als Ganzes jene als seine Teile bestimme; und die Erkennbarkeit der Natur, die Übereinstimmung der Forderungen der Vernunft mit dem gesetzmäßigen Ablauf der Wirklichkeit (das also, was O. Liebmann, 1911, 4. Aufl., die »Logik der Tatsachen« nennt), verlange, daß die Welt selbst durch Gedanken bestimmt sei.

Dieselbe Ansicht, welche in der Zweckbetrachtung eine einfache Umkehrung der kausalen sieht, findet sich bei Wundt (z. B. 1903; 1907, 3. Aufl.) und erhält hier ihre besondere Färbung im einzelnen nur dadurch, daß Sigwart eine psycho-physische Wechselwirkung annimmt, während Wundt dem psycho-physischen Parallelismus huldigt. Reale Bedeutung hat nach ihm der Zweckbegriff darum nur für die physische Seite des Lebens; für die Beurteilung der organischen Entwicklungsvorgänge wird eigentlich nur die dadurch bedingte Einschränkung wichtig, »daß die kausale Verkettung dieser Vorgänge eine Beschaffenheit habe, durch welche für diejenigen ihrer Bestandteile, die der Beobachtung zugleich eine geistige Seite bieten, das Prinzip der objektiven Zweckbestimmung möglich werde«. Als wichtiger Vorzug der kausalen Betrachtungsweise gilt ihm die Eindeutigkeit des Verhältnisses der Ursache zur Wirkung gegenüber der Mehrdeutigkeit der Rückbeziehung vom Zweck zum Mittel.

Von beiden Philosophen wird innerhalb der Naturforschung dem Zweckbegriff praktisch nur eine heuristische Rolle zugewiesen: Er ist Ausdruck eines kausalen Nochnichtwissens und soll einen Leitfaden zur Abstellung dieses Mißstandes an die Hand geben. Metaphysisch freilich ist er dem Kausalbegriff durchaus gleichwertig, wenn nicht übergeordnet. Ein Vitalismus ist auf dieser Grundlage undenkbar[1]).

Während so die eine Richtung der Weiterentwicklung des Problems in die Feststellung der Wechselseitigkeit beider Betrachtungsweisen ausmündet, führt eine andere zur logischen Verselbständigung des Zweckbegriffs.

Schon bei Lotze (1842) ist dies angebahnt. Auch ihm hat Teleologie als Methode der Biologie nur den Wert einer Arbeitshypothese, die dem Aufsuchen kausaler Beziehungen dienen soll, und auf das entschiedenste betont er die Wichtigkeit strengster Trennung der kausalen und der teleologischen Betrachtung; aber dazu tritt noch ein anderer — wiederum kantischer — Gedanke: Es ist eine bestimmte Seite am Organischen, welche die teleologische Auffassung (und nur diese) zuläßt, die Organisation, die »Idee der Gattung«, welche die Vorgänge am Organismus nur bestimmt, aber nicht in sie eingreift, so wie eine Kurve durch ihre Gleichung nur bestimmt, nicht aber wirklich beschrieben wird. Auf Grund dieser Anschauung nimmt Lotze, der auf streng mechanistischem Boden steht, an, daß in den besonderen Mechanismus des lebenden Körpers ein »Prinzip immanenter Störungen« aufgenommen sei, das seine Selbsterhaltung bedinge; der einzelne Regulationsvorgang — im Stoffwechsel schon während des normalen Lebens präformiert — ist natürlich durchaus mechanistisch gedacht.

---

[1]) Eislers Buch »Der Zweck« (1914) vertritt einen ähnlichen Standpunkt; die »Zielstrebigkeiten« sind ihm ganz im Sinne Wundts das »Innen- und Fürsichsein physischer Ursachen«.

Als eine der Kausalität völlig gleichartige, grundlegende Betrachtungsweise, als selbständige Kategorie erscheint Teleologie oder »Finalität« bei E. v. Hartmann (1896, 1906); ihm ist Zweckbetrachtung eine ebensolche unbewußte Kategorialfunktion wie die ursächliche Verknüpfung. Er sucht auch nachzuweisen, daß schon bei Kant die Finalität alle Bedingungen einer Kategorie erfüllt, daß Kant selbst sie unbewußt in diesem Sinne verwende, daß sie ihm in der Kritik der Urteilskraft sogar Urkategorie sei. Die logischen Erörterungen sind bei E. v. Hartmann völlig in das System seiner Metaphysik eingeschmolzen. Darnach erscheint der Weltprozeß als ein durchweg final-kausaler; der Weltinhalt jedes Augenblicks enthält implizite die Vergangenheit wie die Zukunft des Weltprozesses, er ist Kausalergebnis, vorläufiger Zweck und Mittel zum Endzweck zugleich. Kausalität und Finalität erscheinen hier als zwei völlig gleichberechtigte »verschiedene Adspekte ein und derselben Sache«, wobei der Finalität sogar die ideelle Priorität zugestanden wird. Bezüglich der Erforschung des Organischen erklärt Hartmann es für grundsätzlich unmöglich, mit dem Kausalbegriff allein, ohne den der Finalität, auszukommen.

Als ein Beitrag zu der Lehre von der selbständigen Bedeutung der Teleologie muß auch P. N. Coßmanns Untersuchung (1899) angesehen werden. Kausalität und Teleologie sind ihm zwei verschiedene Arten notwendiger Verknüpfung, in ihrer Gesetzmäßigkeit nicht aufeinander zurückführbar. Der zweigliedrigen Kausalverknüpfung (Die Wirkung ist eine Funktion der Ursache: $W = f[U]$) steht die dreigliedrige teleologische gegenüber (Auf c folgt d so, daß e eintritt; das teleologische Medium ist eine Funktion des Antezedens und des Sukzedens: $M = f[A, S]$); beide sind gleich notwendig und erlauben prinzipiell in gleicher Weise mathematische Berechnung. Aus der Analyse von Grundbegriffen und typischen Tatsachen aus dem Bereiche der Biologie sucht Coßmann die Gültigkeit und Wichtigkeit seiner teleologischen Formel für die Lehre vom Organischen darzutun; er entwirft auch bereits eine Methodenlehre »zur Erforschung der teleologischen Naturgesetze«.

Wenn man die bisher dargestellten Auffassungen alles Beiwerks entkleidet, so ergeben sich zwei verschiedene Arten der Verhältnisbestimmung von Kausalität (Ätiologie) und Finalität (Teleologie):

1. Teleologie ist einfache Umkehrung der Ätiologie; die Ursachen entsprechen den Mitteln, die Wirkung dem Zweck. (Zuweilen mit dem Zusatz: Nur im Gebiet des Geistigen findet Teleologie ihre wahre Bedeutung.)

2. Teleologie und Ätiologie sind durchaus selbständige Betrachtungsweisen desselben Vorgangs. (Zuweilen mit dem Zusatz: Eine besondere Seite am Organischen ist nur teleologisch verständlich, obwohl alle Vorgänge kausal zu erklären sind.)

Beide Auffassungen von der logischen Bedeutung der Teleologie, besonders sofern diese die Eigenbedeutung des Organischen treffen soll, bleiben etwas durchaus Vorläufiges. Die erste reicht bei weitem nicht aus, etwa die Rolle des Zweckbegriffs bei Kants Definition des Organismus zu erfassen. Es steckt eben offenbar viel mehr im Organischen, als sich durch die Analogie mit einem beliebigen menschlichen Zweckvorgang ausdrücken läßt. Aber auch die Erhebung des Zweckbegriffs zur Kategorie genügt nicht. J. Schultz (1909) macht gegen sie geltend, daß daß Vorbild des Kausalbegriffs ein allsekundliches Erlebnis, das des Zweckbegriffs ein gelegentliches Vorkommnis unserer bewußtesten Stunden sei, weiter aber insbesondere, daß der Finalität nicht, wie dies jeder echten Kategorie Erfordernis sei, ein die ganze Welt durchherrschendes Postulat entspreche. In Schultz' Einwänden mischt sich wohl Berechtigtes mit Unberechtigtem; für jede Kategorie ist die Frage aufzuwerfen, an welcher Stelle, für welche Seite der Erfahrung sie in Anwendung komme; richtig ist aber zweifellos, daß zahlreiche Naturvorgänge durchaus keine teleologische »Erklärung« fordern, eine solche sogar höchstens in Form gekünstelter Konstruktionen zulassen.

Wichtiger noch erscheint das Zurückgehen auf die eigentliche Bedeutung des »Kategorialen« selbst. Kategorie, Stammbegriff unseres Verstandes heißt ein einheitlicher Begriff, sofern er Erfahrung überhaupt ermöglicht. Wenn nun eine der Kategorien im Gebiete des Organischen von besonderer Wichtigkeit ist, verdient denn doch die Frage eingehende Prüfung, ob es gerade der Zweckbegriff ist, der hier eine bestimmte Art von Erfahrung erst möglich macht, oder ob nicht etwa die Zweckbetrachtung als Methode den wahren Charakter des hier herrschenden Stammbegriffes verdeckt.

3. Ganzheit und Zweck.

Die logischen Untersuchungen Drieschs (vor allem 1912; ferner 1904,
1909, 1910, 1911, 1911a, 1913) haben gezeigt, daß hinter der Teleologie im
Bereiche des Lebens wirklich ein andersartiger Grundbegriff verborgen
liegt; nicht der Zweckbegriff ist kategorialer Natur, sondern der Begriff
der »Ganzheit« (oder, wie Driesch anfangs auch sagte, der »Individualität«). Es ist notwendig, die diesbezüglichen Überlegungen Drieschs
im Zusammenhang darzustellen.

Der erste wichtige Grundbegriff der Ordnungslehre oder allgemeinen Logik ist der der »Setzung« als eines bewußt ausgesonderten
Erlebtheitausschnittes. Jede Setzung ist wiederum durch verschiedene
Ordnungsbestandteile gekennzeichnet, unter welchen der der Selbigkeit von besonderer Bedeutung ist: Jede Setzung A soll stets mit sich
selbig sein (Satz von der Selbigkeit oder Identität). Das Denken begnügt
sich nun aber nicht mit der Aussonderung von Setzungen und ihrer
Kennzeichnung (als »selbige«, »diese«, »eindeutig bezogene«, »solche«),
sondern fordert eine bestimmte Art ihrer Beziehung auf andere Setzungen,
ihr Begründetsein in anderen Setzungen. Eine Setzung soll durch
andere mitgesetzt sein, aus ihr notwendig folgen; diese Art der Beziehung ist die des Inhaltseinschlusses auf Grund teilweiser Selbigkeit
(»Katze« setzt »Raubtier« mit, weil die Merkmale von »Raubtier« einen
Teil der Merkmale von »Katze« ausmachen). Auch nach Ermittelung
aller Grundbegriffe reiner Solchheit (Qualität), Anordnungsbesonderheit,
Anzahl und Räumlichkeit vermögen wir nun weiter eine bestimmte
Setzung nicht durch sie (als ihre Merkmale) vollständig zu kennzeichnen;
jeder Versuch der Umgrenzung (Definition) zerstört zunächst die Setzung
selbst, weil er eine wichtige, unauflösbare Art der Beziehung außer acht
läßt: Die Setzung ist außerdem noch »ein« »Ganzes«. Die Beziehung des
Ganzen einer Setzung zu ihren Teilen, die Einheit der Merkmale in
ihrem Bezogensein auf das Ganze läßt sich auf keine anderen Letztbegriffe
oder Letztbeziehungen zurückführen; obwohl nicht »einfach«, ist diese
Art der Beziehung, wie der sie ausdrückende Begriff der Ganzheit einheitlich und darum unauflösbar, ein Letztes.

Die drei hier entwickelten Grundbegriffe der allgemeinen Ordnungslehre — Selbigkeit, notwendige Begründung und Ganzheit — gewinnen eine

besondere und sehr wichtige Bedeutung im Rahmen der Naturordnungslehre. Die Tatsache des Andersseins der Erlebtheit in Zuordnung zu den Augenblicken meiner Dauer, die Tatsache des Werdens also, erlaubt eine Anwendung der gewonnenen Ordnungsbegriffe, insbesondere der drei genannten, nicht ohne weiteres. Wohl aber ist es möglich, eine bestimmte Sondergruppe der Erlebtheit auszusondern, in der das ganze Gefüge von Grundbegriffen (anders gewendet: von Denkforderungen) in bezug auf Werden seine Erfüllung findet: die Natur. Auf das Werden als Naturwerden sollen nun die Begriffe der Selbigkeit, der Begründung und der Ganzheit bezogen werden. So wie »Ich« in meiner Dauer stets derselbe und stets ein Verschiedenes-Habender bin, so soll auch das Natur-Es in seinem Werden in gewissem Sinn »dasselbe« sein, obwohl es unter sich nach Art des Mitsetzens verknüpft erscheint. Ein »Beharrliches« soll im Naturwerden gefunden werden können, und zwei aufeinanderfolgende Zustände des Werdens »an« diesem Beharrlichen sollen sich wie Grund und Folge im logischen Sinn verhalten. So ergibt die Anwendung des Begriffs der Selbigkeit auf das Naturwerden den des Beharrlichen, die Anwendung des Begriffs der Notwendigkeit oder Begründung den Begriff der Folgeverknüpfung. Wohl läßt sich auch in der Natur nicht alles als »mitgesetzt« fassen; manche Züge der »Natureinzigkeiten« müssen als nicht-mitsetzbar, als »zufällig« übergangen werden, aber vieles andere an ihnen hat eben nicht diesen Charakter des Zufälligen, »Nicht-Erklärbaren«, sondern fügt sich den entwickelten Denkforderungen. Wenn nun eine Natureinzigkeit (die nicht mehr bloßer »Gegenstand« ist wie die Einzigkeit der allgemeinen Ordnungslehre, sondern hier verselbständigt, als »Ding« erscheint) im Werden sich als Ganzheit erhält, wenn an ihr Vorgänge im Werden auftreten, die die Erhaltung dieser Ganzheit bedingen, so mögen wir diese Vorgänge immerhin als »zweckmäßig« im rein beschreibenden Sinn bezeichnen, besser aber heißen sie »erhaltungsmäßig« oder »Ganzheiterhaltend«[1]. »Ganzheit-herstellend« könnte man sie nennen, wenn durch sie erst eine bestimmte Ganzheit entsteht. Mit der Aussage, daß

---

[1] Die vorgeschlagenen Ausdrücke sind nicht Driesch entnommen, auch darf der oben entwickelte Begriff der Ganzheit nicht mit Drieschs »echter Ganzheit« verwechselt werden.

bestimmte Vorgänge Ganzheit-erhaltend sind, wird in Klarheit das bezeichnet, was an den Organismen stets als »zweckmäßig«, als »teleologisch zu beurteilen« galt.

An dieser Stelle soll in einer kurzen Erörterung — der Absicht nach
im Sinne Drieschs selbst — über seine Darlegungen hinausgegriffen
werden.

Wenn wir einen ganzheiterhaltenden Vorgang »zweckmäßig« nennen,
so wenden wir auf ihn eine Beurteilungsweise an, die Gegenstand der
Psychologie im engeren Sinn ist. Wenn uns ein bestimmter Zustand
erstrebenswert erscheint, wenn wir ihn herbeiführen »wollen«, so vermögen wir auf Grund der Gewohnheitserfahrung über bisher erlebte Verhältnisse der Folgeverknüpfung eine Reihe von Zuständen zu konstruieren, die so unter sich folgeverknüpft sind, daß sie einander der Reihe
nach und schließlich den »erstrebten« Zustand mitsetzen. Dieser er-
strebte Zustand wird als »Zweck«, die Reihe der ihn bedingenden Werdezustände als »Mittel« bezeichnet. »Zweckbetrachtung« ist also durchaus
nichts Letztes, kein einheitlicher Ordnungsbestandteil, sondern eine besondere Anwendung des Verhältnisses der Folgeverknüpfung auf Grund
von Gewohnheitserfahrung unter der Leitung dessen, was die Lehre von
der Eigenerlebtheit »Wollen« nennt. Die Betonung dieses unlösbaren
Zusammenhanges echter Zweckbetrachtung mit dem Wollen findet sich
auch bei Schopenhauer, der anläßlich einer Kritik des Kantischen
Ausdrucks »Zweck an sich« sagt: »Zweck seyn, bedeutet gewollt werden.
Jeder Zweck ist es nur in Beziehung auf seinen Willen, dessen Zweck,
d. h. wie gesagt, dessen direktes Motiv er ist«[1]). Diese Zweckbetrachtung läßt sich nun analogienhaft anwenden auf jene Werdevorgänge,
die als erhaltungsmäßig bezeichnet wurden; Erhaltung der Ganzheit
erscheint hier als Zweck, die Vorgänge, die sie herbeiführen, als
Mittel. Das heißt aber gar nichts anderes, als daß wir gewohnheits-
erfahrungsmäßig an einer Reihe von Natureinzigkeiten — den Organismen — Vorgänge kennen, deren schließliche Werdefolge — die Erhaltung der Ganzheit dieser Natureinzigkeit — uns im voraus bekannt
ist. Nicht der Zweckbetrachtung als solcher kommt irgendwelche

---

[1]) A. Schopenhauer, Preisschrift über die Grundlage der Moral,
Werke Bd. 3. Reclam. S. 542.

Bedeutung in der Lehre vom Organischen zu, sondern nur dem Charakter des Ganzheiterhaltenden einer Reihe von Vorgängen im Bereich des Lebens[1]).

Nicht »Zwecke« gibt es in der organischen Naturwissenschaft, sondern nur einen »Zweck«, nämlich Bewahrung der Ganzheit eines Dinges im Werden. Alle anderen »Zwecke« sind für die kausale Forschung bedeutungslos. Nicht darum handelt es sich bei der »teleologischen« Betrachtung eines Vorganges am Organismus, ob er irgendeinem »Zweck« sich unterordnen läßt, sondern ob er zur Erhaltung der Ganzheit dieses Organismus (oder einer »höheren« Ganzheit — falls es eine solche gibt) beiträgt. Der Ausdruck »zweckmäßig« würde hier wohl am besten ganz vermieden, weil er eigentlich viel Weiteres bedeutet als in der Lehre vom Organischen durch seine Verwendung festgehalten werden soll.

O. Liebmanns (1899) Begriff der »Autotelie«, welcher aussagt, daß der Organismus »finis sui« sei, dürfte sich wohl mit der Auffassung decken, daß die organische »Zweckmäßigkeit« ausschließlich in der Ganzheiterhaltung besteht. Dasselbe spricht G. Wolff (1905) aus in den Worten: »Im Organismus sind die physiko-chemischen Kräfte in einer Weise geordnet, daß sie seiner Erhaltung dienen.« Ähnliche Anschauungen wurden auch von anderer Seite, wenngleich nicht unter Verwendung desselben Ausdrucks, vertreten, so z. B. von Roux (1881, 1905), v. Üxküll (1905) und Hesse (1911). In interessanter Form tritt die Ganzheitbeziehung bei Roux hervor, dem man eine Hinneigung zum Vitalismus gewiß nicht nachsagen kann. Er stellt (1881) an die Stelle der anscheinenden Zweckmäßigkeit die objektive tatsächliche Dauerfähigkeit der Lebewesen. In seiner »funktionellen Minimaldefinition des Lebens« bezeichnet er Lebewesen als »Naturkörper, welche sich aus in ihnen liegenden Ursachen verändern, gleichwohl aber auch aus in

---

[1]) Wie weit ganzheiterhaltende Vorgänge auch im Anorganischen vorkommen, hat die Wissenschaft zu ermitteln; manches aus der Lehre von der »Regeneration der Kristalle« gehört wohl hierher; zweifellos sind erhaltungsmäßige Züge im Anorganischen recht selten; auf geologische Vorgänge etwa an einem Stein, an einem Gebirge, an einer Insel angewandt, hat der Begriff keinen Sinn mehr. Für das Organische dagegen bildet er geradezu ein wesentliches Kennzeichen.

ihnen liegenden Ursachen eine Zeitlang relativ unverändert zu erhalten vermögen trotz des Wechsels der Stoffe und der äußeren Umstände« (1905, S. 107). Der Organismus wird demnach durch eine Reihe von Fähigkeiten charakterisiert, die alle die Eigenschaft des »Selbstgeschehens«, der Autoergasie, in dem Sinne haben, daß die »Qualität« des Geschehens allein durch in dem Gebilde selber gelegene Faktoren bestimmt wird, wobei von außen nur Realisationsfaktoren (Nahrung, Luft usw.) nötig sind. Sie tragen daher alle mit dem Wort »Selbst« verbundene Bezeichnungen (Selbstausscheidung, Selbstwiederbildung, Selbstwachstum, Selbstbewegung usw.); unter ihnen wird (schon 1881) die »Selbstregulation in der Vollziehung aller dieser Vorgänge im Sinne einer dadurch gesteigerten Selbsterhaltungsfähigkeit des ganzen Gebildes« hervorgehoben, die zugleich die »höhere Einheitlichkeit des Lebewesens« bedingt (1905, S. 106). In der logischen Priorität, der Priorität der Begründung dieses Gedankens besteht das Verdienst Drieschs, sofern er zeigte, daß im Bereiche der Biologie eine echte »Kategorie« — »ein bestimmter Begriff oder Satz, welcher bei jedem Versuch das Gegebene zu verstehen, in Anwendung kommt« (Driesch 1909, Bd. 2, S. 304) — nämlich die der »Ganzheit«, von besonderer Bedeutung ist, indem sie hier als »im folgeverknüpften Werden sich erhaltende Ganzheit« auftritt[1]).

In dieser selbständigen Bedeutung einer Kategorie für einen bestimmten Teil der Gegebenheit liegt nichts Außergewöhnliches oder gar Unstatthaftes; tritt doch auch »Folgeverknüpfung« (Kausalität im weitesten Sinn) in mehreren denkbaren Typen auf, die in bestimmten Gegebenheitsausschnitten einzeln verwirklicht sein können. »Kategorie« ist eben kein »einfacher« Ordnungsbestandteil oder Grundbegriff, obwohl ein bei aller Zusammengesetztheit einheitlicher, in seiner bestimm-

---

[1]) Die Erkenntnis, daß der Gegensatz zwischen »kausaler« und »teleologischer« Methode im engeren Wortsinn, zwischen Ursachen- und Zweckbeziehung das Wesen des Organischen nicht erschöpft, ja nicht einmal ausdrückt, sondern daß der Ganzheitbeziehung, der »Organismusidee« diese Rolle zufalle, findet sich klar herausgearbeitet in R. Kroners »Zweck und Gesetz in der Biologie« (1913), das in dieser Beziehung an Kant und Driesch (dessen Vitalismus es entschieden bekämpft) orientiert ist. Der Verf. lernte das Buch erst nach völligem Abschluß der vorliegenden Arbeit kennen.

ten Art der Beziehung unauflösbarer: Hier geht Driesch wesentlich über Kant hinaus. —

Teleologische Betrachtungsweise der Naturwissenschaft in diesem neuen Sinne heißt also einfach: Feststellung, ob einem Vorgang der Charakter des Erhaltungsmäßigen zukommt.

Dogmatisches im Sinne von Mechanismus oder Vitalismus ist damit gar nichts ausgesagt. Um jeder Verwechslung vorzubeugen, soll kurz auf das Wesen des Mechanismus und des Vitalismus eingegangen werden; auch hier will ich auf Drieschs Untersuchungen zurückgreifen.

4. Mechanismus und Vitalismus.

In der vorangegangenen Erörterung wurde nur vom Werden und seiner Verknüpfung überhaupt gesprochen. Driesch zeigte nun, daß a priori, d. h. auf Grund der Forderungen des Denkens, vier Werdetypen möglich sind, von denen hier zwei, Dingschöpfung und Veränderungsschöpfung, außer Betracht bleiben sollen. Wenn zwei Werdevorgänge innerhalb eines bestimmten räumlichen Naturausschnittes so unter sich verknüpft erscheinen, daß jede Einzelheit des zweiten Werdens sich eindeutig auf je eine Einzelheit des ersten Werdens beziehen läßt, so haben wir den einfachsten Fall des Typus der Einzelheitsfolge - verknüpfung; findet außerdem Erhöhung des Mannigfaltigkeitsgrades im Werden statt, d. h. ist die zweite Veränderung durch mehr Ordnungsbestandteile (Letzt-Solchheitssetzungen und Letzt-Beziehungen) gekennzeichnet als die erste, so muß hier diese Erhöhung auf ein anderes Werden im Raume, aber außerhalb des betrachteten Naturausschnittes (»Systems«), und zwar wiederum »stückweise«, den Einzelheiten nach, zurückführbar sein. Nach diesem Typus kann zweifellos ein Ganzes als Ganzes sich im Werden erhalten. Findet nun unter denselben Voraussetzungen eine Erhöhung des Mannigfaltigkeitsgrades, also der Anzahl der Gliedarten und Beziehungsarten (nicht etwa der Anzahl der Glieder) statt, ohne daß jede Einzelheit des zweiten Werdens mit je einer Einzelheit des ersten Werdens oder mit einem räumlichen Werden außerhalb des betrachteten Systems verknüpft erscheint, wird etwa aus einer homogenen Verteilung eine heterogene, so führt die Denkforderung eindeutiger Folgeverknüpfung im Werden zur Annahme eines nicht-räumlichen Werdebestimmers als Naturfaktors. Da der wichtigste Sonderfall dieses Werdetypus derjenige ist, daß aus einem bloßen Nebeneinander ein geschlossenes Ganzes, eine Einheit im Werden, entsteht, so spricht Driesch hier von Ganzheits- oder Einheitsfolgeverknüpfung. Diese Form des Werdens kann also nur bei Schaffung oder Erhaltung von Ganzheit in Frage kommen.

Die Ansicht, daß die Vorgänge am Organismus sich nur in Form der Einzelheitsverknüpfung abspielen, heißt Mechanismus, diejenige, daß Ganzheitsverknüpfung unter ihnen vorkommt, Vitalismus. Wer von der Natur des Werdens überhaupt ausgeht, muß beide Werdeformen als möglich und wissenschaftlich berechtigt anerkennen. Nur darum kann der Streit sich drehen, ob die zweite in der Natur, insbesondere in den Vorgängen am Organismus, verwirklicht sei. Die Entscheidung über Mechanismus und Vitalismus ist darum nicht Sache der Theorie, sondern der wissenschaftlichen Erfahrung. Die Analyse des Experiments vor allem hat hierüber zu befinden. Dabei handelt es sich nicht darum, festzustellen, daß ein bestimmter Vorgang am Organismus mit Hilfe der Theorien der heutigen Physik und Chemie nicht ausreichend »erklärt« werden kann; sondern erst dann ist der Vitalismus einwandfrei bewiesen, wenn eine bestimmte Werdeverknüpfung als dem Typus der Einzelheitsverknüpfung grundsätzlich nicht unterordenbar sich aufzeigen läßt, wenn dargetan wird, daß eine festgestellte Erhöhung des Mannigfaltigkeitsgrades im Werden nicht die Folge räumlicher Beziehung sein kann. Ob die von Driesch selbst aufgestellten Beweise des Vitalismus (1899, 1901, 1903 und spätere Arbeiten) dieser Anforderung genügen, darüber ist hier nicht der Ort, zu entscheiden. Die Frage, ob Ganzheitsverknüpfung im Sinne Drieschs im »organischen« Werden verwirklicht sei, kann aus der vorliegenden Arbeit ausscheiden. Hier handelt es sich nur darum, daß gewisse Vorgänge an den Lebewesen in rein beschreibendem Sinne als ganzheiterhaltend aufzufassen sind; ob sie dem Typus der Einzelheitsverknüpfung folgen, also — in einer anderen von Driesch geprägten Ausdrucksweise — »vorgebildet-zweckmäßig« (statisch-teleologisch) sind, oder dem der Einheitsverknüpfung, ob sie also »neubildend-zweckmäßig« (dynamisch-teleologisch) genannt werden können, d. h. echter Ganzheit Ausdruck sind, bleibt hier außer Betracht. Besonders wichtig erscheint es mir aber, hervorzuheben, daß die Tatsache der Ganzheiterhaltung sowohl vom Mechanismus als vom Vitalismus einfach hinzunehmen ist; spezieller gewendet: das Problem der organischen Form ist grundsätzlich unlösbar; der Mechanismus nämlich setzt die Ganzheit als solche, als in der vorhandenen Konstellation vorgebildet voraus, der Vitalismus Ganzheit-schaffende Faktoren.

5. Der teleologische Faktor in den Systemen des Mechanismus.

Wenn so die Ganzheit des Organismus im Werden als das Problem erscheint, an dem Mechanismus und Vitalismus sich versuchen, so folgt daraus ohne weiteres, daß alle Systeme des Mechanismus, sofern sie auf »Erklärung« der Lebenserscheinungen ausgehen, ein Moment enthalten müssen, das auf die Ganzheiterhaltung Bezug nimmt, also einen »teleologischen« Faktor in dem oben festgelegten Sinne des Wortes »teleologisch«. Von allen konsequenten Mechanisten wird dies auch zugegeben. Sowohl O. Bütschli (1901), der die Ableitung dieses teleologischen Faktors aus dem »Zufall« versucht, als auch J. Schultz (1909), dem wohl das durchgearbeitetste System des Mechanismus verdankt wird, hat dies auf das Klarste betont. Die Tatsächlichkeit des »zweckmäßigen« Verhaltens der Organismen bringt der letztere in seiner Kennzeichnung des »Lebensprinzips« zum Ausdruck: »Die im engeren Sinne »vitalen« Vorgänge laufen sämtlich auf ein bestimmtes Ergebnis hinaus; nämlich auf die Konservierung einer bestehenden, die Regeneration oder Neuerzeugung einer vorgeschriebenen Struktur; mindestens aber, sofern die Umstände mehr nicht erlauben, auf Ansätze dazu.« Dieses »dem Lebensgeschehen eigentümliche Streben zu Form hin« nennt er »Typovergenz«. Mit ihr hat sich der Mechanismus als mit etwas Gegebenem abzufinden.

In gleicher Weise hat W. Roux (1881, 1902, 1905, 1914) die Fähigkeit der Selbstregulation als der wichtigsten, kennzeichnendsten unter den zehn »Selbsttätigkeiten« des Organismus hervorgehoben. Die Tatsache der Ganzheiterhaltung sowohl in der »typischen« Entwicklung wie auch unter Ausnahmebedingungen ist für ihn gerade der Ausgangspunkt einer mechanistischen Theorie, in der seine Lehre von der »funktionellen Anpassung« auf Grund des Konkurrenzkampfes um den funktionellen Reiz, die Annahme des Vorhandenseins von »Vollkeimplasma« in den Körperzellen und die Grundtatsache der Vermehrung des Keimplasmas durch die »morphologische Assimilation« die Hauptrolle spielen. Nicht immer wird die Bedeutung der Ganzheiterhaltung in den Versuchen mechanistischer Lebenserklärung so stark in den Vordergrund gerückt.

Es ist vielleicht von Interesse, auf diesen teleologischen Faktor in einigen besonders typischen Systemen der Lebenserklärung hinzuweisen.

Die Systeme des Mechanismus werden häufig auch als »Maschinentheorie des Lebens« bezeichnet. Der Vergleich des Organismus mit einer Maschine beruht hier darauf, daß an beiden zweckmäßige Vorgänge sich auf Grund einer festen, typischen Konstellation chemisch-physikalischer Elemente abspielen sollen. Der Vergleich mit der Maschine ist zwar der Doppelsinnigkeit des Wortes »zweckmäßig« halber verfehlt: die Vorgänge an der Maschine sind eben nicht ganzheiterhaltend (obschon an gewissen Maschinen »funktionerhaltende« »Regulationen« immerhin vorkommen), sondern sie stehen im Dienste eines »Zweckes«, der völlig außerhalb der Ganzheit der Maschine als solcher liegt. Aber wenn wir davon absehen: ob das Lebensgeschehen nur auf Grund solcher fester Konstellation statthat, das eben ist das Problem des Mechanismus. Von vornherein möglich wäre auch noch die Annahme, daß eine Folge solcher Konstellationen, keine starre Struktur, verantwortlich zu machen sei für das Lebensgeschehen; und gewiß neigen verschiedene Mechanisten dieser Auffassung zu. Aber jeder Mechanismus braucht diese feste Struktur, und zwar allein schon wegen der Tatsache der Vererbung; er braucht sie um so mehr, als die neuere experimentelle Vererbungsforschung bis ins kleinste gehende, verwickelte Gesetzmäßigkeiten der Vererbung nachgewiesen hat.

Das System J. Reinkes (1901, 1903), der ja weitgehend mit dem Vergleich von Organismus und Maschine arbeitet, war so lange Mechanismus, als der Begriff der »Dominante« einfach die Tatsache zum Ausdruck brachte, daß das Lebensgeschehen von der »Konfiguration« der Geschehensgrundlage abhängt; »Arbeitsdominanten« leiteten als »Maschinenbedingungen« den normalen Betrieb, »Bildungsdominanten« den Bau der Lebensmaschine. Daß die letzten auch als »intelligente Kräfte«

bezeichnet wurden, gab freilich dem »Mechanismus« schon eine seltsame Färbung. Nach einer schärferen Formulierung seiner Hauptbegriffe wurde aus dem Mechanismus ein bedingter Vitalismus. Die »Arbeitsdominanten« heißen nach einem Vorschlag E. v. Hartmanns jetzt »Systembedingungen« (bzw. »Systemkräfte«) und stellen die Abhängigkeit des Geschehens von der Struktur dar; die »Bildungsdominanten«, jetzt »Dominanten« schlechthin, die auf Grund des Vergleichs mit dem Maschinenbauer »intelligent wirkende Kräfte« heißen, sollen möglicherweise großenteils auf Systembedingungen zurückführbar sein, mit sicherer Ausnahme der Dominante, unter deren Leitung sich die erste Lebensentstehung vollzog. Im Begriff der »Bildungsdominante«, auch wenn er mechanistisch gefaßt wird, steckt die Ganzheiterhaltung. In einer neueren Arbeit setzt Reinke (1916) seinen Dominantenbegriff wenigstens teilweise dem der Erbeinheit, des »Gens« gleich; der Ganzheitsfaktor kommt jetzt im Begriff des »Lebensprinzips« zum Ausdruck, mit dem »die eigenartige Verkettung der Elementarprozesse« bezeichnet wird, die sie »zu einer lebendigen Einheit, dem Individuum« verbindet.

Wie Reinke, so betont auch W. Pfeffer (1893, 1897, 1904) nachdrücklich die Notwendigkeit eines teleologischen Moments in allen Erklärungsversuchen der Lebensvorgänge. Sein Ausgangspunkt ist die energetische Betrachtungsweise des Organismus; im Hintergrund aller seiner Problemstellungen steht die Frage nach Qualität und Quantität der bei dem untersuchten Prozeß stattfindenden Energieumsetzungen. Dies mußte ihn auf die Erscheinung führen, daß eine Reihe von Vorgängen am Organismus den Charakter von Auslösungsvorgängen hat, d. h. daß sie eine (energetische) Disproportionalität von »Ursache« und »Wirkung« aufweisen. So wird ihm zum unentbehrlichsten analytischen Begriff der des »Reizes«. Die eigentlichen »Lebensprozesse« sind »Reizvorgänge«, d. h. eben Auslösungsgeschehnisse. Solche Reizreaktionen finden nun nicht nur in jeder Zelle, jedem Gewebe, jedem Organ statt, sondern alle diese gleichzeitig und nacheinander vor sich gehenden Reizvorgänge wirken gegenseitig aufeinander ein, beeinflussen sich »korrelativ«. War im Begriff des Reizes mit ausgesprochen, daß die Vorgänge innerhalb des Organismus die Wesentlichen sind, zu denen die Einflüsse der »Außenwelt« nur die Gelegenheit bieten, so sagt der

Begriff der »Korrelation«, der allgemeinen Reizverkettung, aus, daß diesen Vorgängen im Organismus ein hoher Grad der Kompliziertheit zukomme. Der Grundzug dieser wechselseitigen Beeinflussung ist nun innerhalb gewisser Grenzen aber der, daß diese Prozesse sich gegenseitig nicht stören, daß das resultierende Geschehen im Hinblick auf den Organismus als Ganzes statthat. Alle Erscheinungen nun, die dieses Merkmal zweckentsprechenden Zusammenwirkens mit anderen, der Teilnahme an der Harmonie der gesamten Lebensvorgänge zur Schau tragen, faßt Pfeffer unter dem Begriff der »Selbstregulation« zusammen. Da diese Selbstregulation sich auf Grund der typischen Konstellation der den Organismus zusammensetzenden Elemente vollziehen soll, so ist sein System ein mechanistisches. Die Begriffe des »Reizes« und der »Korrelation« sind rein mechanistisch-kausaler Natur, während in dem der »Selbstregulation« das von Pfeffer selbst hervorgehobene Erhaltungsmäßige einbeschlossen ist.

Weniger offen zutage liegt der teleologische Faktor in G. Klebs' Auffassung vom Wesen der Lebensvorgänge (hierher gehören besonders die Arbeiten 1900, 1903, 1904, 1905, 1906, 1909, 1913). Das liegt an den rein kausalen Absichten seiner Fragestellung. Er erkennt die Zweckbetrachtung, unter Bezugnahme auf Sigwarts Ausführungen, als der kausalen gleichberechtigt an, schließt sie aber bei seinen eigenen Untersuchungen vollständig aus. Ziel der Klebs'schen Forschungsrichtung ist die experimentelle Beherrschung der pflanzlichen Gestaltungsvorgänge. Ausgangspunkt ist die durch zahlreiche Versuche festgestellte weitgehende Abhängigkeit der »inneren Bedingungen« des Organismus — der von den Eltern überkommenen physikalischen und chemischen Eigenschaften des Protoplasmas, Zellsaftes, der Zellwand, der Fermente usf. — von den »äußeren Bedingungen«, d. h. den unmittelbaren chemischen, photischen, thermischen, mechanischen und sonstigen physikalischen Einflüsse der Umgebung. Hieraus ergibt sich ihm als erste Aufgabe, Ort, Zeit und Art der Gestaltungsvorgänge eines Organismus (den ganzen Komplex der »Variationen«) in ihrer Abhängigkeit von bestimmten Änderungen der Außenbedingungen zu durchschauen und in allen möglichen Kombinationen willkürlich herzustellen. Die inneren Bedingungen sind aber nur innerhalb gewisser Grenzen variabel; sie finden ihre Bestimmung durch die von ihnen begrifflich scharf zu trennenden, relativ konstanten »Potenzen der spezifischen Struktur«, in denen die dem betreffenden Organismus (der Art nach) eigentümliche »erbliche« Reaktionsweise zum Ausdruck kommt. Diese Potenzen der spezifischen Struktur entsprechen daher einerseits Lotzes (und Liebmanns) »Idee der Gattung«, anderseits aber, da sie »an ein Substrat von komplizierter, chemischer und physikalischer Zusammensetzung« »gebunden« sein sollen, Naegelis »Idioplasma«. Da die Erfahrung lehrt, daß auch Änderungen dieser spezifischen erblichen Reaktionsweise — »Mutationen« — eintreten können, so ist das zweite Klebssche Problem die Erforschung der Abhängigkeit dieser Änderungen der Potenzen von den sie bedingenden Einflüssen der Außenwelt. Innerhalb dieser rein kausalen Feststellung der Bedingungen wird dem Zweck mit Recht seine Stelle versagt. Das Experiment kann hier von dem erhaltungsmäßigen Charakter der Reaktionen absehen, weil es andere Ziele verfolgt. Sowie man aber das Klebssche Begriffssystem auf die »Erklärung des Lebens« allgemein anwendet, so wird deutlich, daß der Begriff der »Potenzen der spezifischen Struktur« auch die Ordnung der Form des Organismus wie der Vorgänge an ihm enthält, und daß ihr Zusammenwirken mit den »inneren Bedingungen« nicht nur für die der Art eigentümliche Qualität der Gestaltung, sondern auch für deren Erhaltung verantwortlich zu machen ist. Klebs hat dies selbst (z. B. 1903) schon durch den Hinweis auf die logischen Darlegungen Sigwarts als richtig anerkannt.[1]

II. Die teleologische Methode der Biologie.

1. Teleologie im Bereiche der biologischen Einzelwissenschaften.

Bei der Erforschung der Organismen die teleologische Methode anwenden, heißt: die Vorgänge an den Organismen daraufhin untersuchen, wie weit ihnen der Charakter der Ganzheiterhaltung zukommt.

---

[1] Als zusammenfassende Darstellung der Klebs'schen Gedankengänge und Ergebnisse vgl. E. Ungerer, Die Beherrschung der pflanzlichen Form. Die Naturwissenschaften. Bd. 6. 1918. S. 683 ff.

Mit der so gewonnenen Formulierung der Teleologie als Methode gilt es nun, an die Biologie heranzutreten, um über ihre Bedeutung für diese Wissenschaft Aufschluß zu gewinnen. Biologie ist aber nicht nur ihrem Ziele nach eine Wissenschaft, sie stellt dank der außerordentlichen Mannigfaltigkeit der Lebenserscheinungen ein System von Sonderwissenschaften dar. Die Ausgestaltung und Tragweite der teleologischen Methode in diesen Sonderwissenschaften klarzulegen, ist daher die nächste Aufgabe.

Darstellungen eines geschlossenen Systems der Biologie, die nicht der historischen Bedingtheit der Forschungsdisziplinen folgen, sondern die wichtigsten Seiten der Betrachtung der Organismen und ihrer Lebensäußerungen zugrunde legen, sind nicht allzu häufig. Ich schließe mich hier (unter Vorbehalt einer selbständigen Behandlung dieser Frage) dem Drieschschen Einteilungsversuch (1911) an, der als die beiden »Grundkonstituenten der Biologie« Systematik und Werdegesetzeswissenschaft auffaßt. Der »Systematik« liegt die Ordnung oder Gliederung des Organismenreiches ohne Rücksicht auf Zeit ob. Die »Gesetzeswissenschaft« oder »Physiologie« stellt die Gesetze des Werdens im Bereiche des Organischen fest; sie gliedert sich in die Lehre vom Formwechsel (= Physiologie der Formbildung = Entwicklungsphysiologie), die Lehre vom Stoffwechsel und die Bewegungslehre. Diese Einteilung der Biologie als Gesetzeswissenschaft entspricht etwa derjenigen v. Üxkulls (1905) in eine konstitutive, vegetative und animale Biologie und derjenigen Josts (1908) in eine Physiologie des Formwechsels, des Stoffwechsels und des Ortswechsels. Dieses System der Erforschung des Lebens mag vorläufig vervollständigt werden durch Anfügung einer Gruppe der »Vorwissenschaften«, unter denen die »beschreibende Morphologie« — als Organologie, Anatomie, Histologie, Zytologie, deskriptive Entwicklungsgeschichte, biologische Statistik — die Hauptrolle spielt, zu denen aber auch die präparative physiologische Chemie, die den Stoffbestand der Organismen feststellt, und die physiologische Physik, soweit sie von der Struktur der Lebewesen handelt, gehören.

Innerhalb der Systematik scheint die teleologische Methode zunächst keine Stelle zu finden, da hier ja das geordnete Beieinander, kein Werden,

in Frage steht. Sofern aber ein Teil der Physiologie, die »Lehre von der
Umbildung des Reiches des Belebten als eines Ganzen«, in den Untersuchungen über »Variabilität« und in der Analyse des Vererbungs-
prozesses gewisse Grundlagen der Systematik schafft oder doch von einer
anderen Seite her begründet, kann ein gewisses Sonderproblem der Teleologie, nämlich die Frage nach einem »überpersönlichen Ganzen«, vielleicht auch für diesen Teil der Biologie bedeutungsvoll werden.

Der eigentliche Boden der teleologischen Methode ist aber die Physiologie. In einem Sondergebiet ihres Bereiches, einer Art »angewandter
Physiologie«, die meist »Ökologie« genannt wird, macht man schon lange
vom Zweckbegriff Gebrauch; insbesondere heißt eine Anzahl von Einrichtungen, die bald die Ausnützung des »Mediums«, bald die Beziehungen der Organismen untereinander betreffen, »zweckmäßig«.
Diese Verwendung des Wortes »zweckmäßig« gibt aber einen durchaus
anderen Sinn als das »erhaltungsmäßig« der oben vertretenen Bezeichnungsweise; zwischen beiden muß daher im Interesse einer klaren Terminologie scharf geschieden werden. Denn nur Vorgänge, nicht aber
Einrichtungen können Ganzheit-erhaltend im Werden genannt werden. Gewiß lassen sich derartige Einrichtungen daraufhin, ob an ihnen
»zweckmäßige« Vorgänge stattfinden können, ob ihre Struktur dies ermöglicht, formal teleologisch beurteilen; aber diese formale teleologische
Beurteilung bedarf zur Kennzeichnung derartiger Einrichtungen eines
besonderen Ausdrucks. Kohnstamm (1908) behält hierfür das Wort
»zweckmäßig« bei und schlägt für die Vorgänge, die er als »Reizverwertung« charakterisiert, die Bezeichnung »zweckhaft« oder »teleoklin«
vor; J. Schultz (1909) hat den letzten Terminus in »teloklin« (die
Zweckmäßigkeit im einzelnen Vorgang »Teloklise«) grammatisch richtig
gestellt. Wer die Bezeichnung »zweckmäßig« für Einrichtungen vermeiden will, kann sie mit Driesch (1905 und sonst), »praktisch«, mit
Gräser (1907) »nützlich«, »angemessen«, »vorteilhaft« nennen. Dettos
(1904) treffendem Ausdruck »Ökologismus« für solche nützliche Einrichtungen haftet dadurch noch einige Unklarheit an, daß die Scheidung
zwischen Einrichtung und Vorgang nicht bei jeder Anwendung des Wortes genau gewahrt bleibt. Denn es soll »sämtliche Einrichtungen, die
auf Grund ihrer Struktur, ihrer chemischen oder motorischen Funktion

als zweckmäßige Zustände erscheinen«, umfassen, schließt daher z. B. auch Bewegungsreaktionen sowie die »Regulationen« ein, während hier doch nur der die Bewegung bzw. die »Regulation« ermöglichende Apparat diesen Namen verdient. Der Begriff »Funktionszustände« bei Detto ist zu weit gefaßt, wenn die »Bewegungen der *Mimosa* oder der *Drosera*« als Zustände bezeichnet werden; brauchbar wird der Begriff des Ökologismus, wenn er sich bezüglich der Bewegungen wie der »Regulationen« streng auf die »Einstellung« (Detto), d. h. die den betreffenden Vorgang bedingende Einrichtung beschränkt.

Zweckmäßig, richtiger erhaltungsmäßig oder ganzheiterhaltend heißt ein Teil der Vorgänge, die an solchen Einrichtungen sich abspielen können; ebenso mögen auch die Vorgänge genannt werden, welche ihre Entstehung bewerkstelligen. Allerdings wird es angebracht sein, ausdrücklich die »indirekte Ganzheiterhaltung«, die den Vorgängen des Aufbaus nützlicher Einrichtungen innewohnt, von der »direkten Ganzheiterhaltung« der Vorgänge zu trennen, die auf Grund derartiger Einrichtungen — oder aber ohne Rücksicht auf solche — ablaufen. Es gibt sogar »zweckmäßige« Einrichtungen, deren Bildung oder Vorhandensein nicht als »ganzheiterhaltend« für den sie bildenden Organismus bezeichnet werden kann, z. B. die Nährgewebe, Hautschichten, Öffnungsmechanismen von Gallen. Es scheint mir angebracht, den Ausdruck »zweckmäßig« für ganzheiterhaltende Vorgänge künftig völlig zu vermeiden; sind es doch vielmehr eigentlich die »Einrichtungen«, die analog bestimmten, von Menschen hergestellten Apparaten als »tauglich«, als ihrem (vermuteten) Sonder-»Zweck« entsprechend angesehen werden.

Nun gibt es einen Zweig der biologischen Wissenschaften, in dem die formale teleologische Beurteilung vorteilhafter Einrichtungen, echte Teleologie im Sinne der Ganzheiterhaltung und die kausale Methode sich mannigfach durchkreuzen, nämlich die »Physiologische Anatomie«, welche besonders auf botanischer Seite (Haberlandt 1904) eine reiche Ausbildung erfahren hat. Die Aufgabe dieser Sonderwissenschaft, die Beziehungen zwischen Form (bzw. Struktur) und Funktion der Organe, Gewebe usw. aufzudecken, hat zwei Seiten, eine kausale und eine formalteleologische, die durch die Fragen gekennzeichnet sein mögen: Auf

Grund welcher Struktur kommt dieser Vorgang zustande? und: Welcher Aufgabe im Getriebe des Gesamtorganismus entspricht diese Gestaltung der Struktur? Daneben kommen echt teleologische Fragestellungen vor, so z. B., wieweit etwa eine bestimmte Zelle Elementarorgan, wieweit sie Elementarorganismus sei — sofern dieses Problem eine experimentelle Untersuchung der Vorgänge einschließt, die den Zusammenhang der Zelle mit dem Verbande der übrigen ausmachen. Scharfe begriffliche Scheidung, bei der Fragestellung wie bei der Formulierung der Ergebnisse, ist hier unbedingt zu fordern. Dies gilt auch in bezug auf die »Prinzipien« der physiologischen Anatomie, wie sie Haberlandt formuliert hat: das Prinzip der physiologischen Arbeitsteilung (und Isolierung), das Prinzip der Festigung, das Prinzip der Materialersparnis und das Prinzip der Oberflächenvergrößerung. Soweit diese Prinzipien eine Art Leitfaden der Betrachtung der gegebenen anatomischen und zytologischen Struktur der Organismen darstellen, kommt ihnen nur jener formal-teleologische Charakter des Einrichtungsmäßigen zu; nur wenn sie über die Entstehung oder Herstellung dieser Struktur etwas aussagen sollen, sind sie echt teleologisch, und zwar im Sinne indirekter Ganzheiterhaltung. Auch in bezug auf gewisse »Regulationen«, die unter den Begriff der direkten Ganzheiterhaltung fallen, könnte ein Prinzip der Festigung und vielleicht auch der Oberflächenvergrößerung formuliert werden; die anderen beiden Prinzipien dürften hierfür zu weit gefaßt sein.

Willkürlich herausgegriffene Beispiele mögen nochmals die begrifflichen Unterscheidungen veranschaulichen. Die Nektarien vieler Blütenpflanzen, die Wasserspalten, Ranken, Dornen, Brennhaare, die Klebdrüsen der *Drosera* wie ihr peptonisierendes Enzym, die reizbaren Borsten der Venusfliegenfalle und die Kannen der *Nepenthes*, die Spaltöffnungen, viele Zellwandverdickungen, ebenso der lange Rüssel der Schmetterlinge, die »Schutzfärbungen«, das Raubtiergebiß, der komplizierte Apparat des menschlichen Auges, die verdauenden Säfte des Intestinalsystems, das »Autodermin« vieler niederer Tiere (ein Hautsekret, das durch Lahmlegung der Reflextätigkeit sie vor dem Selbstauffressen schützt; bei v. Üxküll, 1905, S. 32), die »paradoxen Repräsentanten« an den Giftzangen des Seeigels *Sphaerechinus* (ebenda S. 60), d. h. diejenige Einstellung der Zangenmuskeln, die bedingt, daß sich die Zange auf schwachen Reiz öffnet, auf starken schließt: alles das sind Einrichtungen, die formal-teleologisch als »nützlich« oder »vorteilhaft« — wenn man das Wort will, auch als »zweckmäßig« — zu beurteilen sind. Die Vorgänge der Entstehung der Zellwandverdickungen etwa im Holzteil der Gefäße oder in Sklereidensträngen einer Pflanze oder im Velamen von Orchideenluftwurzeln, die Entwicklung der Zellstruktur des *Sphagnum*-Blattes wie die mannigfachen Vorgänge, die ineinandergreifen müssen, um das menschliche Auge entstehen zu lassen, sind als »indirekt ganzheiterhaltend« zu bezeichnen. Die Ausscheidung des Enzyms der *Drosera* auf den »Reiz« eines Fleischstückchens hin, die Erhöhung des osmotischen Drucks durch Produktion osmotisch wirksamer Substanzen im Zellsaft niederer Pflanzen beim Übergang in konzentriertere Lösungen, die Aufrichtung von Seitensprossen der Fichte bei entgipfeltem Hauptsproß, die Überproduktion von Antitoxinen bei der Immunität, die Regeneration verlorengegangener Teile sind Vorgänge »direkter Ganzheiterhaltung«. Auf die Bedeutung der »Einrichtungen« im System der biologischen Wissenschaften werde ich in anderem Zusammenhange eingehen; die eingehendere Gliederung der beiden letzten Gruppen erfolgt im dritten und vierten Teil dieser Arbeit. —

2. Die kausale und die teleologische Methode.

a) Wesensunterschied und Vereinbarkeit beider Methoden.

Das Schicksal der teleologischen Methode in der Biologie war ein recht wechselvolles. Der ausgiebigen — leider oft recht oberflächlichen — Anwendung durch die einen steht entschiedene Ablehnung durch die andern noch heute gegenüber, freilich beginnt eine maßvolle Beurteilung sich bereits in weiten Kreisen durchzusetzen. Viele Vorwürfe gegen sie beruhen auf ihrer Vermengung mit der kausalen Methode; in dieser Richtung ist freilich auch wohl am meisten gesündigt worden. Sorgfältige Abgrenzung beider Verfahrungsweisen und Darlegung ihrer wichtigsten Beziehungen ist daher nächstes Erfordernis.

Ein häufig erhobener Einwand betrifft die naturwissenschaftliche Unzulässigkeit eines »Wirkens« des »Ganzen« auf die Vorgänge am Organismus, ein damit verwandter anderer wirft die Frage auf, was denn mit diesem Begriff des Ganzen »erklärt« werden solle. Beide verwechseln die oben definierte teleologische Methode mit dem Vitalismus. Dieser nämlich, nicht jene, hat es mit der Form des Werdens der Vorgänge, hat es mit Folgeverknüpfung im Werden, d. h. mit »Wirkenszusammenhängen«, mit »Kausalität« zu tun. Die Frage nach der Ganzheiterhaltung im Werden steht völlig außerhalb des Problems, das nach einem vorliegenden »Werdetypus« fragt. Darum handelt es sich bei ihr überhaupt um kein »Wirken«, um kein Eingreifen in die Kette kausaler Verknüpfung, und aus demselben Grunde kann und will sie auch keinen Vorgang »erklären«. Worauf sie abzielt, und was ihr als naturwissenschaftlicher Methode neben der kausalen Berechtigung verleiht, das ist die Aufdeckung und Untersuchung eines wesentlichen Charakterzuges vieler Vorgänge an den Organismen, welcher der kausalen Betrachtung entgeht und entgehen muß, weil seine Feststellung sich auf eine besondere Denkforderung oder »Kategorie« des menschlichen Denkens gründet, auf die der Ganzheit. Die Ergebnisse der teleologischen Methode bilden deshalb eine notwendige Ergänzung der Resultate kausaler Forschung und setzen sie in gewissem Umfang voraus; aber sie »erklären« nichts, ja sie stellen für jene ihrerseits wieder Probleme dar. Erst wenn es gilt, die Ganzheiterhaltung eines bestimmten Vorgangs »kausal« zu »erklären«, kommt Mechanismus oder Vitalismus in Frage; bei diesem letzten kann dann freilich das »Ganze« als außerräumlicher Faktor auftreten, aber in völlig anderer Weise (Drieschs »echte Ganzheit«). Es mag übrigens daran erinnert werden, daß die beiden erwähnten Einwände auch nichts in Sachen des Vitalismus entscheiden; hier hat allein die Analyse der Erfahrungstatsachen das Wort. —

Für die teleologische Feststellung, daß einem Vorgang der Charakter der Ganzheiterhaltung zugesprochen werden muß, ist es durchaus gleichgültig, ob die kausale Erklärung dieser Tatsache mit einer festen Struktur und einzelheitsverknüpftem Werden auskommt oder ob sie ganzheiterhaltende Faktoren als Werdebestimmer, also Einheitsverknüpfung im Werden benötigt. Widersprüche zwischen kausaler und teleologischer (ganzheitbeurteilender) Methode sind daher schlechterdings unmöglich.

b) Teleologie und Lamarckismus; Nolls Morphästhesie.

Mit der reinlichen Scheidung der kausalen und der teleologischen Methode ist auch das Verhältnis dieser letzten zum »Lamarckismus« gegeben. Ob man nun mit R. v. Wettstein (1902, 1903) die »direkte Anpassung« verteidigt, ob man mit G. Wolff (1895, 1898, 1905) von der »primären Zweckmäßigkeit« der Linsenregeneration von *Triton* spricht oder mit A. Pauli (1905, 1907) R. H. Francé (1906/07, 1907, 1909), Ad. Wagner (1907, 1909, 1909a) den »psychischen« Faktor hervorhebt, der allein die Reaktionsweise der Organismen verständlich mache: stets geht man über die Anwendung der teleologischen Methode um ein Wesentliches hinaus. Denn in allen diesen Wendungen liegt der Versuch einer Erklärung, die Behauptung eines besonderen Typus der Folgeverknüpfung, ein Gegensatz zum bloßen Mechanismus. Die Methode der Ganzheitbeurteilung will einfache Feststellung der teleologischen Tatsächlichkeit, der Lamarckismus aber deren (psychologische) Erklärung. Den methodologischen Gegensatz zwischen den Anschauungen der beiden erstgenannten Forscher und denen der anderen (der eigentlichen »Psychobiologen«) verkenne ich keineswegs, doch darf er hier gegenüber dem gemeinsamen Unterschied von der in kausaler Hinsicht voraussetzungslosen Ganzheitbeurteilung zurücktreten.

Das Hinausgehen über den Mechanismus tritt auch in der Deutung der bekannten Pflügerschen Formel (1877) bei einem Teil der Lamarkkisten hervor. Daß die Ursache des Bedürfnisses zugleich die Ursache der Befriedigung des Bedürfnisses sei, braucht nicht im lamarckistischen Sinne verstanden zu werden; es ist nur ein anderer Ausdruck für die Anwendung des Begriffs der Ganzheiterhaltung auf organische Vorgänge. Eine kausale Aussage enthält dieses »teleologische Kausalgesetz« überhaupt nicht, sondern eine teleologische.

So erledigen sich alle Einwände gegen den »Zweckbegriff« in der Biologie, die auf dieser Verwechslung mit dem Lamarckismus beruhen. Denn die teleologische Methode kennt weder eine »geheimnisvolle Fähigkeit der Pflanzen, direkt sich den äußeren Faktoren entsprechend zu gestalten« (Goebel 1908), noch macht sie die von Goebel bekämpfte Annahme, daß das »Bedürfnis« als Reiz diene.

Auch die zahlreichen Erörterungen über Noll s »Morphästhesie« gehören hierher. Die Anwendung, die Noll (1900, 1900a, 1901) von diesem Begriff bei der Entstehung von Seitenwurzeln an der Außenseite gekrümmter Hauptwurzeln macht, läßt drei Deutungen zu. Eine rein kausale: die Oberflächenspannungen sind die inneren Bedingungen der Formbildung; eine teleologische: Oberflächenspannungen, welche die »Form« des Organismus repräsentieren — vielleicht aber auch andere innere Faktoren —, treten so als Bedingungen der Formbildung auf, wie dies die Erhaltung der Funktionsganzheit des Organismus erfordert; eine vitalistische: die teleologische Beziehung der »Form« als Ursache der Formbildung läßt sich nicht mechanistisch, sondern nur analog psychischem Geschehen erklären. Die rein kausale Aussage läßt sich — etwa experimentell — bestätigen oder widerlegen (sie gilt heute als nicht mehr sehr wahrscheinlich); von ihrer Richtigkeit hängt die vitalistische ab, falls die Zergliederung des Geschehens in Vorgänge der Einzelheitsfolgeverknüpfung ausgeschlossen ist; die teleologische aber ist Ausdruck einer festgestellten Tatsache: das Geschehen hat den Charakter der Ganzheiterhaltung. Etwas anders steht es mit der Verwendung des Begriffs der Morphästhesie bei der Formbildung der Siphoneen. Weil Noll (1903) hier eine ständige Umwandlung des sogenannten »embryonalen« Plasmas, das er als idiotrophes oder Auxanoplasma bezeichnet, in das »somatische« (allotrophe oder Ergatoplasma) und umgekehrt beobachtet hat, verbunden mit dauernder Bewegung beider Plasmaarten, so sieht er die »Hautschicht« — die einzige feste Struktur — als ausschlaggebend für die Gestaltungsvorgänge der Siphoneen an. Es soll aber zwischen den zwei Tätigkeiten der Hautschicht, der Repräsentation der wirklichen Form durch ihre Spannungszustände und dem Aktivieren der Potenzen der möglichen Form, eine dauernde (teleologische) Beziehung bestehen. Hier handelt es sich zweifellos um eine kausale Feststellung, bei der Noll die Entscheidung, ob sie mechanistisch oder vitalistisch aufzufassen sei, offen ließ. Driesch (1903) hat ihre vitalistischen Konsequenzen aufgedeckt. Die Angabe Prowazeks (1907), daß die äußerste Schicht des Cytoplasmas der Siphoneen gar nicht fest ist, sondern gleichfalls Strömungen aufweist, die durch feinste, aus einer Neutralrotlösung in ihr niedergeschlagene Kristalltrichiten sichtbar werden, ist geeignet, diese Schlußfolgerungen noch zu unterstützen — vorausgesetzt, daß der Mechanismus wirklich eine feste Plasmastruktur fordert.

Klare Trennung der verschiedenen Bedeutungen des Wortes Morphästhesie muß für jede Anwendung desselben unbedingt verlangt werden.

c) Gebietsübertretungen.

Nur der Mangel an scharfer begrifflicher Unterscheidung hat die Scheinkonflikte zwischen kausaler und teleologischer Methode geschaffen. Er ist auch für die zahlreichen Gebietsüberschreitungen auf beiden Seiten verantwortlich zu machen.

Von einer Grenzverletzung durch das kausale Denken kann man immer dann reden, wenn ein Forscher einem Vorgang glaubt teleologische Bedeutsamkeit absprechen zu dürfen, weil er ihn ja durch einen ganz einfachen Mechanismus kausal erklärt habe. Beispiele dieser Art sind in der Literatur nicht selten.

Als Muster eines methodischen Übergriffs von teleologischer Seite darf die Beurteilung der Klebs'schen Untersuchungen über willkürliche Entwicklungsänderungen höherer Pflanzen durch Reinke (1904) bezeichnet werden. Da dieser mir notwendig scheinenden Erläuterung jede polemische Absicht fern liegt, sehe ich ganz davon ab, wieweit etwa die ausschließliche Anwendung seines eigenen Begriffssystems Reinke am vollen Verständnis der Klebs'schen Fragestellung und seiner begrifflichen Unterscheidungen hindert; es handelt sich nur darum, zu zeigen, daß seine Kritik eine unerlaubte Vermengung kausaler und teleologischer Gesichtspunkte darstellt. Die Bedeutung der durch kausale Methode gewonnenen Ergebnisse für die kausale Forschung wird durch eine teleologische Bewertung in keiner Weise berührt. Wenn Klebs die äußeren Bedingungen feststellt, unter denen etwa an Stelle eines Blütensprosses bei *Sempervivum* eine Rosette auftritt, oder unter denen in der Achsel der Rosettenblätter Blüten gebildet werden, und durch diese Fassung der Probleme den Weg bahnt für die Erkenntnis der Bedingungen der Organbildung überhaupt — auch für die sogenannte »normale« — so läßt sich hiergegen nicht mit Reinke einwenden, daß damit nur »Deformationen«, »eine Karrikatur der normalen Pflanze«, »monströse Formen« erzielt seien; eine Andersbewertung der kausalen »Tragweite« der Experimente auf Grund dieser teleologischen Beurteilung, wie Reinke sie versucht, ist einfach unzulässig. Teleologisch muß die Feststellung einer Mißbildung wie jede Aussage der Pathologie genannt werden, weil es sich dabei um die »Erhaltung« des »Ganzen« handelt; an anderer Stelle dieser Arbeit wird hierauf noch eingegangen werden. Es kann gar kein Zweifel darüber bestehen, daß solche teleologischen Erwägungen keine Handhabe bieten gegen analytische Ergebnisse kausaler Forschung, und daß derartige Mißgriffe beiden Beurteilungsweisen nur schädlich sein können. Daß man sich hier auf ganz verschiedenem Boden befindet, geht auch klar aus jenem Teil der Ausführungen Reinkes hervor, der sich auf eine erlaubte Anwendung der teleologischen Methode beschränkt und in den »Umschaltungsversuchen« von Klebs eine Änderung der »Ordnung«, der »Lokalisation in der Entwicklungsfolge der Pflanzenteile« erkennt, die vielleicht (eine Analyse wird nicht gegeben) zum Teil sogar eine »Selbstregulierung«, eine »zweckmäßige Reaktion« darstelle: denn diese teleologischen Überlegungen stehen mit den kausalen Folgerungen von Klebs durchaus nicht im Widerspruch.

d) Analyse wichtiger Begriffe mit kausal-teleologischem Doppelsinn (Potenz, Funktion, Korrelation).

Am deutlichsten tritt die Notwendigkeit scharfer Trennung des kausalen und des teleologischen Gesichtspunktes hervor, wenn man sich bewußt wird, daß ein Teil der Begriffe, mit denen die Lösung der wichtigsten Probleme der Physiologie in Angriff genommen wird, von einem Schwanken zwischen kausaler und teleologischer Bedeutung nicht frei ist. Der Versuch einer Analyse solcher Begriffe soll zugleich Gelegenheit bieten, gewisse mit ihnen verknüpfte, wichtige Voraussetzungen der experimentellen Biologie zu erörtern.

Eine bedeutungsvolle Rolle in der Physiologie der Formbildung spielt der Begriff der »Potenz«. Die Vererbungs-, speziell Bastardlehre untersucht das Verhältnis der »Merkmale« zu den Potenzen und die Gesetze der Übertragung der Potenzen, die Variationslehre handelt von dem

Verhältnis der Potenzen zu den äußeren und inneren Bedingungen und von dem Umfang des Potenzbereiches, die Lehre von der echten Entwicklung oder Ontogenie beschäftigt sich mit der Verteilung der Potenzen, die Lehre von den Formadaptationen und von der Restitution stellt das Vorhandensein »verborgener« Potenzen fest, die in der »normalen« Entwicklung sich nicht verwirklichen; Erörterungen über »primäre« und »sekundäre« Potenzen, über »äquipotentielle« und »inäquipotentielle« Systeme, über komplexe Potenzen, über regeneratives und Anpassungs-»Vermögen« ziehen sich durch die ganze Formbildungslehre. Steckt nun in diesem Begriff der Potenz, des Vermögens, in irgendwelcher Weise »Ziel« und »Zweck«, Beziehung auf »Ganzheit«? Ist er teleologischer oder kausaler Natur?

Der Potenzbegriff enthält zunächst die Aussage irgendeiner »Möglichkeit«. Die wissenschaftliche Verwendung des Begriffes der Möglichkeit geht auf Aristoteles zurück, der in dem Begriffspaar »Möglichkeit« ($\delta\acute{v}\nu\alpha\mu\iota\varsigma$) — Wirklichkeit ($\dot{\varepsilon}\nu\varepsilon\varrho\gamma\varepsilon\iota\alpha$), — jenem anderen von Stoff ($\H{v}\lambda\eta$) und Form ($\varepsilon\H{\iota}\delta o\varsigma$, $\mu o\varrho\varphi\acute{\eta}$) nahe verwandt — eine der Grundlagen seiner Lehre von der Entwicklung geschaffen hat. Nur war diese »Möglichkeit« ein sehr weiter Begriff, da sie nicht nur die Anlage des Samenkorns zur Pflanze, sondern auch die des Erzes zur Statue bezeichnete, und darum reichlich unbestimmt blieb. So läßt sich denn Fr. A. Langes Kritik (1873, 1. Buch) verstehen, die in dem »Hineintragen« des Begriffs der Möglichkeit in die Dinge den Grundirrtum des Aristoteles sieht: »In den Dingen ist ein für allemal nichts als vollkommene Wirklichkeit«. Und doch leistet der Begriff der Möglichkeit der modernen Naturwissenschaft vortreffliche Dienste, wenn er etwa im Bereich der Physik in der Verkleidung der »potentiellen Energie« oder des »elektrischen Potentials« auftritt. Wie hier nur ein Hilfsbegriff des Ordnung-wollenden Denkens vorliegt, der als wahrscheinlich auf Grund eines Naturgesetzes vorweggenommene Wirklichkeit enthält, also auf Grund der bekannten Wirklichkeit künftige Wirklichkeit unter gegebenen Bedingungen voraussagt (vgl. hierzu Driesch 1912), so enthält auch der Potenzbegriff der Formphysiologie nichts als Kausales; er ist der Ausdruck eines Nichtwissens um Vorgänge, die der ununterbrochenen kausalen Verknüpfung halber vorausgesetzt werden. Dem Begriff der Potenz haftet also nichts Teleologisches an. »Ganzheit« kommt erst in Frage, wo der Inbegriff aller Potenzen in der Vererbung oder in der Entwicklung des Organismus auftritt. In der Übertragung und Entfaltung der Potenzen liegt unverkennbar eine Ordnung, eine Beziehung auf das Ganze, die dem gesondert betrachteten Begriff der Potenz fremd ist. Es ist also eine strenge Scheidung möglich zwischen dem rein kausalen Potenzbegriff und dem teleologischen Moment, das in den Beziehungen der Potenzen zum Ausdruck kommt.

Seine wissenschaftliche Bedeutung erhält der Begriff der Potenz nun erst, wenn er näher bestimmt wird, d. h. durch die Angabe der »Bedingungen«, unter denen die Potenz Wirklichkeit wird, sich äußert. Dies ist vor allem bei der Anwendung des Wortes »Vererbung« zu beachten. Ein bestimmtes »Merkmal« beruht auf einer oder aber mehreren Potenzen (Beispiel für den letzteren Fall: Rote Blütenfarbe (Anthocyan) kann zustande kommen durch das Zusammenwirken einer Potenz zur Produktion eines »Leukokörpers« (z. B. eines Glukosids) mit einer anderen Potenz zur Produktion eines Enzyms (z. B. einer Oxydase), welche in den Geschlechtszellen getrennt übertragen werden können) — das muß im Einzelnen die Bastardlehre feststellen; die Äußerung dieser Potenzen aber ist an bestimmte innere Bedingungen und durch diese vermittelt an die Konstellation der äußeren Bedingungen geknüpft. »Vererbt« wird also die Art und Weise der Reaktion auf die Außenwelt (vgl. hierzu neben Klebs 1903, 1905, 1909, 1913 vor allem E. Baur 1908, 1911 und W. Johannsen 1909). Darum liegt hier ein wichtiger Angriffspunkt für das Experiment. Auch wo es scheint, daß diese »Reaktion auf die Außenwelt« gar nicht in Frage komme, etwa bei der behaupteten »Vererbung eines Rhythmus« — mag dieser nun in Wachstumsvorgängen wie Laubabfall und Lauberneuerung (Klebs 1911, 1912; Volkens 1912) oder in Bewegungsvorgängen (Pfeffer 1875, 1904, 1907, 1911, R. Stoppel 1910, 1912) bestehen — führt die Analyse zu ihr hin. Denn bei solcher »vererbter« Rhythmik muß eine Potenz für periodisch verlaufende Stoffwechselvorgänge im Organismus gegeben sein, welch letzte in ihrem Auftreten natürlich an bestimmte chemisch-physikalische Verhältnisse ihrer »Umwelt« gebunden sind; Veränderungen der Außenbedingungen durch den Experimentator können daher auch in jenes

Getriebe eingreifen und bei genügender Verfeinerung der Methode die inneren Bedingungen dieses Rhythmus aufdecken. Überdies könnten auch nur relativ feste »innere Bedingungen« bei kontinuierlichem Eingreifen eines konstanten Außenfaktors »ererbte« Rhythmik vortäuschen (Klebs 1913). Darum kann nicht genug wiederholt werden, daß mit jener Scheinerklärung organischer Vorgänge durch die Behauptung, sie seien eben »vererbt«, gar nichts an wissenschaftlichen Ergebnissen gewonnen ist, sondern daß hier das Problem erst beginnt. Nur durch die Festlegung der Bedingungen erhält die in dem Wort Vererbung einbegriffene Potenz ihre Bestimmtheit.

Auch darauf muß noch hingewiesen werden, daß mit der teleolologischen Aussage, in der Vererbung und Entwicklung komme »Ganzheit« in Frage, noch nichts im Sinne von »typischer« Entwicklung, wie Roux (1905) sie postuliert, behauptet ist. Wenn Roux die Lebewesen als »in sich geschlossene Determinationssysteme« auffaßt und »alles Gestaltungsgeschehen, was diese Systeme bei typischer Beschaffenheit selber, also von sich aus determinieren«, als »typisch« bezeichnet, als »atypisch« alles Geschehen, was von außen her an ihnen bestimmt, determiniert wird«, so kann dies leicht zu einer Unterschätzung des Eingreifens wechselnder Außenfaktoren in jede Ontogenese führen und so zur Vernachlässigung der Abhängigkeit der Potenzäußerung von der Außenwelt, wenngleich er diese auch sonst prinzipiell anerkennt (so z. B. in dem »äußeren« Beginnfaktor bei der »Selbstdifferenzierung«[1]). Es kann

---

[1] Roux gründet seine Definition der »typischen Gestaltungen« als die allein durch »innere« Faktoren bestimmten (und außerdem noch mehrere Generationen bereits »bewährten«) Gestaltungen darauf, daß in »denselben« äußeren Umständen (in demselben Brütofen 1884, siehe 1895. II. S. 263, Tümpel, Erdboden, Klima) sehr verschiedene Lebewesen, jedes seinem »Typus« der Spezies, Gattung, Klasse usw. entsprechend, nebeneinander sich entwickeln, und daß daher die für alle »gleichen« äußeren Faktoren nicht diese typischen Verschiedenheiten der Gestaltung bewirken könnten. Er gedenkt anderseits der großen gestaltenden Wirkung der äußeren Agentien auf dieselbe Spezies von Pflanzen, z. B. (1881) des Knopschen Nährsalzes auf Mais (s. 1895, S. 379), des Gebirgsklimas, des Bodens usw. und betont die Notwendigkeit, diese nach ihm atypisch gestaltenden Einwirkungen genau zu erforschen (1905, S. 184—186); er erwähnt, daß die diffusen Realisationsfaktoren, z. B. Sauerstoff, Wärme, auch »gestaltende« Nebenwirkungen haben können, die aber als diffus nicht den Ort und die Richtung der ein-

höchstens für eine gewisse Seite der Betrachtung von Wert sein, zu unterscheiden zwischen »typischer« Entwicklung unter konstanten Bedingungen und »atypischer« Entwicklung auf Grund von »Alterationsursachen«, zwischen·»typischen« Potenzen, die als »immer wieder die gleichen« im Gange der Ontogenese sich äußern und »atypischen« Potenzen, die dem regulatorischen Geschehen, etwa einer Restitution, zugrunde liegen (die aber doch oft gerade das »Typische« zum Ergebnis haben); der begriffliche Schnitt scheint hier nicht an der richtigen Stelle geführt zu sein. Im weitesten Maße ist die Gestaltung des pflanzlichen Organismus veränderlich in Beziehung zum Wechsel äußerer Bedingungen, ohne daß eine bestimmte unter den verschiedenen Gestaltungsmöglichkeiten sich als die »typische« bezeichnen ließe. Das »Typische«, das etwa biologische Systematik an den Organismen feststellt, liegt im Vorhandensein der Potenzen und in ihrer Ordnung; in diese Ordnung aber und in die Äußerung der Potenzen vermag der Experimentator infolge der Abhängigkeit von inneren und äußeren Bedingungen einzugreifen; sie haben nur einen Sinn in bezug auf besondere, äußere Bedingungen. Ein Teil des von Roux »typisch« genannten Entwicklungsgeschehens fällt mit dem »normalen« im Sinne von Klebs zusammen, nämlich der Art von Potenzäußerung, die den normalen, d. h. gewöhnlich herrschenden — und darum in gewisser Hinsicht konstanten — äußeren Bedingungen zugeordnet ist (bei Roux bezeichnet »normal« nur »häufigeres Vorkommen« [in über 50% der Fälle] schlechthin). Man kann die entwicklungsphysiologischen Tatsachen — die zoologischen wenigstens — wohl auch mit den Begriffen Roux's darstellen, aber man versperrt sich damit mindestens einen Weg der experimentellen Analyse. Wie weit übrigens die äußeren und inneren Bedingungen jeweils in

---

zelnen Spezies-, Gattungs- usw. Gestaltungen, sondern bloß allgemeinste Eigenschaften zu bestimmen vermögen (1884, 1888, s. 1895. II. S. 275, 422; 1905, S. 41 und 282), daß die vom Sauerstoff aber vielleicht sogar zur Entwicklung nötig sind, sofern die Vermutung von His sich bestätigen sollte, daß die Zellen des Ektoderms gegen die Luftquelle hin wandern. Weiterhin vergleicht er die vielleicht besondere notwendige qualitative Wirkung des Sauerstoffs mit der qualitativen Wirkung dieses Gases bei der Abbrennung eines Feuerwerks, indem er darauf hinweist, daß die Erscheinungen beim Abbrennen in Chlorgas andere sein würden (1913, S. 49).

»Mittel« (Driesch), »Realisationsfaktoren« (Roux) und in Qualität und Örtlichkeit bestimmende »differenzierende Faktoren« (»Ursachen«) (Driesch) oder »Determinationsfaktoren« (Roux) sich trennen lassen, ist nur experimentell zu entscheiden. Jedenfalls wird auch durch die Möglichkeit dieser Scheidung an der Tatsache des Abhängigkeitsverhältnisses selbst nichts geändert.

Nur kurz soll hier noch auf die Berechtigung der begrifflichen Trennung von Potenzen und inneren Bedingungen eingegangen werden, die von verschiedener Seite (bes. Jost 1908, aber auch Reinke 1904) bestritten wird. Gäbe es keine Vererbung im Sinne einer geordneten Übermittlung von Eigenschaften, sondern etwa nur einzelne mehr oder minder große Ähnlichkeiten der aufeinanderfolgenden Generationen, so würde sich vielleicht der Begriff der Potenz als ein besonderer erübrigen; die unleugbare in Vererbung und Entwicklung sich äußernde Konstanz aber im Gegensatz zu der Variabilität der festgestellten »inneren Bedingungen« (vgl. bes. Klebs 1904) fordert diesen Begriff. Für seine wissenschaftliche Brauchbarkeit spricht es sicher, daß er nicht nur in der eigentlichen Entwicklungsphysiologie eine große Rolle spielt, sondern daß alle Ergebnisse der Variations- und Bastardierungslehre mit seiner Verwendung (als »Anlage«, »Allelomorph«, »Faktor«, »unit«, »Gen«, »Erbeinheit«, »Eigenschaftsrepräsentant«) formuliert wurden; er ist daher ein durchaus selbständiger Begriff der Formphysiologie. Jene »Erbeinheiten« durchweg mit irgendwelchen, auf chemisch-physikalischem Wege feststellbaren »inneren Bedingungen« gleichzusetzen, besteht zurzeit gar keine Berechtigung. Auch das kann nicht gegen die Unterscheidung von Potenzen und Bedingungen eingewandt werden, daß sie der mechanistischen Deutung neue Schwierigkeiten schaffe (Klebs hat eine solche wenigstens analogienhaft versucht); sollen doch wissenschaftliche Begriffe den Tatsachen, nicht den Theorien angemessen sein. Eine gute Kritik »materialistischer« Ausdeutung des Potenzbegriffes findet sich bei Detto (1907). Von einer »spezifischen Struktur«, der die Potenzen anhaften sollen, möchte ich nicht sprechen, da Mechanismus wie Vitalismus außer Betracht bleiben sollen; der Ausdruck »Potenz« wird hier als rein analytischer Begriff ohne jeden weiteren hypothetischen Beigeschmack angewandt. —

Hatte der Begriff der Potenz einen durchaus kausalen Inhalt, der nur durch die Tatsächlichkeit des Ganzen im Zusammenhang der Potenzen teleologisch gefärbt erscheint, so kommen dem zentralen Begriff der Physiologie, dem der Funktion (oder »Leistung«), wirklich zwei durchaus verschiedene Bedeutungen zu, die scharf auseinander gehalten werden müssen. Wenn einerseits die Bewegung von Gliedmaßen, anderseits die Kontraktion als »Funktion« eines Skelettmuskels bezeichnet wird; wenn ein bestimmter Beitrag zur Verdauung, oder aber Abscheidung eines Enzyme enthaltenden Saftes als Funktion der Pankreas oder der Speicheldrüsen gilt, wenn Lichtperzeption als Funktion der Retinazellen erklärt wird, und wenn es anderseits heißt, die Funktion der Retinazellen sei im Einzelnen noch nicht aufgehellt; wenn die hormonale Regulation des Gefäßtonus für die Funktion der Nebenniere gehalten wird, und wenn man anderseits Produktion von Adrenalin als ihre Funktion angegeben findet; wenn Speicherung von Reservestoffen, oder aber Umwandlung von Zucker in Stärke, Inulin, Hemizellulose oder Fette und Öle und dgl. als Funktion pflanzlicher Speichergewebe genannt wird; wenn man die Regulierung der Verdunstung als Funktion der Spaltöffnungsschließzellen der Pflanzenepidermis ausgibt, oder aber das Schließen und Öffnen des Spaltes infolge von Gestaltveränderung auf Grund von Turgorschwankungen; wenn hier vom Dickenwachstum, dort von der Zellteilung als der Funktion des Kambiums gesprochen wird, so ist offenbar beidemale mit demselben Wort etwas vollkommen Verschiedenes gemeint. In dem jeweils zuerst genannten Sinne bezeichnet »Funktion« eine bestimmte Beziehung des betreffenden Vorgangs zum Ganzen des Funktionsgetriebes, hat also eine ausgesprochen teleologische Bedeutung; im zweiten Falle kennzeichnet »Funktion« den Vorgang in seiner kausalen Verknüpftheit ohne jede Berücksichtigung der damit verbundenen Ganzheiterhaltung. Diesen Unterschied hat Driesch schon vor geraumer Zeit (1899) durch die Trennung der »harmonischen Funktion« von der »Eigenfunktion« klar ausgedrückt. Mit der Feststellung harmonischer Funktionen wie Speicherung, Verdauung, Regulierung der Transpiration usw. ist man auf dem Boden der teleologischen Methode; die Erforschung der Eigenfunktionen wie chemische Synthese, Enzymproduktion und -aktivierung, Eiweißspaltung, Turgoränderung usw. gehört ins Bereich der kausalen. Strenge Sonderung der beiden Bedeutungen des Wortes Funktion muß gefordert werden.

Nur auf harmonische Funktion bezieht sich Roux's Einteilung (1905):

Gestaltungsfunktionen { Bildungs- oder Entwicklungsfunktionen, Involutions- oder Rückbildungsfunktionen,

Erhaltungsfunktionen { Reparationsfunktionen, Betriebsfunktionen;

denn nur die Form der Beziehung der Funktionen zur Erhaltung der Ganzheit des Organismus wird als Einteilungsprinzip zugrunde gelegt.

Wenn von Vöchting (1892) oder Haberlandt (1904) das Problem aufgeworfen wird, ob im pflanzlichen Organismus funktionslose Zellen vorhanden sind, oder wenn man von gewissen (phylogenetisch) »reduzierten« Organen als von funktionslosen spricht, wird stets auf harmonische Funktion abgezielt; denn Eigenfunktion kommt jedem lebenden (das heißt hier eben im Wirkenszusammenhang mit den übrigen Teilen des Organismus stehenden) Körperbestandteil zu. Von »toten« Teilen kann eine Funktion überhaupt nicht ausgesagt werden; »tot« heißen in diesem Sinne freilich weder die plasmaleeren Gefäßwände noch die Zellwände des »mechanischen« Gewebes bei Pflanzen, soweit ihre Beteiligung an den Vorgängen der Wasserleitung und Festigung als Eigenfunktion wie als harmonische Funktion charakterisiert werden kann. Von einer »Funktion« von Kristallnadeln im Pflanzenkörper zu reden, etwa im Hinblick auf ihre angebliche Schutzwirkung gegen Schneckenfraß, oder von der Anlockung von Insekten oder Vögeln als der »Funktion« der Farbstoffe in Blüten und Früchten, würde die terminologischen Schwierigkeiten unnötig erhöhen, da ja hier sicher weder Eigenfunktion noch harmonische Funktion vorliegt: Die Vorgänge, welche hier so charakterisiert werden könnten, spielen sich ja in einem ganz anderen Organismus ab, nämlich in den Sinnesorganen, Nerven und Muskeln des »abgeschreckten« oder »angelockten« Tieres. Eine nützliche Einrichtung kann in dem Vorhandensein solcher Kristallnadeln und Farbstoffe gegeben sein; sofern sie aber nicht mehr am Funktionsgetriebe des Organismus teilnehmen, dürfte es nicht angebracht sein, von ihrer »Funktion« zu reden und so mit diesem Wort noch eine dritte Bedeutung zu verbinden.

Das Verhältnis unseres Wissens um Eigenfunktion und um harmonische Funktion desselben Vorgangs bedingt es, ob wir — bei unbekannter harmonischer Funktion — von funktionslosen Organisationsteilen reden, oder ob uns — bei bekannter oder vermuteter harmonischer und unbekannter Eigenfunktion — die teleologische Methode zur »Arbeitshypothese« wird und den Weg zur Aufdeckung der Eigenfunktion, d. h. des bestehenden Wirkenszusammenhanges, zeigt. Dabei muß im Auge behalten werden, daß diese gelegentliche heuristische Rolle der Teleologie für die kausale Forschung ihre Selbständigkeit als besondere Methode der Biologie nicht berührt. —

Der dritte Begriff, dessen Erörterung in diesem Zusammenhang angebracht erscheint, ist der der Korrelation. Im ursprünglichen Sinne — bei Cuvier und der formalistischen Morphologie — bedeutet Korrelation das Zusammengegebensein bestimmter Merkmale an jeder Einzigkeit einer Naturklasse, also etwa des Gebisses mit den großen Eckzähnen und den ungleichen Backenzähnen, der Krallen und des Schultergürtels ohne Schlüsselbein bei den Raubtieren, oder der Mahlzähne und des langen Darmes bei den Pflanzenfressern, ferner der zweizeiligen Blattstellung, der kampylotropen Samenanlage, des Skutellums und der Kariopse bei den Gramineen, ebenso aber auch der hexagonal-trapezoedrischen Kristallflächen, der schwachen Lichtbrechung, der positiven Doppelbrechung, der Zirkularpolarisation, der Härte 7, des spezifischen Gewichts 2,65 bei allen Quarzvarietäten. Der Korrelationsbegriff der formalistischen Morphologie ist also durchaus akausal; Rádl (1901, 1905, 1909) hat hierauf nachdrücklich hingewiesen. Dieser Korrelationsbegriff ist daher nicht der der Physiologie, sondern der Systematik; für diese ist er nicht Träger eines Problems, sondern selbstverständliche Voraussetzung, Letztbeziehungsbegriff.

Anders steht es mit dem Begriff, den Goebel (1880) unter der Bezeichnung »Korrelation« in die botanische kausale Morphologie (Entwicklungsphysiologie) eingeführt hat. Goebel bezeichnet es als eine »Korrelation des Wachstums«, wenn bei vorhandener bzw. kräftig wachsender Gipfelknospe ein Austreiben der Seitenknospen unterbleibt, das bei Entgipfelung einsetzen würde; als weitere Beispiele werden das reziproke Größenverhältnis von Blattgrund und Blattspreite bei Blütenpflanzen, sowie das Wechselverhältnis zwischen dem Wachstum des Sporangienstandsvegetationspunktes und der Ausbildung der Sporangien bei den Selaginellen angeführt.

Welche mannigfache Anwendung der Korrelationsbegriff in der Physiologie seither gefunden hat, mag eine kurze Beispielsammlung von Fällen zeigen, bei denen man von »vorhandenen Korrelationen« spricht.

Bei *Boussingaultia* und *Oxalis* entstehen nach Entfernung der Stengelknolle Internodialknollen des Laubsprosses bzw. des Rhizoms (Vöchting 1900); die Unterdrückung der Geschlechtstätigkeit beim Kohlrabi, bei der Sonnenblume usw. hat die Bildung knollenartig angeschwollener Blattkissen zur Folge (Vöchting 1902, 1908); das mit noch nicht differenzierten Knospen versehene Reis der Runkelrübe bildet einen Blütenstand, wenn es einer alten Rübe aufgesetzt wird, es wird zu einem vegetativen Sproßsystem, wenn man es mit einer wachstumsfähigen, jungen Wurzel verbindet (Vöchting 1892); die Tragblätter wachsender Infloreszenzknospen bei Weiden weisen eine andere Ausbildung auf als die, deren fertile Axillarknospen frühzeitig entfernt werden oder die vegetative Knospen zeigen (Nordhausen 1910); die Stiele mancher Wasserpflanzen, z. B. von *Ranunculus sceleratus* oder von *Hydrocharis morsus ranae* wachsen bei verschiedener Wassertiefe gerade so lange, bis die Blattspreite die Wasseroberfläche erreicht hat (Frank 1872, Karsten 1888); frühes Abschneiden eines Blattes oder Durchschneiden der Blattspur hemmt die histogenetische Ausbildung der letzten unterhalb der Wundstelle (Jost 1891, 1893); Wegnahme der Laubblätter bei *Onoclea Struthiopteris* bedingt Einstellung der Sporangienbildung und Umbildung der Sporangienanlagen zu Laubblättern (Goebel 1887, vgl. auch 1898); Exstirpation des Stielauges gewisser Krebse ruft eine Regeneration hervor, wenn das Augenganglion erhalten bleibt, führt aber zur Bildung einer Antenne, wenn jenes mit entfernt wird (Herbst 1899); bei operativer Entnahme einer Niere übernimmt die andere deren Ausscheidungsfunktion und vergrößert sich beträchtlich; erhöhte Muskeltätigkeit beeinflußt vermittels der Kohlensäurespannung des Blutplasmas das Atemzentrum und bedingt so vermehrte Sauerstoffzufuhr (vgl. Starling 1906); der arterielle Tonus wird durch das sympathische Nervensystem und das Adrenalin aufrecht erhalten (vgl. Krehl 1907, Biedl 1911);

die Abscheidung der Pankreasflüssigkeit erfolgt unter dem Einfluß der sauren Reaktion auf die Duodenalschleimhaut durch hormonale Vermittlung des pankreatischen Sekretins (Starling 1906); Entfernung der Achselknospe am Knoten von *Tradescantia fluminensis* hebt die Krümmungsfähigkeit des folgenden Gelenkes auf (Kohl 1894, 1905, Miehe 1902); alle Arten von Reizzuständen (»Empfindungen«) der Nervenenden in tierischen Sinnesorganen werden durch Vorgänge in den Nerven dem nervösen Zentralorgan bzw. »ausführenden« Organen (Muskeln, Drüsen) vermittelt; eine Reihe von »Außenmerkmalen«, z. B. Begrannung an beiden Blüten der Ährchen, äußerst kräftige Behaarung, früh abfallende Körner, Ringwulst zwischen Blüte und Achse beim Hafer (»Wildhafer«) hängen von einer einzigen Erbeinheit ab (Nilssohn-Ehle 1911); die Erbeinheit für Behaarung bei Levkoyen kann sich nur geltend machen in Anwesenheit zweier Erbeinheiten für Zellsaftfarbe (Miß Saunders 1908); wenn die Erbeinheit für Sprenkelung bei Bohnen zweimal (homozygotisch) gegeben ist, tritt dieses Merkmal nicht auf (Shull 1908); die Verteilung der Erbeinheiten für »violette Farbe« und für »langen Pollen« bei *Lathyrus odoratus* folgt nicht den Mendelschen Regeln, sondern weicht in einer Weise von diesen ab, die eine deutliche »teilweise Verkoppelung« beider Faktoren erkennen läßt (Bateson 1909); bei der Gametenverteilung werden die Erbeinheiten für »aufrechte Blütenform« und für »violette Farbe« bei *Lathyrus odoratus* stets getrennt (spurious allelomorphism: Bateson 1909); die Männchen eines tropischen Schmetterlings, *Papilio Memnon*, übertragen zwei Erbeinheiten für Merkmale von Weibchen, ohne diese selbst aufzuweisen (»geschlechtliche Latenz«; J. C. H. de Meijere 1910): in allen diesen Fällen, die sich auch qualitativ noch erheblich vermehren ließen, ist es üblich, von einer »Korrelation« von Teilen des Organismus zu sprechen.

Daß hier eine Fülle der verschiedenartigsten Erscheinungen unter einem Namen zusammengefaßt werden, leuchtet ohne weiteres ein; insbesondere stellen die von der Bastardlehre neuerdings aufgedeckten Beziehungen zwischen Erbeinheiten, welche teils die Äußerung gemeinsam gegebener Erbeinheiten als »Merkmale«, teils ihre Verteilung auf die Geschlechtszellen betreffen, ebenso aber auch die hormonalen und neuralen Reizvermittlungen, jeweils besondere Gruppen dar. Eine

Sichtung aller Fälle von Korrelation, eine Reinigung des Begriffs und eine Gliederung der gegenwärtig durch ihn bezeichneten Vorgänge ist eine noch ausstehende, wichtige Aufgabe.

Hier soll nur die Frage untersucht werden, ob es nicht praktisch erscheint, unter Ausscheidung aller übrigen Fälle nur diejenigen als Korrelationen zu bezeichnen, denen zugleich das Merkmal der Ganzheiterhaltung zukommt. Da und dort ist auch der Korrelationsbegriff in dieser Weise als ein teleologischer angewendet worden. Daß eine große Anzahl der oben angeführten Beispiele sich einem solchen teleologischen Korrelationsbegrift fügen würde, braucht nicht besonders hervorgehoben zu werden. Trotzdem dürfte diese teleologische Fassung des Begriffs ebenso unnötig als ungeeignet sein, da für die Physiologie kein Grund vorliegt, Wechselbeziehungen im Organismus, die teleologisch verständlich sind, prinzipiell von jenen zu sondern, die nicht ausgesprochen »ganzheiterhaltend« auftreten. Als kausaler Begriff ist »Korrelation« durchaus eindeutig. Er bezeichnet eine Beziehung zwischen Vorgängen im Organismus, die wir als ursächlich verknüpft ansehen müssen. Gewöhnlich werden nur besonders auffallende (etwa morphologisch hervortretende oder ökologisch wichtige) Vorgänge so genannt; in seiner umfassenden Bedeutung hat besonders Pfeffer (1897, 1904) den Korrelationsbegriff herausgearbeitet.

Wo von Korrelationen die Rede ist, steht gewöhnlich nur ihre Tatsächlichkeit fest; die Einzelheiten der kausalen Verknüptung dagegen sind meist unbekannt. Für die Physiologie ist der Begriff der Korrelation daher der Ausdruck eines Problems, ein Postulat des Wirkenszusammenhanges, dessen Erforschung noch aussteht. In dieser Form angewandt, hat er zweifellos große Bedeutung. Dagegen fehlt natürlich jede Berechtigung zu dem vielverbreiteten Glauben, durch die Anwendung des Wortes »Korrelation« teleologische (oder kausale) Beziehungen schon »erklärt« zu haben.

Die Fülle der festgestellten Korrelationen bedarf, wie erwähnt, einer eingehenderen Gliederung, die nach mannigfachen Gesichtspunkten vorgenommen werden kann. Man wird etwa morphologische, Stoffwechsel- und Bewegungskorrelationen trennen, durch Auslösung (Reiz) vermittelte von solchen unterscheiden, die durch einfache, energetisch äquivalente Umsetzungen erfolgen usw. Auch teleologische Beziehungen können von Wert sein: Korrelationen, die in der Aufrechterhaltung der »normalen« Funktion bestehen, mögen da von den »regulatorischen« Korrelationen (insbesondere den »Kompensationen«) getrennt werden, die erst nach Störungen auftreten. In den meisten Fällen wird übrigens auch das Bestehen »normaler« Korrelationen erst durch störende Eingriffe, welche sie aufheben, festgestellt. Aber gerade bei dieser teleologischen Kennzeichnung der Korrelationen tritt deutlich hervor, daß der Korrelationsbegriff, wie er in der Physiologie vorwiegend verwendet wird, ein durchaus kausaler ist; daß gewisse Korrelationen als ganzheiterhaltend gekennzeichnet werden müssen, ist etwas besonders Hinzutretendes.

Mit dem Begriff der Korrelation steht es also in vieler Hinsicht ähnlich wie mit dem der Potenz: beide sind Hilfsbegriffe der kausalen Methode, beide Ausdruck für ein vorliegendes Problem — keine Antwort! —, beide werden bei Vorgängen angewandt, die häufig auch teleologisch charakterisiert werden können.

3. Die Anwendung der teleologischen Methode.

a) Fehler in der Anwendung der teleologischen Methode.

Die unberechtigte Anwendung der teleologischen Methode war es, die sie bei vielen Forschern unbeliebt oder gar als unzulässig verdächtig gemacht hat. Von zwei Irrtümern dieser Art wurde bereits gesprochen. Der eine besteht in der Erfindung der »Zweckmäßigkeit« aller möglichen Einrichtungen des Organismus. Die Behauptung der Nützlichkeit eines »Ökologismus«, in der eine analogienhafte Anwendung des menschlichen Zweckbegriffs steckt, wurde völlig aus dem Gebiet der Ganzheitbeurteilung verwiesen. Es mag diese Art »echter« Zweckbetrachtung, welche etwa den Annulus des Polypodiaceensporangiums als »zweckmäßig« erklärt, weil er zu dem »Zweck« des Öffnens geeignet erscheint, pädagogisch ganz wertvoll sein — bisher hat sie freilich auch zahlreiche Auswüchse gezeitigt, die alle der teleologischen Methode angerechnet wurden. Der andere Fehler wurde im letzten Kapitel ausführlich erörtert;

er beruht auf der Verwechslung mit kausalen Hypothesen auf teleologischer Grundlage.

So kommt es, daß manche Forscher, wie etwa Küster (1903, 1911), der teleologischen Betrachtungsweise sehr mißtrauisch gegenüberstehen; daß sie sogar darauf ausgehen, besonders zu zeigen, was alles nicht »zweckmäßig« an Einrichtungen und Vorgängen am Organismus sei. Sicherlich ist jeder Widerspruch gegen eine falsche Panteleologie sehr berechtigt, und gerade im Sinne der teleologischen Methode muß man Küster beistimmen in seinem Kampf gegen die Sucht, alle und jede Eigentümlichkeit organischen Geschehens teleologisch ausdeuten zu wollen. Die Ganzheitbeurteilung der Organismen wird durch solche Kritik aber in keiner Weise getroffen.

Die Verwechslung mit dem Vitalismus hat die Teleologie auch noch mit anderen, irgendwie verwandten Anschauungen in Beziehung gebracht. Ein Erbe der »Naturphilosophie« aus dem Zeitalter Okens ist es wohl, wenn etwa bei Pilzen von einem »Streben nach einer höheren Fruchtform« gesprochen wird. Von einer solchen »Tendenz, alle in dem Organismus schlummernden Kräfte zu entwickeln« oder wie immer diese schönen Wendungen heißen mögen, weiß die teleologische Methode nichts.

Der gefährlichste Fehler aber, den erst die kritischen Arbeiten Drieschs klargelegt haben, ist die dauernde Vermengung der Ganzheitbeurteilung von organischen Vorgängen mit einer reinen Zweckbetrachtung derselben. Die findet sich unter anderem sogar in einer Arbeit von Němec (1905), die gerade der teleologischen Methode besonders kritisch gegenübertritt. Němec versucht zu zeigen, daß die von ihm festgestellten Regulationen bei der Regeneration der Wurzelspitze gar nicht »zweckmäßig« seien — weil sie noch viel zweckmäßiger sein könnten. Wie ein nörgelndes Schulmeistern des Organismus — der auch gescheiter hätte sein können — mutet es an, wenn Němec etwa schreibt: »Es ist nicht zu verkennen, daß es ebenfalls vorteilhaft wäre, wenn die Wurzel auf einen tiefgeführten Einschnitt durch teilweise Verwachsung der beiden Wundflächen und die Bildung eines mächtigen keilförmigen Gebildes reagieren würde«.... »Und wenn auch die alte Spitze wieder ihr Wachstum aufnimmt und die neue dasselbe nach einer bestimmten

Zeit einstellt, so ist in der Bildung der neuen Spitze nichts Zweckmäßiges zu sehen, vielmehr liegt hier ein unnützer Energie- und Materialverbrauch vor; eine einfache Wundheilung oder Vernarbung wäre viel besser am Platze« (S. 48). Natürlich handelt es sich gar nicht darum, was menschlich gesprochen, die »zweckmäßigste« Handlung der Pflanze sein könnte, sondern nur darum, ob die festgestellten Vorgänge ganzheiterhaltend genannt werden können. Im vorliegenden Fall wurde eine Wurzelspitze durch einen Einschnitt geschädigt; es bildet sich durch Umdifferenzierung eine neue: das ist sicher ganzheiterhaltend. Infolge bestimmter Ernährungsverhältnisse erholt sich zuweilen nachträglich die alte Spitze soweit, daß sie die neue an Wachstumsgeschwindigkeit überholt; nun stellt die neue Spitze ihr Wachstum ein: das ist wiederum ganzheiterhaltend. Ein Gesetz der Material- und Energieersparnis in allgemeiner Form — auf das Němec auch noch an anderer Stelle Bezug nimmt — kennt die teleologische Methode nicht; ein solches besteht nur in der Redeweise der »physiologischen Anatomie«. Němec sucht nun weiter seine Bedenken gegen die teleologische Methode durch die Wendung zu beheben, der Organismus reagiere zweckmäßig nur auf die Einflüsse seiner Umgebung, an die er angepaßt sei. Was soll das aber noch bedeuten, wenn er selbst in eben dieser Arbeit zeigt, daß bei den allerverschiedenartigsten Dekapitierungs- und Verwundungsflächen durch die verschiedensten Vorgänge, durch »direkte«, »partielle« und »einseitige« Regeneration, durch Umdifferenzierung, durch Verschmelzung mehrerer Regenerate, durch Kallusrestitution usw. dasselbe Ergebnis erzielt wird, nämlich eine radiär angeordnete Wurzelspitze!

Ähnlich steht es mit den Bedenken Goebels gegen die teleologische Beurteilung, wie sie z. B. in den folgenden Worten enthalten sind: »Denn es gibt auch eine Reihe ganz zweckloser Regenerationsvorgänge, wie z. B. die Bewurzelung abgetrennter Blätter, welche keine Sprosse erzeugen können«. (1908, S. 184.) »Zwecklos« nennt Goebel hier einen höchst »zweckmäßigen« (ganzheiterhaltenden) Vorgang, weil dieser — in der Sprache vermenschlichender Zweckbetrachtung — infolge äußerlicher Umstände, hier etwa des Mangels an Baustoffen, seinen »Zweck« nicht erreicht. Gegen die Beurteilung eines Geschehens als ganzheiterhaltend darf aber gewiß das nicht eingewendet werden, daß die Ganzheiterhaltung **trotz** dieses Vorgangs nicht gelingt.

Im Grunde ist es gar nicht die teleologische Methode, die Küster, Němec, Goebel u. a. bekämpfen wollen, sondern die nach ihrer Meinung dahinter verborgene Ansicht, als ob in jedem Organismus ein Homunculus sitze, dessen Weisheit die »zweckmäßigen« Vorgänge zuzuschreiben seien. In der Teleologie bekämpfen sie eine grob vermenschlichende Abart des Vitalismus. —

b) **Die drei Arten der Ganzheit.**

Die bisherigen Ausführungen wollten das Wesen der teleologischen Methode klarlegen und sie gegen Mißdeutungen aller Art schützen. Es kann nunmehr versucht werden, ihr Verfahren im Einzelnen zu entwickeln. Diese Ableitung kann natürlich nicht aus dem Begriff der Ganzheitbeurteilung als solcher allein, sondern nur an Hand der Erfahrung erfolgen. Wenn nicht in dem reichhaltigen Ergebnis der pflanzlichen und tierischen Entwicklungsphysiologie die mannigfachsten Beispiele der Anwendung der teleogischen Methode vorliegen würden, so wären die folgenden Erörterungen — wie manche der vorhergehenden — nicht möglich.

Zunächst erhebt sich die Frage, was denn eigentlich in allen »zweckmäßigen« Vorgängen das »Ganze« sei, das im Werden erhalten wird. Beim bisherigen Gebrauch dieses Ausdrucks war gewissermaßen der Organismus schlechthin mit dem Ganzen gemeint. Und offenbar ist es auch »der Organismus« als ein Ganzes, von dem teleologische Betrachtung handelt. Im Lichte der einzelnen Tatsachen bekommt der Begriff des Ganzen aber doch jeweils eine besondere Färbung.

Die Zergliederung der so verschiedenartigen »ganzheiterhaltenden« Vorgänge ergibt als einziges Gemeinsames die **Erhaltung eines Geordneten**. »Ordnung« allein läßt sich — als das Verhältnis der »Teile« untereinander oder eines »Teils« zum »Ganzen« — als aller Ganzheiterhaltung Gemeinsames feststellen. Jedem der drei natürlichen Zweige der Physiologie liegt eine besondere Form der Ordnung zugrunde. Einmal ist es die **Form** des Organismus, die hergestellt oder wieder hergestellt wird. Daß diese »Form« etwas Festes, einheitlich Geordnetes bei aller »Variabilität« darstellt, zeigen besonders deutlich die Ergebnisse der neueren Vererbungs- und Variationsforschung, die das Bereich der »Potenzen« dieses Organismus umgrenzt und ihre gesetzmäßige Beziehung zu inneren und äußeren Bedingungen aufdeckt. Ferner tritt der geordnete Zusammenhang aller Stoffwechselfunktionen als ein Ganzes auf, und hierzu gesellt sich als drittes der geordnete Ablauf eines Bewegungsgefüges. Dabei brauchen die »Mittel« der Ganzheiterhaltung durchaus nicht demselben Sondergebiet der Physiologie anzugehören wie die Form der Ganzheit. »Funktionsganzheit« mag durch Formänderungen hergestellt werden, Formganzheit durch Bewegungserscheinungen usw.; das alles kann nur der wissenschaftlichen Erfahrung entnommen werden.. Sie allein kann auch nur zeigen, ob noch weitere Formen der Ganzheit als die genannten unterschieden werden müssen. Wenn man zuweilen angesichts gewisser Vorgänge, z. B. der Erhaltung der Geschlechtsorgane bei hungernden Planarien oder etwa des Übergangs zur Fortpflanzungstätigkeit bei Pflanzen unter ungünstigen — d. h. funktionsstörenden — Bedingungen, von einem besonderen »Zweck der Arterhaltung« gesprochen hat, so glaube ich mit den Begriffen der Form- und Funktionsganzheit auch hier auszukommen; erhalten werden in diesen Fällen diejenigen Strukturen bzw. Funktionen, die unter geänderten Bedingungen das ganze Funktionsgetriebe wiederherstellen können.

c) Ganzheitbeurteilung und Pathologie.

Wenn die teleologische Methode verlangt, alle Vorgänge am Organismus daraufhin zu untersuchen, ob sie ganzheiterhaltend sind, so fordert sie doch durchaus nicht, daß dies wirklich der Fall sei. Ich habe bereits darauf hingewiesen, daß es unstatthaft ist, die »Zweckmäßigkeit« des organischen Geschehens vorauszusetzen. Vielmehr kennen wir Vorgänge am Organismus, die nicht ganzheiterhaltend, sondern ganzheitzerstörend sind und andere, die sich nach dem bisherigen Stande unseres Wissens indifferent verhalten.

Die Lehre von den Vorgängen, bei denen der Einfluß der Störung den ganzheiterhaltenden Charakter der Reaktion überwiegt, bei denen Ganzheit in irgendeinem Sinne nicht gewahrt bleibt, ist die Pathologie.

Es ist selbstverständlich, daß sie nur möglich ist auf Grund der Ganzheitbeurteilung, d. h. auf Grund der Frage, ob hier ganzheiterhaltendes Geschehen gegeben ist.

Eine besonders wichtige Form pathologischer Vorgänge äußert sich darin, daß ein Teil des Organismus »Selbständigkeit« dem »Ganzen« gegenüber erhält, daß er gewissermaßen selbst ein »Ganzes« wird. Die Bemerkungen Pfeffers über den Tod des Organismus infolge der Verselbständigung der Partialfunktionen (1904) gehören hierher. Die bösartigen tierischen Geschwülste werden schon längst als Beispiele dafür angeführt. Aber auch dann mag man hiervon sprechen, wenn unter ungünstigen äußeren Bedingungen die Vegetationspunkte auf Kosten der älteren Teile des Organismus ihr Leben erhalten; ferner bei den hypertrophischen Blattkissen des Kohlrabi, die nach Unterdrückung der Geschlechtstätigkeit auftreten und die Vöchting (1908) ihrer eigenartigen Abweichungen wegen von der normalen Organisation in Stranganordnung und Idioblastenbildung als Tumoren deutet, und weiterhin besonders bei den Gallen. Obwohl in diesen Fällen der beurteilte Vorgang eine Schädigung des Organismus darstellt, so ist doch gerade hier kritische Vorsicht bei der Analyse vonnöten. Die Tatsache, daß gewisse abnorme Erscheinungen mit Schädigungen des Organismus verbunden auftreten, darf noch nicht verleiten, sie als unbedingt ganzheitzerstörend, als pathologisch, aufzufassen. Die medizinische Hypothese, daß Fieber und Entzündung (Metschnikoff) auch Heilungsreaktionen des Organismus darstellen könnten, muß zur Vorsicht mahnen. So kann man die Ernährung der »embryonalen« Teile auf Kosten der älteren als ganzheiterhaltend bezeichnen; aber auch die »Tumoren« Vöchtings haben als Reservestoffbehälter für die übermäßig auftretende Menge plastischer Stoffe eine unbestrittene Bedeutung, und völlig lassen sich auch der Gallenbildung erhaltungsmäßige Züge nicht abstreiten. Wenn man auch mit Küster (1903, 1911, 1916a) die Ausgestaltung der Gallen als schädigend, als pathologisch bezeichnen muß und die Gallenbildung als solche nicht als Schutzreaktion der Pflanze gegen den Parasiten deuten kann, so gibt es doch auch hier einzelne ganzheiterhaltende Vorgänge. Die Entstehung von Kallus- und Wundholzbildungen und vor allem die gesteigerte Nährstoffzufuhr (vielleicht auch die Bildung mecha-

nischer Gewebe), welche auf die vom Gallenorganismus ausgehenden
Reize hin erfolgen, sind zunächst ganzheiterhaltend. Die entgegengesetzte Auffassung läßt sich zu sehr von der seltsamen Zufälligkeit be-
stechen, daß die Nährstoffe und die mechanischen Gewebe (letztere nur
zuweilen) eine für den Parasiten nützliche Einrichtung darstellen; würden
die Stoffe nicht vom Gallentier verbraucht, so läge gegen die Deutung
der vermehrten Stoffzufuhr an die »erkrankte« Stelle als einer »Regulation« überhaupt kein Grund zu einem Einwand vor. Dafür spricht
ferner, daß diese angehäuften Nährstoffe der Gallengewebe nach Entfernung oder Tod des Gallentiers für die Pflanze verbraucht werden
können, und daß sie in solchen Fällen sich durch Kultur auf Zucker-
lösung vermehren lassen (nach Küster 1903).

Dieselbe vorsichtige Kritik muß bei der teleologischen Beurteilung
aller schädigenden Einrichtungen von Schmarotzern auf Pflanzen geübt
werden. Es läßt sich nicht leugnen, daß die Hexenbesen und ähnliche
Gebilde immerhin bezüglich der Formbildung noch gewisse »harmonische« Züge zeigen, wenn auch das Verhältnis zur Gesamtform gestört
ist. Besonders wichtig sind die Fälle, bei denen eine gewisse »Lebens-
gemeinschaft« von Schmarotzer und Wirt stattfindet. Zwischen der
Kleeseide *Cuscuta* oder dem Würger *Orobanche* und ihren Wirtspflanzen
besteht bezüglich der Ernährung Funktionsganzheit — obwohl durchaus keine Formganzheit —, so daß man z. B. die Vorgänge der Verschmelzung der Gefäßbündel in bezug auf diese Funktionsganzheit als
ganzheiterhaltend (oder -herstellend) bezeichnen muß.

Ganz entsprechend diesem Verhältnis beginnt man mehr und mehr
auch die verschiedenen Fälle von »Symbiose« aufzufassen. Zweifellos
würde man ein Geschwür am menschlichen Körper, das infolge einer
Bakterieninfektion aufträte, und in dem durch den Stoffwechsel der
Bakterien dem Organismus unter anderen auch verwendbare Stoffe
zugeführt würden, doch ein Geschwür, eine pathologische Erscheinung
nennen und von Parasitismus reden. Gewiß kann man die Fälle von
Parasitismus, die in gewissem Umfang auch dem angegriffenen Teil
nützlich werden, unter dem Namen »Symbiose« zusammenfassen. Nur
muß man sich darüber klar sein, daß diese eben doch ein Sonderfall des
Parasitismus bleibt. In diesem Sinne faßt Küster (1911) diejenigen

Gallen, die dem Wirtsorganismus nützlich sind, als »Eucecidien« zusammen. Es sind das die bekannten Fälle der Bakterienknöllchen von *Rhizobium radicicola* und *Rh. Beyerinckii* bei Leguminosen, der Erlenknöllchen von *Schinzia (Frankia) alni*, ferner die Pilzknöllchen bei *Elaeagnus angustifolius* und *Podocarpus chinensis*, der endotrophen Pilzwurzel der *Neottia nidus avis* u. a. m. Hierher gehören nach Küster vielleicht auch die sukkulenten Gallen von *Heterodera radicicola*, die nach Vuillemin und Legrain (1894) den sie erzeugenden Pflanzen der Sahara durch vermehrte Wasserspeicherung nützlich werden sollen. Daß das Verhältnis zwischen Leguminosen und Knöllchenbakterien nicht ein solches gegenseitiger Unterstützung, sondern ein Kampfverhältnis darstellt, ist besonders den Angaben Hiltners (1904/06) zu entnehmen, daß je nach dem Ernährungszustand beider Teile und der Virulenz der Bakterien bald der eine, bald der andere Teil die Oberhand behält, während sich in anderen Fällen jenes Gleichgewichtsverhältnis einstellt, das als charakteristisch für die Symbiose gilt. Die übrigen bekannten Bakterien- und Pilzsymbiosen, deren Zahl ja neuerdings sich vermehrt hat, werden ebenso aufzufassen sein. Bezüglich der Flechtensymbiose wird schon längere Zeit eine ähnliche Ansicht vertreten. Gewiß haben die Flechten neue, ihnen eigentümliche Gestaltungsformen ausgebildet, stellen also in dieser Hinsicht eine »Formganzheit« dar; auch eine besondere Fortpflanzungsform, die Soredien, und besondere Stoffwechselprodukte (z. B. das Parietin, der gelbe Farbstoff der Rinde von *Xanthoria parietina* nach Tobler (1909)) sind der Verbindung von Pilz und Alge eigentümlich, aber zweifellos kann nicht durchgehends von einem Nutzen beider Teile gesprochen werden. So hat Treboux (1912) gezeigt, daß die Alge *Cystococcus humicola* als *Xanthoria*-Gonidie ein viel kümmerlicheres Dasein führt als in freiem Zustande, was sich besonders in der verminderten Teilungsfähigkeit und in der Färbung äußert. Er spricht daher statt von mutualistischer Symbiose von einem Flechtenparasitismus — nämlich des Pilzes auf der Alge — oder »Helotismus«. Bei all diesen Fällen von Parasitismus ist der teleologischen Methode nur insofern eine Handhabe gegeben, als die beiden Pflanzen, Schmarotzer und Wirt, eine Funktionsganzheit oder auch — wie offenbar bei vielen Flechten — eine Formganzheit bilden. Eigentlich »Regu-

4*

latorisches« in später zu erörterndem Sinn liegt wohl überhaupt nicht
vor, sondern, neben pathologischen Erscheinungen, vorwiegend »Harmonisches«.

In gleicher Weise sind die Transplantationen, die künstlichen Verbindungen von Teilen desselben oder verschiedener Organismen zu beurteilen. Reichliches botanisches Material findet sich in den grundlegenden Untersuchungen Vöchtings (1892). Wenn die Verbindung
von Reis und Unterlage gelingt, so bilden beide in ausgesprochener
Weise eine Funktionsganzheit; bezüglich des Stoffwechsels stellen sie
einen Organismus dar. Anders steht es bezüglich der morphologischen
Eigenschaften, besonders bei den Transplantationen verschiedener Pflanzen und Pflanzenrassen oder bei heterogenen Verbindungen verschiedener Organe derselben Pflanze. So führt nach Vöchting (1892,
S. 23/24) das Reis von *Beta vulgaris* »in der Wurzel ein eigenartiges,
anatomisch selbständiges Wachstum«. »Vermittels eines eigenen
Cambiums bildet es einen besonderen sekundären Holzkörper, der zwar
mit den Bündeln der Wurzeln in Zusammenhang steht, aber eine von
diesen unabhängige Entwicklung erfährt. Das Reis sucht sich nach
dem ihm eigenen Wachstumsgesetz zu gestalten und abzurunden, auch
nachdem es in festen Gewebeverband mit der Wurzel getreten ist; ein
Umstand, der um so auffallender ist, wenn man bedenkt, wie fest und
geschlossen die Ernährungseinheit ist, die Reis und Wurzel hier bilden.«
Die zwei durch Pfropfung verbundenen Organismen stellen also eine
Funktionsganzheit, aber durchaus keine Formganzheit dar. Die Gestaltungsvorgänge, durch welche die völlige Verbindung zustande kommt
— Kambiumtätigkeit, Bildung des »Kittgewebes« und der Gefäßverbindungen usw. — sind ganzheiterhaltend (oder hier besser ganzheit-
herstellend) in bezug auf diese Funktionsganzheit. Dasselbe gilt natürlich auch für die »Verschmelzung« der bezüglich der Polarität ungleichnamigen Kallusbildungen in den Versuchen Simons (1908). Entsteht
trotz äußerlichen Gelingens einer Pfropfung keine Funktionsganzheit,
so tritt das in Störungsreaktionen der schon verwachsenen Teile zutage,
die in Form von Wachstumshemmungen, bleicher Farbe, von mehr oder
minder harmlosen Geschwulstbildungen bis zu tödlichen Krankheits-
erscheinungen auftreten. Bei solchen »disharmonischen Verbindungen«

krautiger Pflanzen können die zusammengefügten Teile zuweilen selbständig werden; das Reis etwa stellt durch Wurzelbildung seine Form- und Funktionsganzheit wieder her. Besonders wichtige Fälle von »Pfropfsymbiosen« stellen die aus »zusammengesetzten« Vegetationspunkten entstandenen »Periklinalchimären« dar, deren Natur von Baur (1908/09, 1909, 1910), Winkler (1907, 1908, 1910) und Buder (1910, 1911) ermittelt worden ist. Eine für das vorliegende Problem interessante Angabe findet sich in den Untersuchungen Buders (1911) über *Laburnum Adami*. Die Epidermis dieser Pflanze mit den Merkmalen von *Cytisus purpureus* bildet mit dem übrigen Gewebe vom Charakter des *Laburnum vulgare* einen funktionell einheitlichen Organismus, »obwohl die artfremden Zellschichten, wie die Rückschläge lehren, der Potenz nach sehr wohl imstande sind, aus sich selbst einen ganzen Organismus artgleicher Zellen hervorgehen zu lassen«. Nun kann sowohl die *Purpureus*-Epidermis als die *Laburnum*-Komponente für sich allein die Korkbildung des Doppelorganismus übernehmen, als auch beide zusammen Periderm bilden können. Besonders merkwürdig ist aber dieser letzte Fall dann, wenn die *Purpureus*-Epidermis ihr Periderm in umgekehrter Reihenfolge erzeugt, Korkplatten nach innen, Phelloderm nach außen. In diesen »Korkdoppelplatten« liegt eine offenbare Reaktion der *Purpureus*-Epidermis gegen den *Laburnum*-Partner vor, der hier für die erste eine »surface libre« im Sinne Bertrands (1884) bildet. Wichtig ist die Angabe Buders, daß in allen beobachteten Fällen von inverser Korkbildung immer auch schon mindestens die benachbarte *Laburnum*-Zellreihe verkorkt gewesen sei, daß also auch die Plasmodesmen zwischen beiden Pfropfsymbionten aller Wahrscheinlichkeit nach unterbrochen gewesen seien. Der für den Doppelorganismus pathologische Vorgang ist hier ganzheiterhaltend für den einen Teil, der im Augenblick der Verselbständigung nur aus einer einschichtigen Epidermis besteht. —

d) Die Schwierigkeiten des Begriffs der Ganzheit
beim pflanzlichen Organismus.

Die bisher erörterten Sonderfälle der Durchführung der teleologischen Methode haben für Tiere und Pflanzen gleiche Bedeutung, wenn sie auch vorwiegend für die letzten entwickelt wurden. Es gibt aber auch

Schwierigkeiten für die Anwendung des Ganzheitsbegriffs auf den Pflanzenkörper, die auf dessen Organisation im Gegensatz zu der des Tierkörpers beruhen.

Während die Tiere infolge ihres beschränkten Wachstums eine festbestimmte Größe erreichen, ist das pflanzliche Wachstum wegen der Natur der Meristeme oder Bildungsgewebe überhaupt nicht abgeschlossen. Die Tiere sind geschlossene, die Pflanzen offene Formen (Driesch 1894, 1903, Klebs 1903). Das Tier ist als Ganzes »fertig«, sowie alle seine typischen Teile im einzelnen »fertig« sind. Die Pflanze ist als Ganzes nie »fertig«; »fertig« sind bei ihr stets nur einzelne Teile. Daran ändern grundsätzlich auch nichts die Tatsachen des Absterbens auf Grund äußerer Bedingungen, der Erschöpfung durch die Fortpflanzungsvorgänge oder das Aufgehen des Vegetationspunktes in eine Blüte. Hierzu kommt weiter, daß aus fast allen bereits differenzierten Geweben sich erneut Meristeme bilden können. Beim Ausbau der teleologischen Methode der Botanik muß diesen Verhältnissen Rechnung getragen werden; für die Anwendung des Begriffs des »harmonisch-äquipotentiellen Systems« auf Pflanzen sind sie von besonderer Bedeutung.

Im Zusammenhang damit ist auch darauf hinzuweisen, daß bei Pflanzen sehr leicht eine Spaltung der Ganzheit eintritt, so etwa anläßlich einer Ringelung von Zweigen durch die Ergänzung der einzelnen Abschnitte auf Grund der Polaritätserscheinungen (J. v. Hanstein 1860, Sachs 1865). Jedes Teilstück eines geringelten Stecklings verhält sich bezüglich der Organbildung (auch der Ausgestaltung des Kallus) wie der ungeringelte Steckling, stellt also ein »physiologisches Individuum« (Tittmann 1895) dar. Ähnlich verhalten sich niedere Pflanzen, z. B. *Caulerpa prolifera,* bei welcher nach mehrfacher Knickung die einzelnen Teile zwischen den geknickten Stellen durch die Entstehung von adventiven Wurzeln, Rhizomen, Prolifikationen zu einzelnen »Ganzen« werden (Janse 1906).

Auch die Fortpflanzung wie der vielfach verschiebbare zeitliche Rhythmus der Morphogenese bieten besondere Probleme, von denen dasjenige ihrer ausgeprägten Abhängigkeit von äußeren Bedingungen wohl das wichtigste für die teleologische Betrachtung darstellt. Der folgende Abschnitt wird Gelegenheit bieten, hierauf näher einzugehen.

4. Die teleologischen Grundbegriffe.

a) Normalität; Harmonie und Regulation.

Nachdem die Anwendung des Begriffes der Ganzheit auf den Organismus einigermaßen geklärt erscheint, erhebt sich die Frage nach der Gliederung der teloklinen Vorgänge. Es besteht kein Zweifel, daß es sich hier wie bei jeder wissenschaftlichen Klassifikation, die keinen mathematischen Charakter trägt, nicht um die Richtigkeit, sondern nur um die Zweckmäßigkeit der festzusetzenden Einteilung handeln kann. »Unrichtig« kann die Gliederung nur sein, soweit sie unvollständig ist, oder sofern ihre eigenen Glieder sich teilweise einschließen; »unrichtig« auch könnte die Einordnung des Materials in das aufgestellte Schema sein. Von der Einteilung selbst kann nur verlangt werden, daß sie mit Bezug auf das Ziel des Wissenschaftsgebietes »praktisch«, »zweckmäßig« erscheint.

Hier bietet nun die zuvor erwähnte, weitgehende Abhängigkeit von äußeren Bedingungen eine erhebliche Schwierigkeit für die Ganzheitbeurteilung des pflanzlichen Organismus. Gestaltungsvorgänge, Stoffwechselfunktionen, Bewegungserscheinungen sind unter verschiedenen äußeren Bedingungen andere, so daß man einer Art Maßstabs für die Anwendung der teleologischen Methode bedarf. Würde die Erfahrung den Begriff des »typischen« Organismus im Sinne von Roux aufnötigen oder auch nur erlauben, so wäre dieser Forderung Genüge getan. Nun gewährt aber gerade die pflanzliche Entwicklungsphysiologie, worauf schon bei der Analyse des Potenzbegriffs hingewiesen wurde, keine Anhaltspunkte für eine derartige, absolut feste Norm. Wohl aber besitzen wir in dem von Klebs (1905) definierten Begriff des »Normalen« eine wenigstens relativ feste Beziehung, welche eine Grundlage für die weiteren Erörterungen abzugeben vermag. Die äußeren Bedingungen des »Mediums«, an deren Bestehen die Verwirklichung der Potenzen geknüpft ist, weisen erfahrungsgemäß eine gewisse Konstanz bzw. einen regelmäßigen Wechsel auf, dem auch ein konstantes Verhalten der inneren Bedingungen entspricht. Dem »normalen« Verlauf der Außenbedingungen entsprechen bestimmte »normale« Stoffwechselvorgänge, Gestaltungsprozesse und Bewegungserscheinungen. Das »Normale« ist also nicht etwas, das »sein soll« oder gar »erstrebt wird«, sondern das infolge beständiger äußerer und innerer Bedingungen »so ist«.

Alle ganzheiterhaltenden Vorgänge am Organismus, die unter diesen »normalen« äußeren und inneren Bedingungen verlaufen, sollen harmonisch heißen, ·das einzelne telokline Geschehen eine Harmonie. Damit ist ein erfahrungsmäßig bestimmbarer Begriff der »normalen Ganzheit« des Organismus gegeben, welcher der teleologischen Beurteilung weiterhin zugrunde gelegt wird. Alle äußeren oder inneren Vorgänge, die in diese »normale Ganzheit« eingreifen, sie völlig oder teilweise aufheben, sollen Störungen genannt werden. Wo ganzheiterhaltendes Geschehen am Organismus auf Grund von Störungen abläuft, soll es regulatorisch heißen, die einzelne Teloklise Regulation. Die Harmonien sind also normale Ganzheiterhaltungen, gewissermaßen Ganzheitherstellungen; die Regulationen sind Ganzheitwiederherstellungen. — Der Begriff der »Harmonie« wurde von Driesch schon 1894 in dem hier gekennzeichneten Sinne verwendet; in vielen seiner späteren Schriften spielt der Unterschied von Harmonie und Regulation eine wichtige Rolle.

Bei unserer noch vielfach mangelhaften Kenntnis der inneren Bedingungen des Organismus wird in manchen Einzelfällen die Grenzbestimmung willkürlich sein müssen. Meinungsverschiedenheiten über die teleologische Charakterisierung eines Vorgangs können der Forschung nur förderlich sein. Einige der sich ergebenden Schwierigkeiten mögen gleich hier erörtert werden. So dürfte es zunächst nicht ganz einfach sein, anzugeben, ob bei »amphibischen« Gewächsen die Wasserform oder die Landform die »normale« sei; der »Differenzierungsgrad« ist für die teleologische Beurteilung in diesem Falle so wenig ausschlaggebend als phylogenetische Spekulationen. Vielmehr dürfte die Lösung in der Auffassung zu suchen sein, welche den Tatsachen entsprechend beide Medien als normale betrachtet und die sogenannten »Anpassungsvorgänge« bei den amphibischen Pflanzen nicht als Regulationen, sondern als Harmonien auffaßt. Dagegen könnte bei einer typischen Landpflanze die Kultur unter Wasser sehr wohl als eine· Störung anzusprechen sein; die infolge davon auftretenden ganzheiterhaltenden Vorgänge — auch wenn sie jenen bei amphibischen Gewächsen durchaus gleichen — müßten

Regulationen heißen. Darin liegt durchaus keine Inkonsequenz; kann doch sogar (kausal betrachtet) »derselbe« Vorgang in einem Falle ganzheiterhaltend sein, im anderen nicht (vgl. dazu Goebel 1908, S. 45/46).

Erheblicher scheint auf den ersten Blick die andere Schwierigkeit zu sein, daß unter durchaus »normalen« äußeren und inneren Bedingungen Neubildungsvorgänge am Organismus stattfinden können, und zwar unter Umständen, die man zunächst geneigt sein möchte als »Störungen« zu bezeichnen. Es handelt sich um die Fälle, die sich meist unter den Namen einer »physiologischen Regeneration« oder »physiologischen Restitution« (Delage) in der Literatur finden (Erörterungen z. B. bei Massart 1898 und Winkler 1913). Die Neubildung abgefallener Blätter, der Ersatz der infolge des Dickenwachstums gesprengten Epidermis durch Korkbildung, die Entstehung von Jungholz für das verkernte, die Neubildung einer Epidermis bei den in der Entwicklung mancher Araceenblätter (über *Monstera deliciosa* vgl. Haberlandt 1882) und Palmblätter (über *Livistona australis* und *Chamaerops humilis* vgl. Eichler 1885) auftretenden Zerreißungen gehören neben anderen hierher. Da aber als »Störung« die Aufhebung normaler Ganzheit bezeichnet werden soll, so kann von einer solchen bei all diesen Beispielen nicht gesprochen werden; vielmehr liegen sie alle im Bereiche normaler Formbildung. Man wird sie daher nicht als regulatorische Vorgänge auffassen dürfen, sondern als harmonische; es sollten deshalb auch die Worte »Regeneration« und »Restitution« vermieden werden. Auch in diesem Falle wird der scheinbare Widerspruch durch die Besinnung auf das Wesen des »Normalen« in der Formbildung beseitigt.

Da viele Vorgänge, die man bisher »Regulationen« zu nennen gewöhnt war, nach der hier vertretenen Bezeichnungsweise harmonisch heißen müssen, so erscheint es angebracht, einem Überblick über die wichtigsten Arten von Harmonien einen besonderen Abschnitt dieses Buches zu widmen; ihre eingehende Untersuchung würde eine Arbeit für sich darstellen. Der hier unternommene Versuch eines Systems der Harmonien hat daher einen mehr vorläufigen Charakter, während sich die Arbeit im übrigen auf die eingehendere Gliederung der Regulationen beschränkt.

Nach der Festlegung des Begriffs der »normalen« Ganzheit als der Ganzheit des Organismus unter »normalen« Bedingungen mag auch

die Frage besprochen werden, ob es Vorgänge gibt, die weder ganzheiterhaltend noch ganzheitaufhebend, also gewissermaßen »ateleologisch«
sind. Selbstverständlich bedeutet »normale Ganzheit« nicht, daß nun
jeder, normalerweise am Organismus ablaufende Vorgang auch schon
ganzheiterhaltend genannt werden müsse. Es kann z. B. teleologisch
durchaus gleichgültig sein, in welcher Weise die Weiterverarbeitung
eines bestimmten »Nebenproduktes« des Stoffwechsels verläuft. Daß
sie so verläuft, daß dadurch das übrige Geschehen am Organismus nicht
gestört wird, ist freilich ein harmonischer Zug. Diese Feststellung ist
notwendig, damit nicht der Hang entsteht, in jeder Einzelheit des Geschehens eine Ganzheitsbeziehung entdecken zu wollen. Wir sahen
schon, daß die Vorgänge, die mit sogenannten »zweckmäßigen Einrichtungen« am Organismus zusammenhängen, gar nicht »ganzheiterhaltend« zu sein brauchen. Umgekehrt können Vorgänge, für welche
die Ökologie keinen »Zweck« anzugeben vermag, ganzheiterhaltend sein.
Hierher gehört die Entstehung vieler »systematischer Merkmale« der
Organismen. Daß etwa eine Lilie dreizählige Blütenorgane, eine Glocken-
blume fünfzählige hat, läßt sich nicht als »zweckmäßige Einrichtung«
begreifen, aber es gehört zur »normalen Formganzheit« der betreffenden
Pflanzen, und die Vorgänge, welche die Entstehung dieser so gestalteten
Blütenordnung bedingen, sind »ganzheiterhaltend« (und zwar harmonisch), die sie vernichten, »ganzheitstörend«; Änderungen dieser Ordnung können daher pathologisch heißen.

b) Restitution, Anpassung und Bewegungsregulation.

Da die Regulationen die ausgeprägteste Form telokliner Vorgänge
darstellen, so soll an der Ableitung ihrer Grundformen die weitere Gliederung des Systems teleologischer Begriffe aufgezeigt werden.

Unter Verwendung des oben analysierten allgemeinen Begriffs der
Funktion läßt sich eine Regulation auch als Wiederherstellung einer
gestörten harmonischen Funktion durch den Wechsel der Eigenfunktionen bezeichnen. Da nun alle Vorgänge oder Funktionen des Organismus letzthin Stoffwechselvorgänge sind, da der Stoffwechsel, wie
Driesch (1901) dies ausdrückt, »das allgemeine Schema aller Lebensprozesse« ist, so sind in gewissem Sinne alle Regulationen Stoffwechsel-

regulationen. Wenn das Wort »Funktion«, wie dies häufig geschieht, auf diesen engeren Sinn eingeschränkt wird, so kann man alle diejenigen Regulationen, die nur als eine Wiederherstellung der allgemeinen Stoffwechselfunktion sich kennzeichnen lassen, Funktionsregulationen oder Anpassungen nennen. Das Wesen vieler Regulationen ist damit nicht erschöpfend dargestellt. Wenn ein abgeschnittener Regenwurmkopf oder eine losgetrennte Wurzelspitze wiedergebildet wird, so liegt neben der Wiederherstellung der gestörten »Funktionen« noch etwas anderes vor, nämlich Wiederherstellung der gestörten Organisation oder Form. Die Störung besteht in diesen Fällen auch nicht nur in einem Eingriff in die Funktionen, sondern in einer Entfernung oder Ausschaltung (»Inaktivierung«) von Organen oder Organteilen; sie ist zugleich eine Formstörung. Alle Vorgänge, die als Wiederherstellung gestörter Formganzheit zu beurteilen sind, sollen Formregulationen oder Restitutionen heißen. An dieser von Driesch (1901) eingeführten Bezeichnungsweise, die seither vielfach — z. B. auch in der neuen zusammenfassenden Darstellung der botanischen Entwicklungsphysiologie durch Winkler (1913) — angenommen wurde, muß um so entschiedener festgehalten werden, als durch die spätere Verwendung dieses Wortes in einem viel engeren Sinne (soweit ich sehen kann, zuerst durch Küster 1903, dem dann Pfeffer u. a. folgten) ein unglaubliches Durcheinander der Benennungsart formregulatorischer Vorgänge in der botanischen Literatur hervorgerufen wurde. Eine Einigung über die entwicklungsphysiologische Terminologie wäre sehr zu wünschen. — Die Möglichkeit verschiedener Typen der Regulation ist damit noch nicht erschöpft. Wenn etwa trotz Störung durch einen erworbenen Klappenfehler die Wiederherstellung des Rhythmus der Herzmuskelbewegungen erfolgt, so liegt wohl auch hier irgendeine stoffliche Änderung dem Geschehen zugrunde; das Wesentliche aber ist die Wiederherstellung der Bewegungsganzheit. Diese Grundform der Regulationen soll daher Bewegungsregulation heißen. Bei den Tieren sind — z. B. in den Kettenreflexen, ferner in den vielleicht auf sie zurückführbaren »Instinktvorgängen« und in den »Handlungen« — viel kompliziertere Arten von Bewegungsganzheit bekannt als bei den Pflanzen, bei welchen nur der »Rhythmus« und die Koordination rhythmischer Bewegungen hierher gehört. Das

Tatsächliche dieser »periodischen Bewegungen« der Pflanzen wird an anderer Stelle zu erörtern sein. Hier soll nur nochmals hervorgehoben werden, daß alle Vorgänge der Herstellung rhythmischer Bewegungen harmonisch, und nur die Wiederherstellung eines gestörten Rhythmus regulatorisch genannt werden darf. Eine Zusammenstellung der Probleme und Tatsachen der tierischen Bewegungsregulationen hat Driesch (1903a) gegeben und damit gewissermaßen einen zweiten Teil zu seiner Untersuchung der Anpassungen und Restitutionen (1901) geliefert; seine »Philosophie des Organischen« (1909) enthält im 2. Bande gleichfalls eine Darstellung aller hierher gehörigen Fragen.

In Kürze muß noch dem möglichen Mißverständnis entgegnet werden, das etwa die morphologisch charakterisierte telokline Reaktion mit der Restitution gleichsetzt, das also die Mittel der Ganzheiterhaltung mit ihrem Typus verwechselt. Wenn ein Pilz bei Konzentrationssteigerung des Mediums seinen osmotischen Druck durch Erzeugung bestimmter Stoffe erhöht; wenn erkrankte Stellen im Pflanzenkörper durch Korkbildung abgeschlossen werden; wenn bei sehr hoher Lichtintensität ein Algenschwärmer oder ein Organ einer phanerogamen Pflanze durch »Sinnesumkehr« seine Richtung wechselt: so liegt jedesmal eine Funktionsregulation, eine Anpassung, vor, nur das eine Mal rein stoffwechselfunktionell, das andere Mal morphologisch und beim dritten durch eine Bewegungserscheinung gekennzeichnet. Die Art der Ausführung einer Regulation gibt daher zugleich ein Mittel ihrer Einteilung an die Hand: es lassen sich physiologische, morphologische und kinetische Anpassungen unterscheiden. Rein funktionell vermittelte Restitutionen ohne morphologische Kennzeichen gibt es nicht, sodaß nur morphologische und kinetische Restitutionen zu trennen sind. Die Bewegungsregulationen — als Änderungen eines gestörten Rhythmus — sind auch der Ausführung nach stets kinetischer Natur.

Daß bei den Restitutionen nicht nur von abgetrennten, sondern auch von »ausgeschalteten« Teilen des Organismus gesprochen wurde, hängt mit der Erfahrung zusammen, daß bei erheblicher Verwundung ohne völlige Lostrennung, bei starkem Abkühlen, Ätherisieren, Eingipsen und anderen Schädigungen eines Organs, etwa eines pflanzlichen Vegetationspunktes, dieselbe restitutive Reaktion auftritt wie bei völliger

Entnahme; der Organismus verhält sich so, wie wenn das Organ praktisch ausgeschaltet wäre. In Einzelfällen freilich kann diese Deutung zweifelhaft werden; wenn man an einem beliebigen unverletzten Sproßstück von *Salix vitellina* var. *pendula* nach Klebs (1903) durch völliges Eintauchen in Wasser die Bildung von Wurzeln hervorrufen kann, so läßt sich dies wohl mit Driesch (1903) so deuten, daß das eingetauchte Stück vom übrigen Organismus gewissermaßen »abgespalten« sei und nun die fehlenden Teile der Form, hier die Wurzeln, ergänze. Wer dieser Auffassung sich verschließt, wird in Zweifel kommen, ob er von einer morphologischen Adaption oder von einer Harmonie sprechen soll; es hängt dies davon ab, ob man die Wassertauche als Störung-setzend anerkennt oder nicht.

Nach den »Mitteln« der Wiederherstellung teilt Driesch (1899) alle Regulationen in primäre und sekundäre ein; bei den ersten geschieht die Ganzheiterhaltung nach einer Störung durch dieselbe Kategorie innerer Bedingungen wie in dem entsprechenden »normalen« Fall — nur etwa in anderer Quantität —, während bei den letzten abweichende innere Bedingungen auftreten. Der weiteren Gliederung der Regulationen im Ganzen möchte ich diese Unterscheidung nicht zugrunde legen, da sie für die hier verfolgten Zwecke nicht von derselben Bedeutung ist, wie für die — auf den Beweis des Vitalismus abzielenden — Untersuchungen Drieschs.

Der eingehenderen Gliederung der pflanzlichen Regulationen soll nun im folgenden Teil eine Übersicht über die wichtigsten Typen der pflanzlichen Harmonien vorausgehen, welche freilich, wie schon hervorgehoben, ihr Thema nicht erschöpfen kann, sondern nur einige wesentlichen Züge hervorheben will, diejenigen insbesondere, die für die Abgrenzung und Einteilung der Regulationen von Bedeutung sind.

Anhang: Zur Terminologie.

Um Mißverständnisse zu vermeiden, ist es vielleicht ratsam, den hier vorgeschlagenen Bezeichnungen die auf anderen Anschauungen aufgebaute Ausdrucksweise W. Roux's gegenüber zu stellen, wie sie besonders klar in der »Terminologie der Entwicklungsmechanik« (1912)

niedergelegt ist. Entscheidend für Roux's Begriffssystem ist sein vorstehend (S. 35 f.) erörterter Begriff des »Typischen« und die Scheidung der am Gestaltungsgeschehen beteiligten Bedingungen in »Determinationsfaktoren« und »Realisationsfaktoren«. In der dem werdenden Organismus mitgegebenen »Erbmasse« sind seine »typischen« Eigenschaften fertig »bestimmt«, in Form der Determinationsfaktoren, mitgegeben. Typische Eigenschaften eines Lebewesens heißen aber erst solche im Keimplasma determinierte Eigenschaften, die sich in den fünf »Kampfesinstanzen« (dem Kampf der Teile des Keimplasmas, ferner des nach geschlechtlicher Verschmelzung gegebenen Keimplasmas und schließlich des Körperplasmas [Somas], sowie in dem Kampf der Individuen untereinander und gegen die Einflüsse der Außenwelt) »bewährten«, sich »dauerfähig« erwiesen haben. Sie stellen seinen sichtbaren »Typus« dar und bedingen damit zugleich seine systematische Zugehörigkeit zu einer bestimmten Klasse, Gattung, Art, Rasse. Nur durch gewisse allgemeine, in weiten Grenzen schwankende Einflüsse (Wärme, Nahrung, Licht, Boden) trägt die Außenwelt in notwendiger Weise zur »typischen« Entwicklung bei, welche sie anregt und erhält, aber nicht »der typischen Art nach« bestimmt; diesen Beitrag der Außenwelt leisten die »Ausführungs-« oder »Realisationsfaktoren«, welche in bloße Auslösungsfaktoren, Reizfaktoren und Unterhaltungs- oder Betriebsfaktoren zerfallen. Alles nicht durch die inneren Determinationsfaktoren, sondern sonstwie, meist von außen her bestimmte Gestaltungsgeschehen, das zudem auch zur »Entwicklung an sich« nicht nötig ist, heißt »atypisch«. Wo dieses Atypische häufig, d. h. in mehr als 50% der Fälle auftritt, bildet es die »Norm«, sonst ist es »anormal«. Änderungen der typischen oder normalen Beschaffenheit, die seine Selbsterhaltungs- oder Betriebsfähigkeit herabsetzen, heißen »Störungen«; der mehr oder minder vollkommene Ausgleich solcher Störungen heißt »Regulation«. Die Regulationen zerfallen in funktionelle, welche die normale Ausführung der Betriebsfunktionen wiederherstellen, und in gestaltliche, welche eine Störung der typischen oder normalen Gestaltung ausgleichen. Die gestaltliche Regulation ist entweder »Restitution« oder »funktionelle Anpassung«. Auch die Regulationen sind je nach der Häufigkeit ihres Auftretens normale oder anormale; als Vorgänge sind sie stets atypisch, nach ihrem »sichtbarem« Ergebnis aber sind die Restitutionen vielfach typisch, die funktionellen Anpassungen sind stets atypisch.

Roux's Auffassungs- und Bezeichnungsweise ist auf zoologischem, die in dieser Arbeit vertretene auf botanischem Boden erwachsen. Die viel offenkundigere Abhängigkeit der Pflanzenform von äußeren Einflüssen widerstrebt Roux's Auffassung der Vererbung und drängt zu der von Klebs, neuerdings auch von Baur, Johannsen u. a. vertretenen Anschauung, daß die erblichen »Eigenschaften« nichts von äußeren Bedingungen unabhängig Entstandenes, sondern gerade Reaktionen auf solche Außenbedingungen darstellen, daß also stets auch die äußeren Bedingungen die Gestaltung mitbestimmen. Auf dieser Grundlage ruhen die in dieser Arbeit angewendeten Bezeichnungen. Es entfällt daher für sie (um dies nochmals hervorzuheben) der Begriff des »Typischen« völlig; die unter »normalen« Außenbedingungen sich vollziehenden Vorgänge am Organismus heißen »normale«, die unter »anormalen« Bedingungen erfolgenden »anormale«. Anormale Bedingungen, welche die Ganzheit am Organismus teilweise oder ganz aufheben, heißen Störungen, die Wiederherstellungen der gestörten Ganzheit Regulationen. Von dieser verschiedenen theoretischen Grundlage abgesehen, wird sich der Umfang des Begriffs »Regulation« bei Roux und bei mir so ziemlich decken; dasselbe gilt für den Begriff der »Restitution«. Die »funktionellen Regulationen« bei Roux entsprechen den »physiologischen Anpassungen« dieser Arbeit. Roux's Begriff der »funktionellen Anpassung« fällt als ein rein beschreibender mit dem Umfang der beiden später zu entwickelnden Begriffe der »funktionellen Morphose« und der »funktionellen Adaptation« zusammen, als ein erklärender umfaßt er noch verschiedenes andere. Roux's »funktionelle Harmonie« entspricht wohl nur einem Teil der hier so genannten Harmonien, nämlich den weiter unten definierten »Kompositions«- und »Konstellationsharmonien«.

Daß Roux's Bezeichnungsweise, soweit sie mit dem Begriff des Typischen fest verwachsen ist, auch auf zoologischem Gebiet zu einer etwas gekünstelten Darstellung führen kann, scheint mir gerade ein von ihm angezogenes Beispiel zu zeigen, nach dem das in Längen- und Dickenwachstum zurückgebliebene Bein eines Menschen, der lange Jugendjahre wegen Erkrankung des Hüftgelenks liegen mußte, als typisch, aber anormal, das Bein des gesunden Menschen dagegen als zwar »normal« aber »atypisch« bezeichnet wird. Nach der hier vertretenen Bezeichnungsweise würde das unter anormalen Bedingungen entstandene Bein eine anormale Bildung heißen. Hier wäre übrigens offenbar nicht das »Typische«, sondern das »Normale« das in den Kampfesinstanzen wahrhaft »Bewährte«. — Roux dagegen wird wohl sagen, das in den verschiedensten Fällen durch die typische vererbte, allen Lebewesen eigene und nötige »Potenz zur funktionellen Anpassung« Herausgebildete, also in Wirklichkeit diese Potenz selber ist das Bewährte.

Verzeichnis der im I. und II. Teil angeführten Arbeiten.

1909. Bateson, W., Mendels Principles of Heredity. Cambridge 1909.

1908. Baur, E., Einige Ergebnisse der experimentellen Vererbungslehre. Beihefte der medizin. Klinik. IV. Heft 10. 1908.

1908/09. — Das Wesen und die Erblichkeitsverhältnisse der »Varietates albomarginatae hort.« von *Pelargonium zonale*. Zeitschr. f. ind. Abst.- u. Vererbl. 1. 1908/09.

1909. — Pfropfbastarde, Periklinalchimären und Hyperchimären. Ber. d. D. bot. Ges. 27. 1909.

1910. — Pfropfbastarde. Biol. Zentralbl. 30. 1910.

1911. — Einführung in die experimentelle Vererbungslehre. Berlin 1911.

1884. Bertrand,C., Loi des surfaces libres. Comptes rendus. 98. Paris 1884.

1911. Biedl, A., Über innere Sekretion. Verhandl. Ges. d. Naturf. u. Ärzte. 1911. Sonderabdr. Leipzig.

1910. Buder, J., Pfropfbastarde und Chimären. Zeitschr. f. allg. Physiol. 11. 1910.

1911. — Studien an *Laburnum Adami*. II. Zeitschr. f. ind. Abst.- u. Vererbl. 5. 1911.

1901. Bütschli, O., Mechanismus und Vitalismus. Leipzig 1901.

1899. Coßmann, P. N., Elemente der empirischen Teleologie. Stuttgart 1899.

1904. Detto, C., Die Theorie der direkten Anpassung und ihre Bedeutung für das Anpassungs- und Deszendenzproblem. Jena 1904.

1907. — Die Erklärbarkeit der Ontogenese durch materielle Anlagen. Biol. Zentralbl. 27. 1907.

1894. Driesch, H., Analytische Theorie der organischen Entwicklung. Leipzig 1894.

1899. — Die Lokalisation morphogenetischer Vorgänge. Ein Beweis vitalistischen Geschehens. Arch. Entw.-Mech. 8. 1899.

1899a. Driesch, H., Résultate und Probleme der Entwicklungsphysiologie der Tiere. Erg. d. Anat. u. Entw. 8. 1899 (für 1898).

1901. — Die organischen Regulationen. Leipzig 1901.

1903. — Kritisches und Polemisches. IV. Zur Verständigung über die Entelechie. Biol. Zentralbl. 23. 1903.

1903a. — Die »Seele« als elementarer Naturfaktor. Leipzig 1903.

1904. — Naturbegriffe und Natururteile. Leipzig 1904.

1905. — Der Vitalismus als Geschichte und als Lehre. Leipzig 1905.

1909. — Philosophie des Organischen. 2 Bde. Leipzig 1909.

1910. — Zwei Vorträge zur Naturphilosophie. Leipzig 1910.

1911. — Die Biologie als selbständige Grundwissenschaft und das System der Biologie. 2. Aufl. Leipzig 1911.

1911a. — Die Kategorie »Individualität« im Rahmen der Kategorienlehre Kants. Kantstudien. 1911.

1912. — Ordnungslehre. Ein System des nicht-metaphysischen Teils der Philosophie. Jena 1912.

1913. — Über die Bestimmtheit und Voraussagbarkeit des Naturwerdens. Logos. IV. 1913.

1914. Eisler, R., Der Zweck. Seine Bedeutung für Natur und Geist. Berlin 1914.

1885. Eichler, A. W., Zur Entwicklungsgeschichte der Palmenblätter. Abh. kgl. Preuß. Akad. Wiss. Berlin 1885.

1906/07. Francé, R. H., Das Leben der Pflanze. Bd. I. 1906. Bd. II. 1907. Stuttgart.

1907. — Grundriß einer Pflanzenpsychologie, als einer neuen Disziplin induktiv forschender Naturwissenschaft. Zeitschr. f. d. Ausb. d. Entw.-Lehre. I. 1907.

1909. — Pflanzenpsychologie als Arbeitshypothese der Pflanzenphysiologie. Stuttgart 1909.

1872. Frank, B., Über die Lage und die Richtung schwimmender oder submerser Pflanzenteile. Cohns Beitr. z. Biol. d. Pflanzen. 1. 1872.

1880. Goebel, K., Beiträge zur Morphologie und Physiologie des Blattes. Bot. Zeitung. 38. 1880.

1887. — Über künstliche Vergrünung von Farnsporophyllen. Ber. d. D. bot. Ges. 5. 1887.

1898. — Organographie der Pflanzen. I. Teil. Allgemeine Organographie. Jena 1898.

1908. — Einleitung in die experimentelle Morphologie der Pflanzen. Leipzig u. Berlin 1908.

1907. Gräser, K., Zum biologischen Begriff der »Zweckmäßigkeit«. Zeitschr. f. d. Ausb. der Entwicklungslehre. I. 1907.

1882. Haberlandt, G., Die physiologischen Leistungen der Pflanzengewebe. (Schenks Handb. d. Bot. II. S. 548.) 1882.

1904, 1909. — Physiologische Pflanzenanatomie. 3. Aufl. 1904. 4. Aufl. 1909.

1860. Hanstein, J. v., Versuche über die Leitung des Saftes durch die Rinde. Jahrb. wiss. Bot. 2. 1860.

1896. Hartmann, E. v., Kategorienlehre. Ausgew. Werke Bd. X. Leipzig 1896.

1906. — Das Problem des Lebens. Sachsa 1906.

1899. Herbst, C., Über die Regeneration von antennenähnlichen Organen an Stelle von Augen. III. u. IV. Arch. Entw.-Mech. 9. 1899.

1911. Hesse, R., Der Tierkörper als selbständiger Organismus. Hesse und Doflein, Tierbau und Tierkörper. Bd. 1. Leipzig 1911.

1904/06. Hiltner, L., Die Bindung von freiem Stickstoff durch das Zusammenwirken von Schizomyzeten und Eumyzeten mit höheren Pflanzen. Lafars Handb. d. techn. Mykol. Jena 1904—06. Bd. III.

1906. Janse, J. M., Polarität und Organbildung bei *Caulerpa prolifera*. Jahrb. wiss. Bot. 42. 1906.

1909, 1913. Johannsen, W., Elemente der exakten Erblichkeitslehre. 1909. 2. Aufl. 1913.

1891. Jost, L., Über Dickenwachstum und Jahresringbildung. Bot. Zeitung. 49. 1891.

1893. — Über Beziehungen zwischen der Blattentwicklung und der Gefäßbildung in der Pflanze. Bot. Zeitung. 51. 1893.

1908, 1913. — Vorlesungen über Pflanzenphysiologie. Jena. 2. Aufl. 1908. 3. Aufl. 1913.

1781, 1787. Kant, J., Kritik der reinen Vernunft. Riga. 1. Aufl. 1781. 2. Aufl. 1787.

1790. — Kritik der Urteilskraft. Berlin u. Libau 1790. Zugrundegelegt wurde die Reclamausgabe von K. Kehrbach.

1888. Karsten, G., Über die Entwicklung der Schwimmblätter bei einigen Wasserpflanzen. Bot. Zeitung. 45. 1888.

1900. Klebs, G., Zur Fortpflanzungsphysiologie einiger Pilze. III. Allgemeine Betrachtungen. Jahrb. wiss. Bot. 35. 1900.

1903. — Willkürliche Entwicklungsveränderungen bei Pflanzen. Jena 1903.

1904. — Über Probleme der Entwicklung. I—III. Biol. Zentralbl. 24. 1904.

1905. — Über Variationen der Blüten. Jahrb. wiss. Bot. 42. 1905.

1906. — Über künstliche Metamorphosen. Abhandl. naturf. Ges. Halle. 25. 1906.

1907. — Studien über Variation. Arch. Entw.-Mech. 24. 1907.

1909. — Über die Nachkommen künstlich veränderter Blüten von *Sempervivum*. Sitzungsber. Heidelb. Akad. 1909.

1911. — Über die Rhythmik in der Entwicklung der Pflanzen. Sitzungsber. Heidelb. Akad. 1911.

1912. — Über die periodischen Erscheinungen tropischer Pflanzen. Biol. Zentralbl. 32. 1912.

1913. Klebs, G., Über das Verhältnis der Außenwelt zur Entwicklung der Pflanzen. Sitzungsber. Heidelb. Akad. 1913.

1894. Kohl, F. G., Die Mechanik der Reizkrümmungen. Marburg 1894.

1900. — Die paratonischen Wachstumskrümmungen der Gelenkpflanzen. Bot. Zeitung. 58. 1900.

1908. Kohnstamm, O., Psychobiologische Grundbegriffe. I. Die Reizverwertung. II. Zweckhaft und nutzlos. Zeitschr. f. d. Ausbau der Entw.-Lehre. 2. 1908.

1907. Krehl, L., Über die Störung chemischer Korrelationen im Organismus. Leipzig 1907.

1913. Kroner, R., Zweck und Gesetz in der Biologie. Tübingen 1913.

1903, 1916. Küster, E., Pathologische Pflanzenanatomie. Jena. 1. Aufl. 1903. 2. Aufl. 1916.

1911. — Die Gallen der Pflanzen. Leipzig 1911.

1873. Lange, Friedr. Alb., Geschichte des Materialismus. 1. Buch. Reclamausgabe. 2. Aufl. 1873.

1899. Liebmann, O., Gedanken und Tatsachen. 2. Heft. Straßburg 1899.

1911. — Zur Analysis der Wirklichkeit. Eine Erörterung der Grundprobleme der Philosophie. 4. Aufl. Straßburg 1911.

1842. Lotze, H., Leben, Lebenskraft. R. Wagner, Handwörterbuch der Physiologie. I. Bd. Braunschweig 1842. S. 9 ff.

1898. Massart, J., La cicatrisation chez les végétaux. Mém. cour. et autr. mém. Acad. Roy. scienc. Belg. Bruxelles. 54. 1898.

1910. Meijere, J. C. H. de, Über Jacobsons Züchtungsversuche bezüglich des Polymorphismus von *Papilio Memnon* L. ♀ und über die Vererbung sekundärer Geschlechtsmerkmale. Zeitschr. f. ind. Abst.- u. Vererbl. 3. 1910.

1911. Menzer, P., Kants Lehre von der Entwicklung in Natur und Geschichte. Berlin 1911.

1902. Miehe, H., Über korrelative Beeinflussung des Geotropismus einiger Gelenkpflanzen. Jahrb. wiss. Bot. 37. 1902.

1905. Němec, B., Studien über die Regeneration. Berlin 1905.

1911. Nilssohn-Ehle, H., Über Fälle spontanen Wegfallens eines Hemmungsfaktors beim Hafer. Zeitschr. f. ind. Abst.- u. Vererbl. 5. 1911.

1900. Noll, Fr., Über den bestimmenden Einfluß von Wurzelkrümmungen auf Entstehung und Anordnung von Seitenwurzeln. Landw. Jahrb. 29. 1900.

1900a. — Über die Körperform als Ursache von formativen Orientierungsreizen. Sitzungsber. d. Niederrhein. Ges. f. Natur- u. Heilkunde. Bonn 1900.

1901. — Zur Keimungsphysiologie der Cucurbitaceen. Landw. Jahrb. Ergbd. 1. 1901.

1903. — Beobachtungen und Betrachtungen über embryonale Substanz. Biol. Zentralbl. 23. 1903.

1910. Nordhausen, M., Über die Wechselbeziehung zwischen Infloreszenzknospe und Gestalt des Stützblattes bei einigen Weidenarten. Ber. d. D. bot. Ges. 28. 1910.

1905. Pauly, A., Darwinismus und Lamarckismus. München 1905.

1907. — Die Anwendung des Zweckbegriffs auf die organischen Körper. Zeitschr. f. d. Ausbau der Entw.-Lehre. 1. 1907.

1875. Pfeffer, W., Untersuchungen über die periodischen Bewegungen der Blattorgane. Leipzig 1875.

1893. — Über die Reizbarkeit der Pflanzen. Verhandl. d. Gesellsch. d. Naturf. und Ärzte. 1893.

1897, 1904. — Pflanzenphysiologie. 2. Aufl. Leipzig. Bd. 1. 1897. Bd. 2. 1904.

1907. — Untersuchungen über die Entstehung der Schlafbewegungen der Blattorgane. Abhandl. d. math.-phys. Kl. Kgl. Sächs. Ges. d. Wiss. 30. 1907.

1911. — Der Einfluß von mechanischer Hemmung und von Belastung auf die Schlafbewegungen. Abhandl. math.-phys. Kl. Kgl. Sächs. Ges. d. Wiss. 32. 1911.

1877. Pflüger, E., Die teleologische Mechanik der lebendigen Natur. Archiv f. d. ges. Physiologie d. Menschen u. d. Tiere. Bonn. 25. 1877.

1907. Prowazek, S., Zur Regeneration der Algen. Biol. Zentralbl. 27. 1907.

1901. Rádl, Em., Über die Bedeutung des Prinzips der Korrelation in der Biologie. Biol. Zentralbl. 21. 1901.

1905, 1909, 1913. — Geschichte der biologischen Theorien seit dem Ende des 17. Jahrh. I. Teil 1905. II. Teil 1909. 2. Aufl. I. Teil 1913.

1901. Reinke, J., Einleitung in die theoretische Biologie. Berlin 1901.

1903. — Die Dominantenlehre. Natur und Schule. 2. 1903.

1904. — Über die Deformation von Pflanzen durch äußere Einflüsse. Bot. Zeitung. 62. 1904.

1916. — Bemerkungen zur Vererbungs- und Abstammungslehre. Ber. d. D. bot. Ges. 34. 1916.

1881. Roux, W., Der Kampf der Teile im Organismus. Leipzig 1881.

1884. — Über die Entwicklung der Froscheier bei Aufhebung der richtenden Wirkung der Schwere. Breslauer ärztliche Zeitschrift; s. 1895. II. Nr. 19.

1888. — Über die künstliche Hervorbringung halber Embryonen durch Zerstörung einer der beiden ersten Furchungszellen sowie über die Nachentwicklung (Postgeneration) der fehlenden Körperhälfte. Virchows Archiv. Bd. 114. 1888.

1895. — Gesammelte Abhandlungen über Entwicklungsmechanik der Organismen. Bd. I u. II. Leipzig. 1895.

1902. — Über die Selbstregulation der Lebewesen. Arch. Entw.-Mech. 13. 1902.

1905. Roux, W., Die Entwicklungsmechanik, ein neuer Zweig der bio-
logischenWissenschaft. Vorträge u. Aufs. über Entw.-Mech. d. Org.
Nr. 1. Leipzig 1905.

1911. — Über die bei der Vererbung blastogener und somatogener Eigenschaften anzunehmenden Vorgänge. 2. Aufl. 1913. Leipzig.

1913. — Über kausale und konditionale Weltanschauung und deren
Stellung zur Entwicklungsmechanik. Leipzig. 1913.

1914. — Die Selbstregulation, ein charakteristisches und nicht notwendig
vitalistisches Vermögen aller Lebewesen. Nova acta Abh.
Kaiserl. Leop.-Carol. Akad. d. Naturf. 100. Halle 1914.

1912. — (mit C. Correns, A. Fischel u. E. Küster), Terminologie der
Entwicklungsmechanik der Tiere und Pflanzen. Leipzig 1912.

1865. Sachs, J., Handbuch der Experimentalphysiologie der Pflanzen.
1865. S. 382.

1908. Saunders, Miss E., Bateson, W. and Punnett, R. C., Experi-
mental studies in the physiology of heredity. Rep. to the evolu-
tion comm. Roy. Soc.; Rep. IV. London 1908.

1860. Schopenhauer, A., Preisschrift über die Grundlage der Moral (in
Ausgabe letzter Hand, Brockhaus 1860). Reclamausgabe. 3. Bd.
S. 542.

1909. Schultz, J., Die Maschinentheorie des Lebens. Göttingen 1909.

1908. Shull, G. H., A new Mendelian ratio and several types of latency.
American Naturalist. 42. 1908.

1881. Sigwart, Chr., Der Kampf gegen den Zweck. Kleine Schriften.
2. Reihe. Freiburg u. Tübingen 1881.

1908. Simon, S., Experimentelle Untersuchungen über die Differenzierungsvorgänge im Callusgewebe von Holzgewächsen. Jahrb.
wiss. Bot. 45. 1908.

1906. Starling, E. H., Die chemische Koordination der Körpertätigkeiten. Verhandl. d. Ges. d. Naturf. u. Ärzte. 78. Vers. Stuttgart 1906 (Leipzig 1907).

1910. Stoppel, R., Über den Einfluß des Lichtes auf das Öffnen und
Schließen einiger Blüten. Zeitschr. f. Bot. 2. 1910.

1912. — Über die Bewegungen der Blätter von *Phaseolus* bei Konstanz
der Außenbedingungen. Ber. d. D. bot. Ges. 30. 1912.

1895. Tittmann, H., Physiologische Untersuchungen über Bildung und
Regeneration des Periderms, der Epidermis, des Wachsüberzugs
und der Cuticula holziger Gewächse. Jahrb. wiss. Bot. 30. 1897.

1909. Tobler, F., Das physiologische Gleichgewicht von Pilz und Alge
in den Flechten. Ber. d. D. bot. Ges. 27. 1909.

1912. Treboux, O., Die freilebende Alge und die Gonidie *Cystococcus
humicola* in bezug auf die Flechtensymbiose. Ber. d. D. bot. Ges.
30. 1912.

1905. Uexküll, J. v., Leitfaden in das Studium der experimentellen
Biologie der Wassertiere. Wiesbaden 1905.

1892. Vöchting, H., Über Transplantationen am Pflanzenkörper. Tübingen 1892.

1900. — Zur Physiologie der Knollengewächse. Studien über vikarierende Organe am Pflanzenkörper. Jahrb. wiss. Bot. 34. 1900.

1902. — Zur experimentellen Anatomie. Nachrichten v. d. Kgl. Ges. d. Wiss. Göttingen 1902.

1908. — Untersuchungen zur experimentellen Anatomie und Pathologie des Pflanzenkörpers. Tübingen 1908.

1912. Volkens, G., Laubabfall und Lauberneuerung in den Tropen. Berlin 1912.

1894. Vuillemin et Legrain, Symbiose de l'*Heterodera radicicola* avec les plantes cultivées au Sahara. C. R. Acad. Sc. Paris 1894. 118. Zitiert nach Küster 1911.

1907. Wagner, Ad., Der neue Kurs in der Biologie. Allgemeine Erörterungen zur prinzipiellen Rechtfertigung der Lamarckschen Entwicklungslehre. Stuttgart 1907.

1909. — Die drei Elemente der Lamarckschen Lehre. Zeitschr. f. d. Ausbau d. Entw.-Lehre. 3. 1909.

1909a. — Geschichte des Lamarckismus als Einführung in die psychobiologische Bewegung der Gegenwart. Stuttgart (ohne Jahreszahl). [1909.]

1902. Wettstein, R. v., Über direkte Anpassung. Almanach d. Kaiserl. Akad. d. Wiss. Wien 1902.

1903. — Der Neo-Lamarckismus und seine Beziehungen zum Darwinismus (Vortr. Vers. Naturf. u. Ärzte). Jena 1903.

1907. Winkler, H., Über Pfropfbastarde und pflanzliche Chimären. Ber. d. D. bot. Ges. 25. 1907.

1908. — *Solanum tubingense*, ein echter Pfropfbastard zwischen Tomate und Nachtschatten. Ber. d. D. bot. Ges. 26a. 1908.

1910. — Über das Wesen der Pfropfbastarde. Ber. d. D. bot. Ges. 28. 1910.

1913. — Entwicklungsmechanik oder Entwicklungsphysiologie der Pflanzen. Handwörterbuch der Naturw. 3. Jena 1913.

1895. Wolff, G., Entwicklungsphysiologische Studien. I. Die Regeneration der Urodelenlinse. Arch. Entw.-Mech. 1. 1895.

1898. — Beiträge zur Kritik der Darwinschen Lehre. Leipzig 1898.

1905. — Mechanismus und Vitalismus. Leipzig. 2. Aufl. 1905.

1903. Wundt, W., Naturwissenschaft und Psychologie. Sonderausgabe der Schlußbetrachtungen zur 5. Auflage der Physiologischen Psychologie. Leipzig 1903.

1907. — System der Philosophie. 2 Bde. 3. Aufl. Leipzig 1907.

III. Die pflanzlichen Harmonien.

Die Formen der Ganzheiterhaltung der »normalen« Lebensprozesse, die teleologischen Beziehungen unter den Vorgängen, welche zur Entwicklung des pflanzlichen Organismus wie zur Aufrechterhaltung seines Stoffwechsels und seiner Bewegungen beitragen, sollen im folgenden einer vorläufigen Durchsicht unterzogen werden. Eine große Anzahl der »Korrelationen« gehört hierher. Bei der Sichtung des Tatsachenmaterials muß vor allem darauf geachtet werden, daß einerseits keine Regulationen, anderseits keine solchen Vorgänge mit aufgenommen werden, die kein uns einstweilen erkennbares teleologisches Kennzeichen tragen; dabei darf das Bedenken, kausal durchaus Gleichwertiges auseinander zu reißen, die Folgerichtigkeit des teleologischen Systems in keiner Weise beeinträchtigen. Wenn die pflanzliche Entwicklungsphysiologie zeigt, wie eine »Anlage« in weitem Maße beliebig determiniert werden kann, wie unter fest bestimmbaren Bedingungen ein Laubsproß, ein Blütenzweig, eine Rosette, ein Ausläufer, ein Dorn sich entwickeln kann, so sind die betreffenden Tatsachen für die kausale Forschung etwas Einheitliches, Zusammengehöriges; für die teleologische stellen sie ein Gemenge von Regulatorischem, Harmonischem und vorläufig Indifferentem dar, das einer sorgfältigen Sichtung bedarf. —

In seiner »Analytischen Theorie der organischen Entwicklung« (1894) hat Driesch drei Typen des Harmonischen aufgestellt, die zur Charakterisierung der Vorgänge der tierischen Ontogenese völlig ausreichten. Die Kompositionsharmonie — oder Konstellationsharmonie (1909) — ist ein Ausdruck für die Tatsache, daß »trotz relativer Selbstdifferenzierung ein Ganzes« entsteht; die Kausalharmonie bezeichnet die »stets realisierten Wirkungsbeziehungen zwischen formativen Ursachen und Ursachenempfängern«; die Funktionalharmonie liegt in »der Einheit und dem Ineinandergreifen der organischen Funktionen«. Diese Gliederung der Harmonien, die auf die Arten der Beziehung des Geschehens aufgebaut ist — Teile der Organisation untereinander, Außenwelt und Organismus, Funktionen untereinander — hebt einen sehr wichtigen Gesichtspunkt heraus, der aber bei einem Überblick des ganzen organischen Geschehens gegenüber der Einteilung nach der Form der Ganzheit wohl in die zweite Reihe gerückt werden muß. Hier sollen daher, der Gliederung der Regulationen entsprechend, Form-, Funktions- und Bewegungsharmonien unterschieden werden.

1. Die Formharmonien.

Die harmonische Erhaltung der Formganzheit kann durch Formbildungs- oder durch Bewegungsvorgänge vor sich gehen. Wie bei den Regulationen sollen diese »Mittel« der Ganzheiterhaltung den Einteilungsgrund der Unterabteilungen abgeben.

a) Morphologische Formharmonien: Kompositionsharmonien.

Ein Teil der Erscheinungen, die Driesch zur Aufstellung seiner Harmonie der Komposition veranlaßten, bildet die erste Gruppe, welche am besten als die der morphologischen Formharmonien bezeichnet wird. Die harmonischen Vorgänge am »sich entwickelnden« Organismus, welche die Ordnung gegebener und die Vorbereitung geordneter künftiger Formganzheit herstellen, sollen in ihr zusammengefaßt werden. Diejenigen Fälle von »Konstellationsharmonie«, bei denen die Funktionsganzheit im Vordergrund des Geschehens, der Formbildungsvorgang nur in ihrem Dienste steht, müssen den Funktionsharmonien zugerechnet werden. Vielleicht könnte man unter Trennung der beiden von Driesch gleichbedeutend verwendeten Worte die letzten als »Konstellationsharmonien« den hier zu besprechenden »Kompositionsharmonien« gegenüberstellen.

Mit Drieschs (ursprünglichem) Begriff der Kompositionsharmonie deckt sich wohl auch O. Liebmanns »Konvergenz des Wachstums« (1899). —

Es soll nun zunächst versucht werden, eine Übersicht über die »Kompositionsharmonien« in dem eben festgelegten Sinne von morphologischen Formharmonien zu geben; ein sorgfältig ausgearbeitetes System aufzustellen ist nicht beabsichtigt.

Daß das »Substrat« der Lebenserscheinungen, jenes Stoffgemisch mit bestimmten physikalischen und chemischen Eigenschaften, das man »Plasma« nennt, eine typische räumliche Anordnungsbesonderheit aufweist — die Unterlage des organischen »Form«begriffs also — stellt die Grundtatsache dieser Art von Harmonie dar.

Und diese Form behält der Organismus trotz des beständigen stofflichen Wechsels, dem er unterworfen ist (»Substanzialität der Form« bei Liebmann 1899).

Dabei stellen die verschiedenen Arten (Spezies) Besonderungen einzelner Organisationstypen dar, wie das »natürliche System« sie aufzeigt, während anderseits bei den verschiedenartigsten Organismen dieselben Organisationsbausteine (Organ-, Gewebe-, Zellenarten) vorkommen. »So finden sich also bei gleichem Plasma, gleicher lebender Materie, die verschiedensten Organisationsfähigkeiten, bei verschiedenartigstem Plasma eine wesentlich gleiche Organisation verwirklicht« (Noll 1903).

Dieselbe Form der Harmonie äußert sich aber weiter in der räumlichen und zeitlichen Ordnung der sich entfaltenden Potenzen, in der »Entwicklung«, der »individuellen Autoplastik« (Liebmann). Bezüglich des zeitlichen Moments mag an die Aufeinanderfolge der Blattformen — Keimblätter, Primärblätter, Folgeblätter — in der Ontogenese der Phanerogamen erinnert werden, die ja auch bei der Restitution noch häufig festgehalten wird (so bei *Passiflora* [Winkler 1905] und vielen anderen Pflanzen; vgl. bes. Goebel 1908). Auf eine zusammenhängende Darstellung der sonst hierher gehörigen morphologischen und anatomischen Tatsachen — die sich besonders in der älteren entwicklungsgeschichtlichen Literatur finden — muß verzichtet werden. Nur darauf möchte ich hinweisen, daß in dem Aufbau komplizierter Kolonien von typischer Form aus freibeweglichen Einzelwesen, wie etwa bei den Fruchtkörpern der Acrasien und Myxobakterien (nach van Tieghem und nach Olive; vgl. Harper 1908), bei dem Netz von *Hydrodictyon* (Klebs 1890, 1891, Harper 1908) und der Platte von *Gonium* (Harper 1912) das vorliegende Problem eine besonders seltsame Wendung erhält; hier ist die »Kolonie« das »Formganze«. Eine ähnliche Merkwürdigkeit bieten, wie auch A. Gurwitsch (1912) hervorhebt, die aus »Pseudogeweben« zusammengesetzten Pilze und Flechten, bei denen ein typischer Thallus durch eine scheinbar regellose gegenseitige Durchwachsung und Verflechtung der Hyphen entsteht; von einer »regulatorischen Embryogenese« kann freilich in unserer Terminologie nicht gesprochen werden, da eine »Störung« nicht vorliegt. Ein gleichfalls hierher gehöriges Sonderproblem stellt auch die regelmäßig erfolgende Umwandlung schon ausgebildeter Dauerzellen zum Meristem des Interfaszikularkambiums bei den mehrjährigen Dikotylen dar.

Der Organismus hat ferner die Potenz, ein bestimmtes Richtungsverhältnis seiner Teile auszubilden; er weist Gegensätze in »basaler« und »apikaler« Richtung auf, ist polar gebaut. In der Organbildung (Sproß- und Wurzelpol) tritt diese Polarität oder Verticibasalität (Vöchting 1878) am deutlichsten in die Erscheinung, sowohl in der normalen Ontogenese als bei Restitutionen. Aber auch die einzelnen Zellen des Organismus müssen polar gebaut sein, wie besonders aus Vöchtings Untersuchungen über Transplantationen (1892) hervorgeht; weichen sich doch an der Verbindungsstelle verkehrt eingesetzter Reiser bei der Runkelrübe wie bei holzigen Gewächsen »entgegengesetzt polarisierte« Fasern aus, während sich »gleichsinnige« — mit den »ungleichnamigen« Enden — aneinanderlegen.

Wie die polar gebauten einzelnen Zellen durch den »Richtungsreiz« von Hauptsproß bzw. Seitenzweig eine einheitliche Anordnung — im Sinne einer Polarität der ganzen Pflanze — erhalten, nach Aufhebung dieses Reizes durch schiefe oder Querwunden oder völliges Durchschneiden der Achse sich aber scheinbar regellos durchwachsen, »Knäuel« und »Wirbel« bilden, wobei sie jedoch deutlich ihre eigene Zellenpolarität hervortreten lassen, das zeigt anschaulich die Arbeit von Neeff (1914). —

Mit Klebs (1913) fasse ich als »ererbt« an der Polarität nur die Potenz des Organismus auf, bestimmte Richtungsanordnung überhaupt aufzuweisen. Die Determinierung dieser Potenz hängt von bestimmten inneren Bedingungen des Organismus ab, die ihrerseits mit den äußeren verkettet sind. Beispiele der äußeren Determinierung der Polarität werden bei einem anderen Typus harmonischen Geschehens erörtert werden. Die Schwierigkeiten der künstlichen Umkehrung der Polarität bei den meisten höheren Pflanzen beruhen hiernach auf einer besonders »festen« Determinierung der inneren Bedingungen. Mit Vöchtings wichtigen Versuchsergebnissen (1878/1884, 1892, 1906) scheint mir diese Auffassung durchaus nicht in Widerspruch zu stehen.

Die Verticibasalität ist aber nun nicht die einzige Form der Richtungsanordnung in der Pflanze; der Unterschied radiärer Ausbildung bei Hauptsprossen und dorsiventraler bei Seitensprossen, ferner die bezüglich der Formbildung verschiedene »Induktion« bei Haupt- und Nebensprossen von Wasserpflanzen (Goebel 1908) stellen weitere Arten solchen Verhaltens dar. Eine andere wichtige Richtungsbeziehung der Teile des Organismus in bezug aufeinander, ihre spezifische »Eigenrichtung«, lernte man aus den Erscheinungen des Autotropismus oder der Rektipetalität (Vöchting 1882) kennen, wie sie etwa in Keimlingen sich äußert, die am Klinostaten erwachsen sind (vgl. Pfeffer 1904, S. 595).

In diesen Zusammenhang gehört auch die Tatsache, daß die verschiedenen Organe des Pflanzenkörpers, deren ursprüngliche Anordnung durch Polarität und Rektipetalität bestimmt ist, nun auch auf die gleichen richtenden Einflüsse des Mediums verschieden reagieren, eine Anisotropie (Sachs) aufweisen. Die »orthotrope« Wachstumsrichtung von Hauptsproß und Hauptwurzel, die »plagiotrope« der Seitensprosse sind die Hauptbeispiele dieses Verhaltens; bezüglich der Blätter mag etwa auf die »normale« Ausbildung verschieden gerichteter »Laubblätter« und »Stützblätter« bei *Geranium robertianum* (Neger 1903) hingewiesen sein.

Möglicherweise haben die Zellen des Organismus häufig noch die Fähigkeit, vorübergehend in anderer Weise, als bisher besprochen, »polarisiert« zu werden; wenigstens sah sich Fitting (1907) bei der Erklärung der tropistischen Reizleitung zur Annahme einer solchen labilen »Polarisation« gezwungen. —

Außer seinem Vermögen der so mannigfach geordneten Formbildung hat nun der Organismus auch die Fähigkeit, künftige geordnete Formbildung vorzubereiten. Der einfachste Fall ist das häufig beobachtete Verharren bestimmter Zellgruppen auf dem »meristematischen« Zustand. Hierher gehört ferner die regelmäßige Anlage ruhender Achselknospen (der sogenannten »Präventivknospen«) sowie die Ausbildung ruhender Sproß- und Wurzelanlagen an anderen — »anormalen« — Stellen (der »Adventivknospen« üblicher Bezeichnungsweise). Besonders eigenartig sind jene »schlafenden Augen« von *Gleditschia sinensis* und *Symphoricarpus vulgaris*, bei denen die ruhenden Sproßanlagen durch das Gewebe der Mutterpflanzen nachträglich überwachsen werden (Hansen 1881). Latente Wurzelanlagen sind bei Weidenarten (Vöchting 1878), bei *Vicia faba* (Goebel 1908) und verschiedenen anderen Pflanzen festgestellt.

Die Brutorgane der Laub- und Lebermoose, die Brutknöllchen und Brutzwiebeln der Phanerogamen stellen den Übergang von diesen »Adventivbildungen« zu Vermehrungsorganen, zur »Fortpflanzung« dar.

Die »generelle Autoplastik« (Liebmann), die Bildung einfach organisierter Teile — »Sporen, »Eizellen« —, die den ganzen Organismus aus sich erzeugen können, die Fortpflanzung im engeren Sinn also, ist die wichtigste Art »vorbereitender« Formharmonie. Eine Reihe morphogenetischer Vorgänge stehen in ihrem Dienst. Von der Geschlechtertrennung wird erst bei den Funktionsharmonien zu sprechen sein. —

Eine bei Tieren vorkommende Art morphologischer Formharmonie, die »reziproke Harmonie« (Driesch 1907), das proportional richtige Zusammenwirken mehrerer einzelkausal voneinander unabhängiger »harmonisch-äquipotentieller Systeme« — in der Ontogenese wie bei Restitutionen — dürfte aus später zu erörternden Gründen bei Pflanzen kaum vorkommen. Der aus mehreren Geweben entstandene »Kallus« bietet vielleicht ein verwandtes Problem.

Daß hier wie schon oben einmal von Harmonien in der Restitution gesprochen wird, stellt keinen Widerspruch gegenüber der Definition von Harmonie und Regulation dar; selbstverständlich kann dies ebensogut der Fall sein, wie sich Regulationen auf Grund harmonischen Geschehens vollziehen können. Der erste Fall ist z. B. in der Äußerung der Polarität bei Restitutionen, der zweite bei Restitutionen durch Auswachsen ruhender Vegetationspunkte gegeben. Die »Störung« der Organisation war dort eben keine Störung der »polaren« Harmonie, während hier »normal« entstandene Anlagen auf eine Störung hin in Tätigkeit treten.

Auch im Pathologischen können sich Harmonien noch äußern. Als Formharmonie mag z. B. gelten, daß auch in ganz anormalen Formbildungsvorgängen, wie etwa in Hexenbesen, noch der Artcharakter deutlich gewahrt bleibt.

b) **Kinetische Formharmonien.**

Die harmonische Herstellung des Formganzen durch Bewegungen vollzieht sich wohl stets auf Grund einer morphologischen Formharmonie.

Als Typus mögen die Bewegungserscheinungen des Autotropismus gelten, die in einer Rückregulierung tropistischer Krümmungen — also geotropischer, heliotropischer, haptotropischer usw. — zur Geltung kommen. Daß diese »Gegenreaktion«, welche nach dem Aufhören des Reizanlasses (für geotropische Krümmungen etwa am Klinostaten) die ursprüngliche, »normale« Richtungsanordnung der Organe herstellt, durch ungleichmäßiges Wachstum antagonistischer Flanken der gekrümmten Stelle zustande kommt, hatte bereits Czapek (1895) gezeigt. Baranetzki (1901) wollte die Wachstumsbeschleunigung der Konkavseite auf die Kompression der Zellen an dieser Seite infolge der Krümmung zurückführen, was aber in dieser allgemeinen Form schon durch Fittings (1903) Ergebnisse widerlegt wurde. Auch Ohno (1908) hob den selbständigen Charakter der autotropischen Reaktion hervor, die sich nicht ausschließlich auf Elastizität und verwandte Erscheinungen zurückführen lasse, sondern eine »aktive Gegenreaktion des Organismus« darstelle. Durch Simon (1912) wird die Auffassung von der Selbständigkeit der autotropen Bewegungen bestätigt. Nach seinen Untersuchungen muß aber die »primäre Ausgleichsbewegung«, die Rückkrümmung, die vor Abschluß des Längenwachstums eintritt, unterschieden werden von der »sekundären«, die nach dessen Beendigung erfolgt. Während der primäre Ausgleich bereits bei fortdauerndem Reizanlaß — sogar in gleicher Stärke — stattfindet und durch lebhafte Wachstumserscheinungen hervorgerufen wird, ist der sekundäre Ausgleich an die Beseitigung des anderen tropistischen Reizes gebunden und beruht auf verschieden starker Kontraktion der Konkav- und Konvexseite.

Auch die Krümmungen, welche die normale Stellung gewisser dorsiventraler Organe (z. B. Blütenstiele) zur Mutterachse bedingen, und die nach Noll (1885, 1887) auf dem »Exotropismus«, der »Außenwendigkeit« dieser Organe beruhen sollen, gehören hierher, wenn auch die Entscheidung über die Natur dieser Vorgänge noch aussteht (Schwendener

und Krabbe 1892, Noll 1892, 1900, 1900a, Meißner 1894; vgl. auch
Fitting 1905 und Jost 1908).

Beim Autotropismus wie beim Exotropismus wird die »normale«
Form, d. h. ein normales Richtungsverhältnis der Teile, durch
Bewegungen hergestellt, die zweifellos in Beziehung zu morphologischen Formharmonien stehen. Wenngleich das Vorhandensein dieser aus-
gleichenden Bewegungstendenzen erst durch Eingriffe in den normalen
Verlauf, durch »Störungen« aufgedeckt werden kann, so wird hierdurch
eben ihr »normales« dauerndes Bestehen festgestellt. Die Bewegungserscheinung (als besondere Formharmonie) vollzieht sich jeweils als
Folge anderer, auch normaler Bewegungsvorgänge, durch die zuvor eine
von der endgültigen abweichende Formgestaltung geschaffen worden war.

2. Die Funktionsharmonien.

a) Morphologische Funktionsharmonien.

Wenn durch harmonische Formbildungsvorgänge nicht vorwiegend
Organisatorisches geschaffen, sondern in erster Linie Funktionsganzheit erhalten wird, wenn nicht in der Form, sondern in der Leistung des entstehenden morphologischen Gebildes die Ganzheitsbeziehung zum Ausdruck
kommt, soll von morphologischen Funktionsharmonien gesprochen werden.

»Konstellationsharmonien« im besonderen liegen dann vor, wenn
zwei Organisationsbestandteile »trotz relativer Selbstdifferenzierung«
— eine absolute mußten wir ablehnen — d. h. trotz Unabhängigkeit der
Entstehung der Besonderheit des einen von der Besonderheit des anderen,
zu einer »harmonischen Funktion« im oben festgelegten Sinne zusammenarbeiten. Hängt dagegen die Formbildung so von bestimmten
Außenbedingungen ab, daß dadurch die auf diesen Außenfaktor bezüg-
liche harmonische Funktion erhalten oder überhaupt erst ermöglicht, hergestellt wird, so sind morphologische »Kausalharmonien« gegeben.

α) Konstellationsharmonien.

Eine Fülle von Beispielen für Konstellationsharmonien stellt die
physiologische Pflanzenanatomie zur Verfügung. Sie zeigt, wie die
Zellen und Gewebe des Assimiliations- und Transpirationssystems und

der Systeme der Stoffleitung und Stoffspeicherung trotz der Selbständigkeit der inneren Ausbildung der einzelnen Elemente in ausgezeichneter Weise zusammenpassen zur Ausführung der harmonischen Funktionen der Herbeischaffung der »Rohmaterialien«, der Stoffherstellung, Fortleitung, Speicherung, Rückwanderung usw. Je mehr die morphogenetischen Vorgänge ins einzelne verfolgt werden, desto deutlicher tritt ihr harmonischer Charakter zutage. Als besonders einleuchtender Fall mag die Ausbildung der zahlreichen Tüpfel hervorgehoben werden, die durch zwei sich gesondert differenzierende Zellen beiderseits genau an derselben Stelle der Zellwand erfolgt.

Bezüglich der Organbildung im ganzen hat schon Reinke (1901) auf die Seltsamkeit der endogenen Entstehung der Seitenwurzeln aufmerksam gemacht; müssen diese doch das Gewebe der Mutterwurzel, innerhalb dessen sie am Perizykel gebildet werden, durchbrechen, um funktionieren zu können. Merkwürdig ist übrigens auch, wie Massart (1898) hervorhebt, daß das Mutterorgan auf diese Durchdringung nicht, wie dies sonst allgemein geschieht, mit Korkbildung reagiert. Daß dies nicht »selbstverständlich« ist, zeigt die Angabe Vöchtings (1908), daß bei *Mammillaria rhodanta* durch den Organismus wachsende Wurzeln des eigenen Körpers, die als Reaktion auf das Einschieben von Holzplättchen an den Gefäßbündelenden entstanden waren, mit Korkmänteln umgeben wurden; hier hatte infolge der Ergänzung des oberen Teils eine »Spaltung« der Ganzheit stattgefunden, das Durchwachsen eigenen Gewebes durch die Wurzel war nicht normal, sondern wirkte als Störung. — Allgemein gehört hierher die typische Ausbildung von Organen, die vor allem Funktionieren ohne Verursachung durch das Medium entstehen, mit dem sie später in Beziehung treten, so z. B. die Entstehung der Haftscheiben von *Ampelopsis Veitchii* (Mc. Nab) und von *Haplolophium* (Fritz Müller) nach den Angaben Darwins (1876a).

Ein harmonisches Formbildungsgeschehen, durch das künftige Formganzheit erhalten wird, liegt vor in der im voraus erfolgenden Anlage von Kork als Vernarbungsgewebe beim Blattfall (v. Mohl 1860, v. Bretfeld 1879/81). Auch bei sich ablösenden Früchten findet sich die Ausbildung von Kork an der künftigen Trennungsstelle, und die Ablösung der Kronblätter rasch verblühender Pflanzen erfolgt nach

Wacker (1911) und Fitting (1911) in einem von vornherein angelegten, kleinzelligen Trennungsgewebe. Eine andere dementsprechende Einrichtung beschreibt v. Bretfeld (a. a. O.) bei Orchideen, deren Blätter sich in der »Zartschicht« der Trennungszone ablösen, während unter der ihr anliegenden »Hartschicht« bereits eine Lage »netzfaserartiger« Zellen als vorher angelegtes Vernarbungsgewebe sich findet. Die Ausbildung der »Trennungsphelloide« (v. Höhnel 1877) bereitet die Ablösung der Borke vor. Die Ausbildung von Nährgeweben, die der künftigen Ernährung des Keimlings dienen werden (Endosperm, Perisperm, Kotyledonengewebe), möge in diesem Zusammenhang gleichfalls Erwähnung finden.

Mit der Formharmonie der Fortpflanzung verkettet tritt in zahllosen Fällen die Trennung der Geschlechter auf. Da die Vereinigung zweier selbständig gewordener Teile desselben oder — meist — verschiedener Organismen, also ein stoffwechselfunktionelles Geschehen, die Hauptsache ist, so sind alle formbildenden Vorgänge, die im Dienste der Geschlechtlichkeit stehen, als funktionsharmonisch zu beurteilen. Die Vorgänge der Blütenbildung gehören in erster Linie hierher; sie erscheinen besonders seltsam, wenn man berücksichtigt, daß es sich um Herstellung einer künftigen Funktionsganzheit handelt, bei welcher das harmonische Geschehen an zwei verschiedenen Organismen sich abspielt. Am deutlichsten tritt die Merkwürdigkeit der Blütenbildung der Phanerogamen unter dem Gesichtspunkt der Zweigenerationenlehre hervor. Ist es doch beiderseits die ungeschlechtliche Generation, der Sporophyt, an der diese Formbildungsvorgänge sich abspielen, deren Ergebnis die Verschmelzung von Bestandteilen der beiden geschlechtlichen Generationen der allerdings stark reduzierten Gametophyten ermöglichen soll. Wenn man jede »Generation« als besonderen Organismus auffassen wollte, so ließe sich dieses Verhältnis so ausdrücken, daß an zwei Organismen Vorgänge stattfinden, die der Funktionsganzheit dienen, welche aus der Vereinigung von Teilen von zwei anderen, aus ihnen sich künftig bildenden Organismen erst entsteht. Das Wesen der Harmonien (aber noch mehr die Zweigenerationenlehre) wird durch diese zugespitzte Formulierung in ein seltsames Licht gerückt.

Eine ähnliche Beziehung wie bei den Konstellationsharmonien der geschlechtlichen Fortpflanzung besteht zwischen gewissen Gestaltungsvorgängen in Schmarotzer und Wirt, welche ja auch, wie erläutert, eine Funktionsganzheit bilden. In den Haustorien von *Cuscuta, Orobanche* und anderen phanerogamen Schmarotzern differenzieren sich Bestandteile des Gefäß- und Siebteils da, wo sie ohne weiteres an diejenigen des Wirtes Anschluß finden können und verbinden sich dann mit den entsprechenden Bündelteilen des Schmarotzersprosses bzw. der Schmarotzerwurzel. Hierdurch erst wird die fragliche Funktionsganzheit ermöglicht.

Ebensolche Funktionsharmonien treten auf bei den künstlich herbeigeführten Vereinigungen zweier Pflanzen, bei den Transplantationen, wie dies vor allem durch Vöchtings Untersuchungen (1892) bekannt ist. Auch hier findet sich ein gegenseitiges Entsprechen in der Formbildung, als dessen seltsamster Fall das Auftreten regelrechter Tüpfel an der Verwachsungsstelle der »Pfropfsymbionten«, augenscheinlich also beiderseits der Wand von Zellen der verschiedenen Organismen, erwähnt sei. Das harmonische Geschehen bei diesen Transplantationen geht auf Grund regulatorischer Vorgänge, nämlich der Ausbildung des »Wundgewebes« vor sich, das die Vereinigung erst möglich macht; es bildet also ein Gegenstück zu den Regulationen auf Grund von Harmonien. Dabei liegt nicht in der Verwachsung das Wesentliche; denn bei ganz gut verwachsenen Gliedern, die z. B. in anormaler Stellung vereinigt wurden, können nachträglich zutage tretende Störungen zeigen, daß hier keine Funktionsganzheit hergestellt worden war (bei *Opuntia* nach Vöchting 1892).

Konstellationsharmonien der Funktionsganzheit können auch bei pathologischen Vorgängen auftreten; wenigstens möchte ich jene Fälle von »Mißbildungen«, bei denen etwas für die Funktionen des Organismus »Sinnvolles« entsteht, so deuten, also z. B. die Petalodie, die Vergrünung usw.

β) Morphologische Kausalharmonien.

Die morphologischen Kausalharmonien bestehen entweder in einer unmittelbaren Beziehung bestimmter Außenfaktoren zu bestimmten morphologischen Reaktionen des Organismus, wie dies bei den meisten Photomorphosen, Barymorphosen, Chemo-

morphosen usw. der Fall ist — solche Formbildungsvorgänge sollen
»induzierte Morphosen« heißen —, oder aber es kann die Qualität
des Außenfaktors das teleologisch weniger Bedeutungsvolle sein gegenüber
der Beziehung der Organbildung zu bestimmten inneren Bedingungen.
Im letzten Fall steht entweder die Qualität (oder Örtlichkeit) der Formbildung mit gewissen Zuständen anderer Teile der Organisation in teleologischem Zusammenhang (»korrelative Morphosen«), oder das
Funktionieren des Organs ist selbst die innere Bedingung für das morphologische Geschehen, das seinerseits wieder zur Stärkung der Funktion
beiträgt (»funktionelle Morphosen«).

I. Induzierte Morphosen.

Bei der Anwendung des Begriffs »Morphose« im System der Ganzheitbeurteilung darf nicht außer acht gelassen werden, daß durchaus
nicht alle Morphosen der üblichen — kausalen — Bezeichnungsweise
ganzheiterhaltend sind. Dies gilt z. B. für die von Vöchting (1893)
festgestellte Abhängigkeit der Entwicklung der verschiedenen Blütenteile vom Licht. Es warnt daher auch Goebel (1908) mit Recht davor,
aus den Bildungsbedingungen eines Organs ohne weiteres auf seine
Funktion zu schließen. Im allgemeinen aber hat diese Form der Harmonie eine recht große Verbreitung. Bei Herbst (1895), Pfeffer (1904),
Jost (1908) findet sich ein großer Teil der einschlägigen Literatur.

Hierher gehören zunächst einmal viele Fälle einer »Induktion«
der Polarität. Wenn die erste Teilung der *Equisetum*-Spore senkrecht
zur Lichtrichtung erfolgt, und die Zelle an der Lichtseite Prothallium-
zelle, die an der Schattenseite Wurzelzelle wird (Stahl 1885), so ist
damit die potentiell gegebene Polarität des Organismus in einer solchen
Richtung festgelegt, wie dies der späteren Funktion der polar bestimmten Organe entspricht. Dasselbe gilt nach Winklers (1900) und Knieps
(1907) Untersuchungen für Fucaceen, wo das Licht von der 11. Stunde
nach der Befruchtung ab auf die Eizelle einwirken kann, und dann eine
zweistündige Belichtungszeit genügt, um das Ergebnis der erst nach
zwölf Stunden erfolgenden Reaktion zu bestimmen. Die Ausbildung
von Verzweigungen bei Moosprotonemen oder bei Algen wie *Stigeoclonium* nur an der beleuchteten Seite, die Induktion der Dorsiventralität

bei den Brutknospen der *Marchantia* und bei Farnprothallien, bei welchen jeweils die Lichtseite Oberseite wird, während die Rhizoiden an der Schattenseite entstehen, ferner die Entstehung des grünen Fiederteils von *Bryopsis* im Licht, der Rhizoiden im Dunkeln, gehören gleichfalls hierher. Bei einem Teil der Fälle ist die Polarität umkehrbar, so bei Farnprothallien (Leitgeb 1882) und bei *Bryopsis* (Noll 1888, 1900b, Winkler 1900a). Ähnliche Angaben finden sich bei Berthold (1882) über das Auswachsen der Sproßscheitel von *Callithamnion* und *Ectocarpus* zu Rhizoidfäden bei schwacher Beleuchtung, bei Stahl (1892) über die Umbildung der farblosen unterirdischen »Wurzeln« von *Oedocladium protonema* zu grünen Lichttrieben und bei Wulff (1910) über die Umbildung des Wurzelpols von *Dasycladus clavaeformis* zum Sproßpol durch Belichtung des ersten und Verdunkelung des zweiten. Diese Umkehrungen der Polarität zeigen das harmonische Verhalten deutlich auf, müssen aber wegen der »anormalen« Bedingungen, die wohl als »Störung« aufzufassen sind, als Regulationen bezeichnet werden.

Mit diesen Erscheinungen verwandt ist die durch das Licht bedingte Festlegung der fixen Lichtlage euphotometrischer und panphotometrischer Blätter (Wiesner 1880, 1899, 1907), da auch hier eine bestimmte Richtung der Organbildung, die für die Funktion der Organe wesentlich ist, durch den Außenfaktor (Licht) bedingt wird, mit dem später die Funktion (Assimilation) verknüpft erscheint.

Zahlreiche Beispiele der Bestimmung der Qualität der Organbildung durch die für die Funktion des Organs wichtige äußere Bedingung hat die neuere Entwicklungsphysiologie zutage gefördert. Wenn hier freilich von Photomorphosen, Thigmomorphosen usw. gesprochen wird, darf nicht vergessen werden, daß zur Formbildung nie ein einzelner Faktor ausreicht, sondern eine große Zahl von Außenbedingungen zusammenwirken muß, um die Entstehung eines bestimmten Organs zu veranlassen, daß also die streng kausale Betrachtung von dieser Bezeichnungsweise absehen kann (Klebs 1904); trotzdem scheint es gerade für die hier verfolgten Ziele praktisch, an der üblichen Namengebung festzuhalten, welche den normalerweise zum Komplex der übrigen Bedingungen hinzukommenden Faktor besonders

6*

hervorhebt, der in dem beobachteten Fall Qualität oder Örtlichkeit des Gestaltungsgeschehens bestimmt.

Es wird genügen, eine Auswahl charakteristischer harmonischer Morphosen zusammenzustellen.

Die Entstehung der »Blattorgane« von *Caulerpa* auf der Lichtseite (Noll 1888) und die Ausbildung von Laubblattanlagen — z. B. bei *Circaea* (Goebel 1880) — zu Laubblättern oder Schuppenblättern je nach Belichtung bzw. Verdunkelung sind Photomorphosen, die Beförderung der Bildung von Wurzeln auf der Unterseite unterirdischer Rhizome, von Zweigen an der Oberseite schräg wachsender Äste wird als Barymorphose aufzufassen sein; die Entstehung der Haftscheiben von *Ampelopsis hederacea* (Darwin 1876a, Lengerken 1885), von *Peponopsis adhaerens* (Naudin nach Darwin 1876a), von *Bignonia capreolata* (Darwin) und anderen *Bignonia*-Arten sowie von *Cissus* (Mohl 1827), der Haustorien von *Cuscuta europaea, epilinum* u. a. (Mohl 1827, Peirce 1894), der Appressorien zahlreicher parasitischer Pilze (Büsgen 1893) und der Rhizoiden fadenförmiger Chlorophyceen (Borge 1894) nach Kontakt, d. h. auf den Berührungsreiz hin, sind Beispiele von Thigmorphose; die Ausbildung der Haustorien von *Odontites* durch chemische Reize, welche von der Nährpflanze ausgehen (Heinricher 1898) sowie der Haftscheiben von *Cuscuta monogyna* stellt eine Chemomorphose dar (Molliard, vgl. Winkler 1913); die Umbildung der stärker verholzten und sklerenchymreicheren »Haftwurzeln« des Efeu in mit kräftigeren Gefäß- und Siebteilen ausgestattete »Nährwurzeln« durch Kultur in feuchten Substraten (Bruhn 1910), wie überhaupt die Wurzelbildung sehr häufig, so bei Weiden, bei der Kartoffel usw., sind Hydromorphosen; eine »Aeromorphose« sehr eigentümlicher, gewissermaßen negativer Art liegt in der Tatsache der Längenregulierung des Blattstiels der Schwimmblätter mancher Wasserpflanzen, z. B. von *Nuphar luteum*, nach der Wassertiefe, sofern dieser erst bei Erreichung der Wasseroberfläche sein Wachstum einstellt.

Für die zeitliche Ordnung der Gestaltungsvorgänge in der Morphogenese sind diese Verhältnisse häufig von großer Bedeutung. Aus den Studien Vöchtings über die Keimungsgeschichte der Kartoffel (1902) ergibt sich, daß bei geringem Wassergehalt des Bodens nur Knollen entstehen, die durch ihren Korkmantel gegen Transpirationsverluste geschützt sind, bei reichlichem Wassergehalt dagegen zahlreiche Wurzeln und Laubtriebe; ebenso findet die Ausbildung der meristematisch angelegten Wurzeln und Sprosse von *Cardamine pratensis* nur bei genügender Feuchtigkeit des Bodens statt. Ähnliche Fälle finden sich in den Arbeiten von Klebs über *Sempervivum* und andere Phanerogamen (1903, 1904 usw.). Diese Form der Harmonie kommt auch bei Regulationen vor; so bilden nach Goebel (1908) isolierte Blätter von *Achimenes* im Sommer Laub-Adventivsprosse, im Herbst aber Zwiebelknöllchen, d. h. Organe, die unter den jeweiligen Bedingungen erhaltungsmäßig sind.

Auch die Ausbildung der verschiedenen Stufen der Fortpflanzung, besonders bei niederen Organismen, weist diese Form der Harmonie häufig auf. Die klassischen Beispiele hierfür lieferten die Arbeiten von Klebs über die Fortpflanzungsbedingungen von Algen und Pilzen (1890, 1891, 1892, 1896, 1898, 1899, 1900). Wenn die Entstehung von Schwärmsporen der *Vaucheria repens* erfolgt 1. bei Übergang der Fäden in eine verdünntere Nährlösung oder in Wasser, 2. bei Übertragung der Fäden aus Luft in Wasser, 3. nach Versetzung aus fließendem in stehendes Wasser, so stellt jedesmal die Schwärmspore die geeignetere Form des Organismus unter den veränderten Bedingungen dar; ebenso steht es mit der Zoosporenbildung von *Protosiphon botryoides*, von *Hormidium* und *Bumilleria*-Arten und von *Botrydium granulatum* beim Übergang von Luft in Wasser und mit der von *Saprolegnia* bei Übertragung aus einer guten Nährlösung in Wasser. Die äußere Bedingung wirkt in diesem Fall bei *Vaucheria repens* plötzlich, dauert nur 24 Stunden, worauf wieder normales Wachstum eintritt; anders steht es mit später zu erörternden Fällen von Sporenbildung der *Vaucheria*, die als Regulationen aufzufassen sind. Bei Pilzen besteht der normale Entwicklungsgang sehr häufig darin, daß jede Stufe der Formbildung bzw. der Fortpflanzung zugleich die Bedingungen für die folgende schafft. Bei den wenigen in dieser Hinsicht genauer erforschten Pilzen, z. B. bei *Saprolegnia*, liegen die einzigen Fälle eines in seinen Bedingungen völlig durchschaubaren Entwicklungsganges eines Organismus vor.

Wenn die Haftwurzeln des Efeu (Sachs 1887, Bruhn 1910) und anderer Wurzelkletterer (*Ficus*-Arten, *Hoya carnosa* nach Bruhn), ebenso die Wurzeln von *Lepismium radicans* (Vöchting 1878/1884) auf der beschatteten Seite entstehen, so kommen sie im normalen Fall auch in die für ihre Funktion richtige Orientierung, jene an eine stützende Unterlage, diese in ein feuchtes Medium: Aber es ist hier nicht der der Funktion entsprechende Reiz selbst, sondern ein anderer, der die Örtlichkeit der Gestaltung bedingt. Es liegt hier der von Jennings (1910) so genannte Fall der »stellvertretenden Reizfaktoren« vor, der uns beim harmonischen Geschehen noch öfter begegnen wird.

Den bisher besprochenen Morphosen steht eine beträchtliche Anzahl anderer gegenüber, bei denen der wesentliche Außenfaktor nicht während der Formgestaltung auf den Organismus einwirkt, sondern vorher, während des Anlagestadiums, das künftige Schicksal des Organs bestimmt. Man könnte die beiden Formen induzierter Morphosen als »unmittelbare« und »mittelbare« unterscheiden.

Die normale Ausbildung der Sonnen- und Schattenblätter bei einer Reihe von Pflanzen ist das typische Beispiel für die zweite Form. Durch die grundlegenden Untersuchungen Stahls (1880, 1883) und die anschließenden Arbeiten von Mer (1883), Vesque (1884), Dufour (1886) Wiesner (1893, 1894) und vielen anderen Forschern (Literatur u. a. bei Küster 1903 und Schuster 1908) sind die anatomischen Unterschiede der beiden Blattarten (größere Blattfläche, schwaches oder fehlendes Palisadenparenchym, vorherrschendes Schwammgewebe, weitere Interzellularen, weitmaschigere Nervatur, schwächere Behaarung, dünnere Kutikula und weniger zahlreiche Spaltöffnungen beim Schattenblatt) und ihre Beziehung zur Transpiration bekannt. Die von Küster (1903) hervorgehobene, auch von Goebel geteilte Ansicht, daß das Schattenblatt eine »Hemmungsbildung« sei, welche auf der auch in neueren Arbeiten (Schramm 1912, Nordhausen 1912) hervorgehobenen Ähnlichkeit mit Blattjugendformen (Primärblättern) beruht, kommt für die teleologische Beurteilung nicht in Frage.

Daß die Primärblätter und die ersten Blätter an der Basis der Laubtriebe von Holzgewächsen »Schattenblattmerkmale« aufweisen, kann für die kausale Forschung und für stammesgeschichtliche Überlegungen bedeutungsvoll werden. Es ist aber ohne allen Einfluß auf die für die teleologische Betrachtung allein wichtige Tatsache, daß geringe Beleuchtung eine Induktion von Schattenblättern, helle Beleuchtung eine solche von Sonnenblättern bedingt. Für sie handelt es sich nur um das tatsächliche Entsprechen von Form und Funktion, das durch die Untersuchungen Arno Müllers (1904) auch physiologisch dargetan ist; denn dessen Ergebnisse zeigen, daß das Schattenblatt bei schwächerer Beleuchtung besser assimiliert als im hellen Licht, auch besser als das Sonnenblatt bei derselben schwachen Beleuchtung, und daß das Sonnenblatt sich umgekehrt verhält. Nun hat Nordhausen (1903, 1912) nachgewiesen, daß die Sonnen- bzw. Schattenblattmerkmale bereits im Vorjahr innerhalb der Knospe induziert werden; auf diese Weise entspricht die Blattstruktur viel eher den äußeren Bedingungen beim erwachsenen Zustand der Blätter, als dies bei einer »direkten Bewirkung« unter der erheblich helleren Beleuchtung während ihrer Ausbildung im Frühjahr der Fall sein könnte. Die »Perzeption« der ausschlaggebenden »Reize« (Licht, Transpiration) durch die Blätter bzw. Zweige und ihre Weiterleitung zu den Knospen ist dabei vorauszusetzen.

Völlig unwirksam sind die Beleuchtungsverhältnisse freilich auch nicht auf das heranwachsende Blatt, nur tritt ihr Einfluß gegenüber der vorjährigen Induktion zurück. Die Ergebnisse Nordhausens fanden eine Bestätigung und Erweiterung — bezüglich der Nervatur und der doppelten Anlegung der Palisadenschicht — in der Arbeit von Schuster (1908).

Wie in den Sonnen- und Schattenblättern zwei Hauptformen anatomischer Ausbildung derselben Pflanze vorliegen, die harmonisch zu den Außenbedingungen erfolgt, so verhält es sich auch bei den »Land-« und »Wasserformen« der »amphibischen Gewächse«, die sich in Zuordnung zu zwei verschiedenartigen normalen Lebensräumen (zuweilen an Teilen derselben Pflanze) ausbilden, ähnlich auch bei Pflanzen mit bald trockenem, bald feuchten Standort. Bezüglich der morphologischen, insbesondere anatomischen Struktur dieser Pflanzen enthält neben den älteren Arbeiten von Askenasy (1870), Constantin (1883, 1884), Volkens (1884), Schenk (1886, 1886a), Goebel (1889, 1893), Lothelier (1890, 1891, 1893; durch Zeidler [1911] zum Teil in Frage gestellt) u. a. und den neueren von Glück (1905, 1906, 1911) vor allem Goebels Einleitung in die experimentelle Morphologie (1908) eine Fülle reichhaltigen Materials. An die bandförmigen »Wasserblätter« und die pfeilförmigen »Luftblätter« von *Sagittaria sagittifolia*, an die Wasserform von *Polygonum amphibium* mit langstieligen, kahlen, schwimmenden Blättern und die Landform mit kurzgestielten, schmalen, steifhaarigen Blättern und aufrechtem Stengel möge nur als an besonders auffallende und bekannte Beispiele erinnert werden. Hervorzuheben ist, daß auch in anatomischer Hinsicht die im Wasser bzw. in Feuchtkultur erwachsene Form nicht ausschließlich Hemmungsmerkmale besitzt (Unterdrückung der mechanischen Gewebe und der Spaltöffnungen, Fehlen der Wandverdickungen, Rückbildung der Gefäße usw.), sondern zuweilen auch eine Förderung von Entwicklungsvorgängen aufweist (das »Aerenchym« bei Wasserpflanzen, die »Entfaltungszellen« bei *Festuca ovina* var. *glauca* usw.). Aber auch die »Hemmungsbildungen« stellen keine Schwierigkeit für die teleologische Beurteilung dar; es handelt sich ja nicht um pathologische Vorgänge, um Schädigungen des Organismus, der wegen des Ausfalls der betreffenden Strukturen weniger gut funktioniere. Vielmehr ist gerade das »harmonisch« am Geschehen, daß nur solche Formbildung unterdrückt wird, die mit Rücksicht auf die äußeren Bedingungen unnötig geworden ist (vg. auch Driesch 1901, S. 28/29). Man könnte hier von »harmonischen Reduktionen« sprechen.

Auf die Tatsache des Sichentsprechens von Medium und Struktur einerseits und auf die Betonung des »normalen« Vorkommens der Gestaltungsvorgänge anderseits ist auch hier das Hauptgewicht zu legen. Für die mittelbaren induzierten Morphosen kommt weiter in Betracht, daß die Organe schon im Stadium der Anlage bzw. im Samen von den Außenbedingungen beeinflußt werden, wie dies Goebel (1908) bei amphibischen Gewächsen, für *Hippuris vulgaris* und andere Pflanzen, nachgewiesen hat.

II. Funktionelle Morphosen.

Durch die Funktion eines Organs selbst hervorgerufene harmonische Gestaltungsprozesse, welche ihrerseits ein besseres Funktionieren bedingen, wurden oben als »funktionelle Morphosen« bezeichnet.

Eine eingehendere teleologische Analyse des Verhaltens der amphibischen Pflanzen liefert ohne Zweifel eine Reihe hierher gehöriger Fälle. Ich erinnere nur an die harmonische Ausbildung der Gefäße nach Zahl und Weite sowie der Dicke der Kutikula im Zusammenhang mit der in den Blattflächen verdampften Wassermenge (Kohl 1886, Oger 1892, Gain 1895 u. a.),

Die plagiotropen Seitenäste der Koniferen weisen auf der Unterseite das dunklere »Rotholz« auf, das durch kürzere, dickwandige Tracheiden mit Spiralverdickungen histologisch gekennzeichnet ist und als »Druckholz« dem helleren »Weißholz« der Oberseite als dem »Zugholz« von R. Hartig (1896, 1901) gegenübergestellt wurde. Sonntag (1904) hat auch wirklich gezeigt, daß das Weißholz doppelt so große Zugfestigkeit als das Rotholz, dieses dagegen höhere Druckfestigkeit besitzt. Mit einiger Berechtigung wird man hier wohl den Bau als durch die Funktion selbst bedingt ansehen dürfen.

Auch wenn das Wurzelsystem von Blütenpflanzen sich entsprechend der Güte des Bodens reicher oder weniger reich verästelt, könnte man das so auffassen, daß durch das Funktionieren selbst und seine morphologischen Folgeerscheinungen die Funktion besser geeignet wird für zukünftiges Funktionieren.

Die eben gebrauchte Formulierung ist nun genau diejenige, die Driesch zur Kennzeichnung der »funktionellen Anpassung« angewendet hat, während sie hier sachlich etwas ganz anderes bezeichnet. In der vorliegenden Fassung paßt die Definition nämlich nur auf Harmonisches, auf das, was ich »funktionelle Morphosen« nenne. Den Ausdruck »funktionelle Anpassung« möchte ich — mit Driesch — auf Regulatorisches beschränken, auf jene teroklinen Reaktionen des Organismus nämlich, die eine durch die Funktion selbst — auf Grund anormaler Bedingungen — gesetzte Störung regulieren. Es ist ohne weiteres zuzugeben, daß bei der Einordnung bestimmter Fälle unter eine von diesen beiden Rubriken noch häufig eine gewisse Willkür mit unterläuft, die auf der Schwierigkeit beruht, genau anzugeben, ob »normales« Geschehen oder eine »Störung« vorliegt. Aber je besser die inneren Bedingungen jeweils bekannt sind, desto leichter fällt die Beurteilung, die nun einmal durch die begriffliche Scheidung an dieser Stelle verlangt wird. Und wenn es wirklich Beispiele geben sollte, bei denen die Einordnung ernstliche Schwierigkeiten macht, so darf nie vergessen werden, daß die Worte »Harmonie« und »Regulation« ebenso ganz bestimmte

Tatsachengruppen bezeichnen wie etwa »Blatt«, »Sproß«, »Thallus«, »Zelle«, aber auch mit diesen Begriffen die Eigenschaft teilen, daß es Grenzfälle gibt, die sich ihnen nicht recht fügen wollen. Die Erfahrung ist eben häufig noch etwas reicher und vielseitiger als das Netz von Begriffen, das wir ihr übergeworfen haben. Ein besonderer Mangel des teleologischen Begriffssystems liegt hier nicht vor.

III. Korrelative Morphosen.

Die korrelativen Morphosen haben mit den funktionellen gemeinsam, daß jeweils innere Bedingungen in teleologischer Beziehung stehen zur Formbildung. In anderer Hinsicht wiederum sind sie enger mit den induzierten Morphosen verknüpft; denn während bei den funktionellen Morphosen die Funktion des vorhandenen Organs seine eigene weitere harmonische Ausgestaltung veranlaßt, sind es bei den zwei anderen besondere, außerhalb liegende Bedingungen, welche die Bildung des erst entstehenden Organs bestimmen, und zwar äußere bei den induzierten, innere bei den korrelativen Morphosen. Bei den letzten sind, wie man dies auch ausgedrückt hat, für einen sich entwickelnden Teil des Organismus die übrigen Teile »Außenwelt«.

Die Ausbildung einer »Blattspur«, d. h. des aus dem Stengel in ein Blatt führenden Gefäßbündels, ist nach Jost (1891, 1893) abhängig von dem Vorhandensein des wachsenden Blattes. Wenn dieses entfernt, oder der Blattnerv durchgeschnitten wird, so unterbleibt die Ausdifferenzierung der Blattspur unterhalb der Verwundungsstelle. Auf mangelnde Ernährung durch das Blatt kann dies nach Jost nicht zurückgeführt werden; ebensowenig ist aber, wie Montemartini (1904) gemeint hatte, der Wundreiz die Ursache der Unterdrückung, schon deshalb nicht, weil diese nach Jost auch bei Wachstumshemmung des unverletzten Blattes durch Eingipsen auftritt (vgl. auch Jost 1908 und Winkler 1908). Die Ergebnisse Josts wurden durch Snell (1911) erweitert; entsprechende Erfahrungen haben nach Winkler (1908) auch Prunet (1891), Jodin (1900) und Goumy (1905) gemacht. Durch die Aufhebung der korrelativen Harmonie erst ist also hier ihr Vorhandensein bekannt geworden.

Ganz ähnlich steht es mit den zahlreichen »korrelativen Hemmungen« zwischen Organen; am bekanntesten ist das Verhältnis von Gipfelknospe und Achselknospe (Goebel 1880). Hier führt ein störender Eingriff zur Entfaltung der schlummernden Anlagen, zu positiven Formregulationen, während in dem von Jost ermittelten Fall höchstens eine regulatorische Reduktion vorliegt. Auch hier weist also ein offenbar regulatorisches Geschehen auf eine normalerweise bestehende Harmonie hin.

Hierher gehören ferner die Fälle, bei denen im Lauf der normalen Ontogenese nach Zerreißungen oder anders bedingtem Absterben von Gewebeteilen ein harmonischer Ersatz stattfindet. Beispiele dieser »physiologischen Restitution« wurden (S. 57) bereits erwähnt.

Auch an zwei zur Funktionsganzheit verknüpften Organismen — bei Transplantationen oder bei der Befruchtung — können solche korrelative Morphosen auftreten.

Ein mit noch nicht differenzierten Knospen besetztes Reis der Runkelrübe, einer wachsenden Wurzel aufgepfropft, wird zu einem vegetativen Sproßsystem, während es einen Blütenstand bildet, wenn man es im Frühjahr mit einer alten Rübe verbindet (Vöchting 1892).

Eine Reihe von morphologischen Vorgängen sowohl des Abblühens als der Umwandlung der Blüte zur Frucht wird durch Bedingungen ausgelöst, die in dem anderen Teil der Funktionseinheit, dem Pollenkorn, gegeben sind. Es gelang Fitting (1909, 1909a, 1910), aus den ausgekeimten Pollinarien gewisser Orchideen chemische Stoffe auszuziehen, mit denen er einen Teil dieser Umbildungen der Blütenteile hervorrufen konnte; er spricht unter Bezugnahme auf die chemischen Korrelationen im Tierkörper (Starling 1906) von »pflanzlichen Hormonen«. Bei der Ausbildung des Cystokarps der Rhodophyceen liegt derselbe Fall vor.

Als Gegenstück dazu enthalten die Narben vieler Pflanzen die Stoffe, die zum Auskeimen des zugehörigen Pollens notwendig sind, und manche Pollenkörner keimen überhaupt nur im Extrakt der eigenen Narbe (vgl. Jost 1908).

Auch die von Haberlandt gefundene gegenseitige chemische Beeinflussung zwischen verschiedenen Geweben muß in diesem Zusammenhang erwähnt werden, die er bei der Kultur isolierter wenigzelliger Gewebeschichten (1902, 1913, 1914)feststellte; er fand u. a., daß in ein bis zwei Zellschichten dicken Scheiben aus Kartoffelknollen oder aus dem Stengel von *Sedum spectabile* Zellteilungen nur dann eintraten, wenn Bruchstücke des Siebteils eines Bündels vorhanden waren, oder wenn sie mit solchen leptomhaltigen Gewebestücken in unmittelbarer oder durch dünne Agarschichten vermittelter Berührung standen. Die Zellteilungen in gewissen Organen, z. B. im Mark der Kartoffelknolle, werden also durch besondere »Zellteilungsstoffe«, »Wuchsenzyme« angeregt, welche in anderen Organen, hier im Leptom der Bündel, entstehen.

Eine besonders seltsame Form korrelativer Harmonie liegt in dem Geschehen bei Siphoneen bzw. bei Wurzeln von Phanerogamen vor, das Noll (1900, 1900a, 1901, 1903) zur Bildung seines Begriffs der »Morphästhesie« veranlaßte; Spannungszustände — dort des ganzen Körpers, hier eines Organs — sollen die Ursache dafür sein, daß neu entstehende Organe in eine für ihre Funktion günstige Stellung kommen. Über die Berechtigung der Auffassung Nolls ist viel gestritten worden; die Tatsache einer korrelativen Morphose bleibt auch dann bestehen, wenn nicht der Spannungszustand selbst, sondern andere innere Bedingungen (vgl. z. B. Klebs 1903) die Organbildung beeinflussen. Weitere Beispiele der geförderten Ausbildung von Organen an der konvexen Außenseite gekrümmter Wurzeln und Stengel finden sich u. a. auch bei Goebel (1908) und Ludwigs (1911), bei beiden freilich in anderer Weise (als Folge besserer Ernährung) gedeutet als von Noll.

b) Physiologische Funktionsharmonien.

Die harmonischen Beziehungen rein funktioneller Natur lassen sich trennen in »Funktionalharmonien«, welche ausschließlich zwischen inneren Bedingungen, zwischen Funktionen des Organismus selbst, ohne Rücksicht auf ihr Auftreten im Laufe der Entwicklung, bestehen, und in »physiologische Kausalharmonien«, bei denen das Zustandekommen (bzw. die Förderung oder Einschränkung) einer Funktion in teleologischem Verhältnis steht zu bestimmten Außenbedingungen. Die Funktionalharmonien verhalten sich also zu den physiologischen Kausalharmonien ganz ähnlich, wie die Konstellationsharmonien zu den morphologischen Kausalharmonien.

α) Funktionalharmonien.

Die Stoffaufnahme, die Menge und Richtung der Stoffleitung, die Auflösung gespeicherter Reservestoffe usw. sind in weitem Maße abhängig vom Verbrauch. Es ist das Verdienst Pfeffers, im ersten Band seiner Pflanzenphysiologie (1897) auf das Vorhandensein solcher »Korrelationen des Stoffwechsels« nachdrücklich hingewiesen zu haben. Dort sind auch weitere Einzelheiten zu finden, ebenso in dem Werk Nathansohns über den Stoffwechsel der Pflanzen (1910), das gleichfalls die teleologische Seite gebührend berücksichtigt. Ein Beweis für die »harmonische Lenkung« des Stoffwechsels ist insbesondere auch in der von Pfeffer betonten Tatsache zu sehen, daß viele Pilze gleichgut mit den verschiedenartigsten Kohlenstoffquellen, mag es sich um Methan- oder Benzolderivate handeln, als einziger organischer Nahrung auszukommen vermögen, und »durch ihr Gedeihen anzeigen, daß trotz so verschiedener chemischer Konstitution der Kohlenstoffverbindungen sämtliche Stoffe produziert werden, die für Ausbau und Betrieb des Organismus notwendig sind« (a. a. O. S. 437). »Wenn für den Augenblick, gleichviel aus welchen Gründen, etwa die Produktion von Eiweißstoffen nicht angestrebt wird, so unterbleibt dieselbe unter allen Umständen, selbst dann, wenn Asparagin, Zucker und alle Baumaterialien in bester Weise im Innern des Protoplasten zur Verfügung stehen und zusammentreffen. Übrigens wird auch durch räumliche Trennung erreicht, daß im Innern einer winzigen Zelle die dicht nebeneinander befindlichen Stoffe nicht in Reaktion treten« (a. a. O. S. 444). Pfeffers mechanistischer Standpunkt schützt ihn vor Mißdeutungen des Wortes »anstreben«, das hier etwa dasselbe sagt wie im »Dienste der Funktionsganzheit stehen«.

Auch ihren Stickstoffbedarf können manche Pilze gleich oder annähernd gleich gut aus verschiedenen organischen oder anorganischen Verbindungen decken trotz der großen Verschiedenheit des dadurch bedingten Stoffwechsels, und für die grünen Pflanzen gilt bis zu einem gewissen Grad dasselbe.

Daß das »Bedürfnis« der Pflanze maßgebend ist für den Ablauf von Stoffwechselvorgängen, erhellt auch aus anderen Tatsachen. In Speicherorganen wird der leicht lösliche, wandernde Traubenzucker in das nicht diosmierende Inulin oder in unlösliche Stärke verwandelt und in dem dadurch entstehenden Konzentrationsgefälle ein Mittel geschaffen für das ständige Nachströmen des abzulagernden Zuckers. Auch in der frühzeitigen Verarmung der Blattanlagen von Blütendeckblättern an Baumaterialien zugunsten der Blütenknospen (Goebel 1908) und ähnlichen Tatsachen liegt eine solche harmonische Lenkung oder Funktional-harmonie vor.

β) Physiologische Kausalharmonien.

Auch für diese Form harmonischen Geschehens finden sich bei Pfeffer (1897) zahlreiche Beispiele.

Die Bildung bzw. Ausscheidung von Oxalsäure durch gewisse Pilze erfolgt nach Wehmer (1891) im Verhältnis zu der jeweils vorhandenen Menge der Basen. Dabei ist die Natur der Kohlenstoffquelle — ob Kohlehydrat, organische Säure oder Eiweiß — und der Stickstoffquelle — ob Ammoniak, Salpetersäure oder Eiweiß — durchaus gleichgültig; nur die Menge der entweder vom Pilz selbst aus der Nahrung abgespaltenen oder der künstlich zugeführten Basen entscheidet über die Menge der produzierten Oxalsäure. In Lösungen, welche freie Wein-, Zitronen- oder Apfelsäure enthalten, tritt überhaupt keine Oxalsäure auf. Für höhere Pflanzen hat schon Schleiden die Vermutung ausgesprochen, daß die häufig vorhandenen Oxalatkristalle durch Absättigung von frei gewordenen Basen entstanden seien, und Benecke (1903) hat gezeigt, daß der Mais bei Kultur mit Nitraten als Stickstoffquelle, welche bei der Weiterverarbeitung Basen freiwerden lassen, Kalziumoxalatkristalle bildet, während sie (bei annähernd gleich gutem Gedeihen der Pflanze) völlig unterdrückt werden, wenn Ammonsalze den Stickstoffbedarf decken, welche Säuren in Freiheit setzen.

Die Abhängigkeit der Enzymbildung von der Anwesenheit und von der Menge des durch diese Enzyme zu zerlegenden Stoffes wie von den Produkten der Zerlegung weist deutliche harmonische Züge auf. Daß die Schimmelpilze *Aspergillus niger* und *Penicillium glaucum* auf Pepton eine größere Menge proteolytischer Enzyme bilden als in Kulturen mit weinsaurem Ammon, zeigte Butkewitsch (1902). Nach Katz (1898) steigern dieselben Schimmelpilze die Diastaseproduktion bei rascher

Wegführung der gebildeten Diastase durch Tannin. Während hier noch ein recht einfacher Fall vorliegt, der vielleicht durch bloße »Massenwirkung« zu erklären ist, sind die Verhältnisse verwickelter bei einer anderen von Katz festgestellten Tatsache. Die Bildung (nicht nur die Ausscheidung) von Diastase bei Schimmelpilzen wird nämlich bei Zufuhr einer bestimmten Zuckermenge (Traubenzucker, Rohrzucker usw.), also der Endprodukte der Stärkespaltung durch die Diastase, in entsprechendem Verhältnis gehemmt. Am deutlichsten erfolgte die Regelung der Diastasebildung bei *Penicillium glaucum*. Daß es sich nicht um chemische Vorgänge einfacher Art, um bloße »Massenwirkung« handelt, sondern um eine »regulatorische Tätigkeit des Protoplasmas«, schließt Katz aus dem verschiedenen Verhalten der untersuchten Pilzarten. Daß freilich keine »qualitative«, sondern nur eine »quantitative Enzymregulation« vorliegt, ergibt sich deutlich aus der Arbeit von Kylin (1914), welcher zeigte, daß *Penicillium glaucum* und *Aspergillus niger* auch dann Diastase bilden, wenn keine Stärke in der Kulturflüssigkeit vorhanden ist, daß die Diastasemenge aber vergrößert wird, wenn Stärkezusatz erfolgt, und daß sie auf Stärke als einziger C-Quelle ihren höchsten Wert erreicht. Eine deutliche »qualitative Enzymregulation« liegt aber darin, daß *Aspergillus* und *Penicillium* nach Knudson (1913) nur bei Anwesenheit von Gerbsäure oder Gallussäure das diese spaltende Ferment Tannase erzeugen. Andere Literaturangaben erscheinen weniger sicher. Von einer Regulation in dem hier festgehaltenen Sinn kann man im Gegensatz zu der üblichen Bezeichnungsweise nicht reden, da hier doch eine »Störung« vollkommen fehlt; die veranlassende Bedingung, das Auftreten von Zucker bei der Stärkezerlegung, das Vorhandensein von Stärke, Gerbstoffen usw. im Nährmedium der Pilze ist ja durchaus »normal«. Es handelt sich um ein spezifisches »Angepaßtsein« an normale Zustände, nicht um eine »Anpassung«. Wenn man einmal das Wort »Harmonie«, das ja in der Biologie nicht anderweitig vergeben ist, so versteht wie es oben definiert wurde, so kann man unbedenklich den Ausdruck »Enzymharmonie« für den geschilderten Sachverhalt gebrauchen.

Bei der Bildung und Fortschaffung der Gärungsprodukte kommen ähnliche Harmonien vor.

Der Zusammensetzung der Nährlösung von Pilzen aus organischen Nährstoffen entspricht eine wechselnde Durchlässigkeit der Plasmahaut für diese Stoffe, die zuweilen in der Form auftritt, daß nur oder vorwiegend die jeweils »nahrhafteste« Verbindung aufgenommen wird (»Elektion« der optimalen Nährstoffe: Pfeffer 1895). Aus einem Gemisch von Nährstoffen, deren jeder verarbeitet wird, wenn man ihn den Pilzen oder Bakterien allein darbietet, nehmen die Organismen zunächst ausschließlich oder vorzugsweise einen einzigen oder wenige »bevorzugte« Nährstoffe auf, die die anderen vor dem Verbrauchtwerden schützen.

In letzter Zeit mehren sich die Belege dafür, daß die Permeabilität der Plasmahaut für gelöste Stoffe von der Natur und Konzentration dieser Stoffe abhängen. Wenn auch die Behauptung Nathansohns (1902, 1903, 1904) noch keineswegs sichergestellt ist, daß Salze in die Pflanzenzelle nicht bis zum Konzentrationsgleichgewicht eindringen, sondern nur bis zu einem bestimmten, von der Pflanze durch Stoffaufnahme oder -abscheidung konstant gehaltenen Verhältnis von Innen- und Außenkonzentration, so haben doch seine und Meurers (1909) Angaben über Regelung des osmotischen Drucks in der Zelle und der neutralen Reaktion der Außenlösung durch gesonderte Aufnahme der Ionen aus Salzen und aktive Ionenabscheidung aus der Zelle in den Ergebnissen Pantanellis (1915) eine wesentliche Stütze erhalten. Daß beim Narkotisieren von Zellen gerade die Durchlässigkeit für die der Pflanze nützlichen Stoffe gehemmt wird, während die gleichgültigen oder schädlichen dann in vermehrter Menge eintreten (Pantanelli), beweist mittelbar das Bestehen von Turgorharmonien. Eine eingehendere Erörterung dieser Beziehungen, bei denen auch die Aufrechterhaltung des osmotischen Drucks bei Wüstenpflanzen durch Salzspeicherung und andere Mittel (Fitting 1911) sowie verwandte Erscheinungen erwähnt werden, findet sich bei der Besprechung der von den Harmonien schwer zu sondernden Turgorregulationen (vgl. S. 222ff).

Schon bei diesen Fällen ist die Gefahr groß, besondere Eigentümlichkeiten der spezifischen Organisation von Lebewesen mit ganzheiterhaltenden Vorgängen zu verwechseln. Gerade bei Feststellung von Stoffwechselharmonien kann nicht genug davor gewarnt werden, in besonders verwickeltem Geschehen und in scheinbaren Abweichungen von physikalisch-chemischen Gesetzen ohne weiteres Harmonien und Regulationen oder gar Beweise für den Vitalismus sehen zu wollen; dies gilt z. B. für gewisse Fälle anormaler Ionendurchlässigkeit. Manchmal verbergen sich auch Vorgänge oder Beziehungen, die nichts mit »Zweckmäßigkeit« zu tun haben — es sei denn eine solche der Welteinrichtung — unter einem teleologisch klingenden Namen. Wenn solches zu einer Zeit geschieht, in der »Schutzeinrichtungen« besonders modern und beliebt sind, könnte man von einer wissenschaftlichen »Mimikry« sprechen. Jedenfalls hat die sogenannte »Schutzwirkung« von Nährsalzen, ihre gegenseitige Entgiftung (vgl. Benecke 1907, Ruhland 1909, Osterhout 1909) keinen ganzheiterhaltenden Charakter, ebensowenig die Wirkung der »chemischen Schutzmittel der Pflanze gegen Erfrieren« (Maximow 1912 und sonst); die Möglichkeit dieser Bezeichnungsweise soll aber hierdurch nicht bestritten werden.

Ein treffendes Beispiel für die Notwendigkeit kritischer Vorsicht bei der Behauptung des Bestehens von physiologischen Kausalharmonien ist das Schicksal der sogenannten »chromatischen Adaptation« bei Blaualgen. Nach den Arbeiten von Gaidukov (1902, 1903, 1903a, 1906) schien es, als ob den Chromophyllen der Cyanophyceen die Fähigkeit zukomme, durch Änderung ihrer Struktur sich in einer für die Assimilation vorteilhaften Weise jeweils komplementär zu der sie treffenden Beleuchtung zu färben. Schon durch die Untersuchungen A. v. Richters (1912) wurde die Bedeutung dieser chromatischen Adaptation erheblich eingeschränkt; denn sie zeigen, daß in hohem Grad neben der Farbe, also der Wellenlänge des Lichtes, für die Assimilation vor allem seine Intensität wesentlich ist. Durch die Untersuchungen von W. Magnus und B. Schindler (1912) und B. Schindler (1913), sowie von K. Boresch (1913) und E. Pringsheim (1913, III) über den Einfluß des Stickstoffmangels auf die Färbung der Cyanophyceen dürften die Angaben Gaidukovs vorläufig widerlegt sein. Aus ihnen ergibt sich, daß eine Verfärbung der Oscillarien und anderer Cyanophyceen nicht auf Grund des verschiedenfarbigen Lichtes, sondern infolge von Nährsalz-, speziell Stickstoffmangel eintritt, und daß das Ergebnis von Gaidukov höchstwahrscheinlich durch die höhere heliotropische Reizbarkeit der grünen Fäden gegenüber den gelben derselben Kultur im rotgelben Teil des Spektrums zu erklären sei. Freilich scheint auch bei der Farbenänderung der Cyanophyceen durch Stickstoffmangel ein telokliner Vorgang vorzuliegen, der bei den Regulationen Erwähnung finden wird. —

Das Vermögen, den Grundzug der Ernährungsweise je nach den Lebensbedingungen zu ändern, zeigen verschiedene Organismen. So ernährt sich *Euglena gracilis* nach Zumstein (1900) am Licht autotroph oder mixotroph, im Dunkeln heterotroph; in sehr reichlicher organischer Nährlösung findet auch im Licht heterotrophe Ernährung statt.

Eine physiologische Kausalharmonie ist es auch, wenn ein lebenswichtiger Stoff in der Pflanze nur unter der Einwirkung desselben Außenfaktors entsteht, der hernach zum normalen Funktionieren des Stoffes notwendig ist. So bildet sich das für die Kohlensäureassimilation grüner Pflanzen unentbehrliche Chlorophyll, welches nur am Licht seine Funktion ausüben kann (mit wenigen Ausnahmen bei Farnen und Koniferen) auch nur am Licht.

Nach Tröndle (1909, 1910) und Lepeschkin (1908, 1909) wächst innerhalb bestimmter Grenzen mit der Lichtintensität auch die Permeabilität der Plasmahaut; es findet also bei stärkerer Besonnung eine bessere Ableitung der auch reichlicher gebildeten Assimilationsprodukte statt; in gleicher Richtung äußert sich die Änderung der »Stimmung«. Die Kritik Fittings (1915) an der von beiden Forschern angewandten Methode der »isotonischen Permeabilitätskoeffizienten« und seine eigenen negativen Ergebnisse scheinen freilich die Beeinflussung der Plasmadurchlässigkeit durch das Licht einigermaßen in Frage zu stellen.

Zum Schlusse mag noch der Regelung der Transpiration und des übrigen Gaswechsels der Pflanze durch Luftfeuchtigkeit, Licht, Kohlensäuremenge usw. unter normalen Bedingungen gedacht werden, wobei vor allem auf die noch nicht in allen Einzelheiten geklärte Rolle der Spaltöffnungen hingewiesen werden mag (vgl. z. B. K. Linsbauer 1916).

c) Kinetische Funktionsharmonien.

Die Erhaltung der Funktionsganzheit mittels Bewegungsvorgängen kann entweder durch einfache oder durch mehrere ineinandergreifende Bewegungen erfolgen. Danach können »einfache« und »koordinierte«

kinetische Funktionsharmonien unterschieden werden. Die letzten, die bei den Tieren den weitaus häufigsten Fall darstellen, sind bei den Pflanzen sehr selten.

α) Einfache kinetische Funktionsharmonien.

I. Kinetische Kausalharmonien.

Für die meisten pflanzlichen Bewegungen, welche im Dienste der Funktionsganzheit stehen, liegt das Harmonische in der Art der Beziehung zu gewissen Faktoren der Außenwelt und ihren Änderungen. So kommt etwa durch Bewegungen des Blattstiels die Spreite in die für ihre Assimilationsfunktion geeignetste Lage — nämlich in bezug auf Richtung und Intensität des Lichtes. Es soll deshalb diese Form harmonischer Bewegungen als kinetische Kausalharmonie bezeichnet werden.

Die verbreitetste Art einfacher hierher gehöriger Bewegungserscheinungen sind die Richtungsbewegungen, bei denen das harmonische Verhältnis zur Umwelt sich im Zustandekommen einer bestimmten Beziehung der Richtung des Organismus oder eines Teils des Organismus zu der Richtung oder allgemeiner der räumlichen Ordnung eines Außenfaktors ausdrückt. Kommt die Richtungsbewegung durch die Ortsänderung des ganzen, beweglichen Organismus zustande, so ist es üblich, von »Taxis« zu reden; betrifft der Ortswechsel nur ein bestimmtes Organ, einen wachsenden Teil des festsitzenden Organismus, so spricht man von »Tropismus«. Gewisse selbständige Organe innerhalb der Zelle (Kern, Chromatophoren) nehmen einstweilen eine Sonderstellung ein, solange nicht feststeht, ob sie sich aktiv bewegen oder durch Vorgänge innerhalb des umgebenden Plasmas passiv verlagert werden. Für diese Darstellung teleologischer Beziehungen besteht kein Grund, Taxis und Tropismus auseinander zu reißen. Es sagen diese Bezeichnungen ja auch in kausaler Hinsicht nichts aus über das Zustandekommen der Bewegung, sondern nur über ihr Ergebnis. Bezüglich der Mittel, durch welche die Richtungsbewegung als harmonisches Ergebnis erzielt wird, scheinen freilich tiefgreifende Unterschiede zwischen den Tropismen und den meisten Fällen von Taxis zu bestehen.

7*

Auch hier muß betont werden, daß durchaus nicht alles, was in der Bewegungsphysiologie Taxis und Tropismus genannt wird, kinetische Kausalharmonie ist. Nur wo Richtungsbewegungen unter normalen Bedingungen zur Erhaltung der Funktionsganzheit des Organismus beitragen, fallen sie unter diese Bezeichnung.

Ein großer Teil der Literatur ist bei Herbst (1894), Pfeffer (1904), Jost (1908, 1913) und Pringsheim (1912) zu finden.

In der einfachen Tatsache der verschiedenen Arten von Taxis und Tropismus kann bereits eine besondere Kausalharmonie einbeschlossen sein.

Die Schwärmer gewisser Algen stellen sich bei ihrer Bewegung mehr oder minder rasch in die Richtung des günstigsten Lichtes ein und schwimmen auf die Lichtquelle zu (Strasburger 1878); dieselbe positive Phototaxis zeigen viele Desmidiaceen (Stahl 1879, Aderhold 1888), *Volvox* (Oltmanns 1892), zahlreiche Flagellaten und andere freibewegliche Pflanzenorganismen.

Die Chlorophyllplatte von *Mesocarpus* nimmt durch Drehungen, die Chlorophyllkörper von Moosen (z. B. *Funaria*) und von Phanerogamen durch Wanderungen — beide Male wohl infolge von Bewegungen des Protoplasmas — bei starker indirekter Beleuchtung Schrägstellung, bei schwacher Parallelstellung (Flächenstellung) ein (Stahl 1880a, Oltmanns 1892, Senn 1908). Bei dieser »Plagiophototaxie« (Oltmanns) der Chlorophyllkörper unterscheidet Senn außer dem Verhalten von *Mesocarpus* bereits sechs Typen von Ortsveränderungen der Chloroplasten.

Wenn farblose Chydridiaceenschwärmer infolge ihrer phototaktischen Reizbarkeit ihren gleichfalls phototaktischen Nahrungsorganismen zugeführt werden, so kann dies im Sinne von Jennings' Begriff der »stellvertretenden Reizfaktoren« ausgelegt werden (s. o. S. 86; vgl. auch Pringsheim 1912); dasselbe gilt von dem negativen Heliotropismus der Kletterwurzeln des Efeu, von *Ficus*-Arten usw., der sie in die für ihre Funktion günstigste Stellung bringt.

Der positive Phototropismus der Sprosse grüner Phanerogamen bedingt zusammen mit der »Plagiophototropie« (Oltmanns; gleichbedeutend mit »Transversalphototropismus«) der »euphotometrischen« Blätter (Wiesner 1880, 1899, 1907 [mit vieler Literatur], 1911, 1912,

1913) die beste Lage der Assimilationsorgane zur günstigsten Lichtintensität. Diese optimale Lage zum Lichte wird bei den »pseudophoto-
metrischen« Blättern (Wiesner) durch »stellvertretende Reizfaktoren«
(Epinastie, Geotropismus) erreicht. Von solchen könnte bei Phototaxis
und Phototropismus der grünen Pflanzen überhaupt (mit Ausnahme
des Verhaltens von *Mesocarpus* nach Senn) insofern gesprochen werden,
als nicht die für die Assimilation bedeutungsvolleren gelben und roten,
sondern die assimilatorisch weniger wesentlichen blauen und violetten
Strahlen die Phototaxis bedingen. Ob für die tropistischen Lichtrichtungsbewegungen die Strahlenrichtung oder ohne Rücksicht auf diese
die Intensität des Lichtes maßgebend ist (Oltmanns), läßt sich immer
noch nicht allgemein entscheiden (vgl. hierzu Famintzin 1867/68,
N. J. C. Müller 1872, Strasburger 1878, Oltmanns 1892, 1897,
Pfeffer 1904, Jost 1908, 1913). Bei der Phototaxis ist nach dem heutigen Stande der Forschung an eine Perzeption von Lichtrichtungsunter-
schieden, die am Organismus in räumlicher Getrenntheit gegeben sein
müßten, am ehesten noch bei den Volvocaceen zu denken, wo die ganze,
radiär gebaute Kolonie sich einheitlich bewegt und ihre Bewegungs-
richtung nach einem Wechsel der Lichtrichtung durch Änderungen des
Geißelschlags bestimmt. Im übrigen scheinen aber bei der Taxis meist
zeitliche Unterschiede in der Perzeption der Reizintensität die Richtungsbewegung auszulösen, indem eine weniger günstige Lichtstärke
durch eine »Übergangsreaktion« oder »Schreckbewegung« gemieden
wird. Diese besteht entweder in einer mit dem Wechsel der Lichtintensität eintretenden Wendung oder Drehung des Körpers, die bis 180°
betragen kann, wie z. B. bei den Purpurbakterien (Engelmann 1882)
und bei Chlamydomonas (Pringsheim 1912a), wobei die Drehung entweder fast momentan erfolgt oder nach einer kurzen Rückwärtsbewe-
gung (bei Chlamydomonas durch Vorwärtsschnellen der Geißeln bewirkt)
und einem anschließenden Augenblick völligen Stillstands. Oder die
Schreckbewegung besteht im Übergang von der drehenden Vorwärts-
bewegung des unsymmetrischen Körpers zu einer mehrfach rasch hinter-
einander folgenden Drehung des ganzen Organismus in Form eines
offenen Kegels als »Kreiselrotation«, wonach der Organismus in anderer
Richtung weiter schwimmt, wie dies besonders bei den Euglenen durch

Jennings (1900, 1910) nachgewiesen wurde; auch hier kann die Bewegung mit vorausgehendem kurzen Rückwärtsschwimmen verbunden sein. Die günstigste Lichtrichtung wird nicht auf einen Schlag, sondern durch Vergleich mehrerer Intensitäten, durch »suchendes« Einstellen, durch »trial and error« erreicht, wie das bei den Infusorien schon früher bekannt war (Jennings 1897, 1899). Das Gewinnen der optimalen Lichtstärke wäre gewissermaßen »zufällig«, nur ihr Verlassen würde verhindert.

In dieser kurzen Zusammenstellung typischer Fälle von harmonischen Lichtrichtungsbewegungen fehlen alle Arten von echter »Schutzreaktion« sowohl freischwimmender Organismen, als beweglicher Chloroplasten, von Blättern in variabler Lichtlage oder sonst phototropisch reizbarer Organismen; da es sich hierbei um den Ausgleich bzw. die Vermeidung einer Störung handelt, so sind diese Fälle unter die Regulationen zu verweisen; auch der Begriff der »Photometrie« (Strasburger 1878, Oltmanns 1892, 1897) wird erst in jenem Zusammenhang besprochen werden.

Den positiven Geotropismus der Wurzeln und den negativen der Stengel kann man zu der Funktion der Befestigung bzw. der Gleichgewichtserhaltung der Pflanze in Beziehung setzen; als »stellvertretender Reizfaktor« bewirkt der Schwerereiz zugleich die richtige Lage der Wurzeln zum feuchten, nährsalzhaltigen Boden und der Stengel zum Licht. Dieselbe Rolle eines stellvertretenden Reizfaktors spielt die Gravitation bei den positiv geotropischen, aus der Erde oder dem Schlamm aufsteigenden »Atemwurzeln« bei Mangroven (*Avicennia* u. a.).

Eine harmonische Erscheinung liegt in der Thigmotaxis (Stereotaxis) der Samenfäden von *Fucus* und im Haptotropismus der Ranken.

Der positive Hydrotropismus der Wurzeln höherer Pflanzen oder der Marchantiarhizoiden stellt ebenso eine kinetische Kausalharmonie dar wie das entsprechende Verhalten der Myxomyzetenplasmodien.

Die chemotropischen Bewegungen von Pilzen, z. B. von *Penicillium, Aspergillus, Saprolegnia* und von Mucorineen (Miyoshi 1894) sind zum Teil harmonisch, dann nämlich, wenn sie durch Nährstoffe (Zucker, Pepton, Asparagin, Ammonverbindungen, Phosphate) ausgelöst werden; dasselbe gilt vom Chemotropismus der *Drosera*-Tentakeln. Die Anlockung von Pollenschläuchen durch gewisse, in der Narbe enthaltene Stoffe, teils Zuckerarten, teils Eiweißstoffe (Molisch 1893, Miyoshi 1894a, Lidforss 1899, 1909) gehören gleichfalls hierher; ebenso natürlich die Chemotaxis der Spermatozoiden von Farnen und von Selaginellen (Pfeffer 1884) sowie von *Isoëtes* (Shibata 1905, 1911) auf Apfelsäure (und stereochemisch verwandte Säuren), von Laubmoosen (Pfeffer 1884) auf Rohrzucker, sowie von *Marchantia* (Lidforss 1905) auf Eiweiß und der Chemotropismus bei der Anlockung der *Saprolegnia*-Antheridien durch die Oogonien. So werden auch die verschiedenartigsten Bakterien den ihnen zusagenden Nährstoffen wie Eiweiß, Kohlehydrate, Nährsalze usw. (Pfeffer 1888), Schwefelbakterien dem Schwefelwasserstoff (Miyoshi 1897), Myxomyzetenschwärmer dem ihrer Entwicklung förderlichen sauren Substrat (Kusano 1909) durch chemotaktische Richtungsbewegungen zugeführt. Während man zunächst angenommen hatte, daß die Chemotaxis wie die Tropismen durch unmittelbare Einstellung in die geeignetste Richtung des Reizmittels zustande komme, hat Rothert (1901) zunächst gezeigt, daß bei Bakterien jedenfalls eine Schreckbewegung vorliege, indem der Eintritt in die »zusagende« Lösung nicht durch besondere Einstellungen erfolge, sondern nur ihr Verlassen durch Zurückfahren oder Stillstand und eine darauf folgende Körperwendung verhindert werde. Er stellte diese »apobatische Chemotaxis« der echt tropistischen »Strophotaxis« gegenüber. Pfeffer (1904) dehnte diesen Gegensatz auf alle taktischen Bewegungen aus und unterschied von der im Sinne Rotherts und Jennings' erfolgenden »Phobotaxis« die unmittelbar durch die Richtung des Reizmittels gelenkte »Topotaxis«. Als wichtigstes Beispiel der letzten auf dem Gebiete der Chemotaxis galten bis vor kurzem die Bewegungen der Samenfäden der Archegoniaten; auch sie scheinen aber phobotaktischer Natur zu sein, da Hoyt (1910) beobachtete, daß Farnspermatozoen (meist von *Pteris multifida*) die günstigste Konzentration von Apfelsäure nicht durch eine einzige Wendung, sondern durch allmähliche Schwingungen ihres Vorderendes unter Achsendrehung erreichen. Danach scheinen die meisten Fälle von Taxis auf einem Vergleich zeitlicher Reizunterschiede und auf Abkehrbewegungen zu beruhen. Auch hier kommen Beispiele »stellvertretender Reizfaktoren« vor; so z. B. wenn Bakterien durch die für ihre Ernährung weniger wichtigen, zuweilen sogar schädlich wirkenden Kaliumverbindungen angelockt werden und dabei in den Bereich der von jenen begleiteten organischen Nährstoffe gelangen, oder wenn die *Drosera*-Tentakeln von Ammonverbindungen besonders stark gereizt werden, während ihnen doch die durch die ausgeschiedenen Enzyme gelösten Eiweißverbindungen wesentlich zugute kommen (vgl. Pringsheim 1912). Dabei braucht nicht nochmals besonders betont zu werden, daß es auch Richtungsbewegungen gibt, die dem Organismus unmittelbar schädlich sind, wie die schon von verschiedenen Seiten hervorgehobene, von Rothert (1901) beobachtete Anlockung von Bakterien durch Äther. Es gibt durchaus kein »Gesetz der Zweckmäßigkeit« der Organismen oder ihrer Reizbewegungen. Werden doch auch, um einmal anthropomorphistisch zu reden, gar nicht selten Exemplare von *Homo sapiens* von Reizen nutritiver und anderer Art angelockt — durchaus ohne Rücksicht auf ihre Zweckmäßigkeit für den menschlichen Organismus.

Zu den nichtharmonischen Tropismen gehört der Traumatotropismus sowie die Bewegungen der *Mimosa* auf Stoßreiz oder Versengung; beide werden durch Störungen veranlaßt. Während beim ersten in einigen Fällen regulatorische Erscheinungen vorliegen, scheint mir die teleologische Beurteilung der Reizbewegungen der *Mimosa* noch recht unklar zu sein.

Bei den Tropismen ist Perzeptions- und Reaktionszone getrennt; zwischen beiden muß daher eine Reizleitung stattfinden. Eine besondere harmonische Erscheinung ist nun darin zu sehen, daß nach Fitting (1907) beim Phototropismus »die Reaktionszone unabhängig von der Richtung und von den Bahnen der Reiztransmission Kunde davon erhält, in welcher Richtung sie sich krümmen soll« (a. a. O. S. 64), daß also trotz beliebig verlegbarer Reizleitung die phototropische Krümmung allein von der einseitigen Beanspruchung des Perzeptionsorgans durch den Außenreiz abhängt.

Ein anderes Problem der Ganzheitbeurteilung, das wohl bei allen Richtungsbewegungen auftritt, aber bei Phototaxis und Phototropismus am genauesten untersucht wurde, ist das der »Stimmung«. Die Organismen reagieren nämlich verschieden auf dieselbe Lichtintensität, wenn sie vorher unter verschiedener Beleuchtung erzogen worden sind. Im

Licht gezogene Keimlinge reagieren auf größere, im Dunkeln erwachsene auf geringere Lichtstärken schneller mit einer Krümmung; auch die Reizschwelle ist bei den ersten höher als bei den letzten, und entsprechendes gilt für andere Eigentümlichkeiten des phototropischen Verhaltens. Den »Reizzustand« der Pflanzen, der hierfür verantwortlich gemacht wird, nennt man »Stimmung« oder »Tonus«. Daß diese phototropische »Stimmung« sich nun den wechselnden Reizintensitäten »anpaßt«, daß der Organismus sich allmählich an steigende Lichtstärken »gewöhnt«, »besser« reagiert, diese Tatsache der Akkommodation der Stimmung (Oltmanns 1892, 1897, 1905, E. Pringsheim 1909, 1912) stellt eine weitere Form kinetischer Kausalharmonie dar. Als Musterbeispiel möge auf *Robinia pseudacacia* (Oltmanns 1892) hingewiesen werden, die ihre Fiederplättchen innerhalb gewisser Grenzen in den jeweils optimalen Winkel zur größten Lichtintensität einstellt.

Hier ist wohl ein kurzes Eingehen auf den soeben verwendeten Begriff der »Gewöhnung« am Platze. Drei Erscheinungen werden oft fälschlich mit »Gewöhnung« zusammengeworfen: die harmonische »funktionelle Morphose«, die regulatorische »funktionelle Anpassung« und die »Übung« bei koordinierten tierischen Bewegungen. Aber auch nach Ausscheidung dieser Begriffe umfaßt die »Gewöhnung« noch drei teleologisch scharf zu trennende Vorgänge: die ateleologische, oft sogar pathologische Erscheinung des »Abgestumpftwerdens«, der Verminderung der Reizempfindlichkeit durch aufeinanderfolgende Reizungen (*Mimosa* »gewöhnt« sich an Erschütterungsreize), die harmonische Änderung der Einstellung des Organismus auf »nützliche« Außenreize (die Lichtstimmung grüner Pflanzen »gewöhnt« sich an steigende Lichtintensitäten) und die regulatorische Anpassung an sonst schädliche Grade äußerer Einwirkung (Pilze »gewöhnen« sich an Gifte); vgl. hierzu auch Driesch (1901) und Pringsheim (1912).

Mit den Stimmungserscheinungen eng verknüpft ist die Erscheinung der »Umstimmung« oder besser der »Sinnesumkehr« der Richtungsbewegungen. Die größte Zahl dieser Änderungen des Sinnes, mögen sie nun durch zu große Intensität eines Reizes oder durch das Eingreifen eines andersartigen Reizes in eine bestehende Reizbewegung (»heterogene Induktion«, Noll 1892) verursacht sein, ist regulatorischer

Natur. Hier soll nur auf jene Fälle harmonischer Sinnesumkehr hingewiesen werden, die im Laufe der normalen Entwicklung »spontan« oder durch einen nachweisbaren Reiz ausgelöst auftreten. Als Beispiel der letztgenannten Harmonie erwähne ich die »Umstimmung« der Blütenstiele von *Linaria cymbalaria* von positivem zu negativem Heliotropismus nach der Bestäubung. Durch sie wird erreicht, daß die zuvor dem Licht und den Bestäubern zugewendeten Blüten abblühend den Samen in dunkle Mauerritzen senken; das Licht wirkt also als stellvertretender Reizfaktor, der durch innere »Umschaltung« seitens der Pflanze seine Wirkung ändert.

Ein Ineinandergreifen mehrerer Reize als besonderes Problem der kinetischen Kausalharmonie findet sich bei dem Verhalten der drei einheimischen *Drosera*-Arten, bei denen die chemischen wie die mechanischen Reize von den »Drüsenköpfchen« perzipiert werden. Die etwa durch ein Insekt gegebene Kombination beider Reize bedingt, daß die am mittleren Teil der Tentakelstiele erfolgende Einkrümmung oft mehrere Wochen, jedenfalls so lange dauert, bis die Verdauung des Insekts beendet und die Verdauungsprodukte aufgenommen sind, während sie bei alleinigem mechanischen Reiz, z. B. durch ein Glasstückchen, schon nach wenigen Stunden zurückgeht (Darwin 1876, Goebel 1893, Pfeffer 1904). Beispiele ähnlichen Verhaltens dürften bei der allgemeinen Verbreitung einer »Reizkonkurrenz« nicht selten sein.

II. Kinetische Funktionalharmonien.

Bei manchen Bewegungserscheinungen liegt die teleologische Bedeutung nicht in dem Verhältnis zu bestimmten Außenbedingungen, sondern ausschließlich in der Beziehung einer durch die Bewegung selbst vermittelten Stoffwechselfunktion zu anderen Stoffwechselfunktionen des Organismus; in diesem Falle kann von »kinetischen Funktionalharmonien« gesprochen werden.

Die Bewegungen der »pulsierenden Vakuolen«, die bei zahlreichen niederen Algen und Pilzen und in den Plasmodien der Myxomyzeten vorkommen, stehen im Dienste der Funktionsganzheit. Pfeffer (1904) gibt als funktionelle Bedeutung der pulsierenden Vakuolen die Beschleunigung der Aufnahme von Sauerstoff und Nährstoffen und der Beseitigung der Kohlensäure und anderer Exkrete mittels des Wechsels von Sammlung und Abgabe von Flüssigkeit durch die semipermeable Vakuolenmembran an.

Die ständigen, rotierenden Plasmabewegungen bei einer Reihe von Pflanzen, denen Gefäße fehlen (*Chara, Nitella, Hydrocharis morsus ranae*) oder bei denen sie sehr unvollkommen ausgebildet sind (Blütenstiel von *Vallisneria spiralis*) sollen nach den Untersuchungen von Bierberg (1909) der Beschleunigung der Stoffleitung, insbesondere der rascheren Verbreitung der Nährsalze dienen.

β) Koordinierte kinetische Funktionsharmonien.

Der Fall des harmonischen Zusammenwirkens mehrerer Sonderbewegungen des Organismus zur Erhaltung von Funktionsganzheit ist im Pflanzenreich recht selten, wenn überhaupt sicher gestellt.

Wenn es sich bestätigt, daß bei einer besonders starken Reizung der *Drosera*-Tentakel durch ein großes Insekt auch solche Blätter, die selbst nicht unmittelbar gereizt worden sind, sich hinzukrümmen und nun ihrerseits sich an Festhaltung und Verdauung der Beute beteiligen, so liegt hier eine derartige koordinierte kinetische Funktionsharmonie vor (Darwin, nach France 1909, S. 38).

Wenn man in den Bewegungen der *Mimosa* auf Stoßreiz oder Ansengen eines Blättchens eine Regulation sieht, so könnte man die Ausbreitung besonders intensiver Reize auf benachbarte Blätter oder gar Sproßteile gleichfalls als derartige harmonische Koordination auffassen.

3. Die Bewegungsharmonien.

Zwei Grundformen von Bewegungsharmonie lassen sich im Pflanzenreich nach den bisherigen Erfahrungen unterscheiden, die Herstellung eines Rhythmus, die »Rhythmisierung« und das harmonische Zusammenarbeiten rhythmischer Bewegungen, die »rhythmische Koordination«.

a) Rhythmisierungen.

Das Spiel der »pulsierenden Vakuolen« geht in regelmäßigem Wechsel von schneller Systole und langsamer Diastole vor sich und stellt so — obgleich die Bewegung im Dienste der Funktionsganzheit steht —

eine besondere Form rhythmischer Bewegungsganzheit dar. Auch Pfeffer hebt diesen Sondercharakter der pulsierenden Vakuolen hervor, indem er von ihrer »selbstregulatorischen Tätigkeit« spricht und gewisse »autonome Bewegungen« zum Vergleiche heranzieht. Das Geschehen, auf dem die Erhaltung dieser regelmäßigen Tätigkeit beruht, verdient daher harmonische Rhythmisierung genannt zu werden.

Nicht alle rhythmischen Bewegungen schließen in dieser Weise eine Funktionsharmonie ein. Die rhythmischen Bewegungen der Zilien (Wimpern bzw. Geißeln, Flagellen je nach Größe und Anzahl) haben die Eigenschaft, eine Ortsveränderung des ganzen freibeweglichen Organismus — mag es sich um Flagellaten, Volvocineen, um Pilz- und Algenschwärmer handeln oder um Spermatozoiden — herbeizuführen. Die Einzelheiten der Geißelbewegung bei Bakterien, Flagellaten und Schwärmern sind erst in letzter Zeit durch Dunkelfeldbeobachtung näher bekannt geworden (vgl. Reichert 1909, Fuhrmann 1909, Ulehla 1911, Buder 1915).

Es gibt weiterhin eine beträchtliche Anzahl periodischer Bewegungen einzelner Organe bei Phanerogamen, für die ein solcher »Sinn« des Rhythmus sich nicht ohne weiteres angeben läßt. Dies ändert natürlich nichts an der Einordnung der Rhythmus-schaffenden Vorgänge in das System der Bewegungsharmonien. Wesentlich ist nur, daß eine bestimmte Form der Ordnung, nämlich ein geordnetes Bewegungsgefüge, vorhanden ist, das als ein Ganzes aufgefaßt werden muß, dessen Herstellung und Erhaltung in Frage steht.

Bei diesen periodischen Bewegungen der Blattorgane, Blüten usw. ersteht nun das Problem der »aitionomen« und der »autonomen« Bewegung (Pfeffer), d. h. der von außen induzierten und der durch den Organismus selbst bestimmten. So einfach, wie diese summarische Scheidung schließen läßt, ist die Frage freilich nicht. Pfeffer (1904, 1907) erklärt als das Wesentliche der autonomen Bewegung — natürlich auch der nichtperiodischen — den Ablauf bei konstanten Außenbedingungen. Nun lassen sich konstante Außenbedingungen sehr schwer herstellen; auch wenn es gelingt, die wohlbekannten äußeren Faktoren Licht, Wärme, Feuchtigkeit usw. gleichmäßig zu halten, kann noch nicht verbürgt werden, ob nicht etwa der Wechsel anderer, noch wenig erforschter oder bisher nicht genügend berücksichtigter — Luftelektrizität, Radioaktivität der Luft u. a. m. — für diese Bewegungen verantwortlich zu machen ist. Gerade die letzte Wendung, welche die Erforschung der einschlägigen Fragen genommen hat, brachte eine bedeutsame Bestätigung dieses Einwandes. Methodisches Prinzip der kausalen Forschung muß es sein, eine solche Bewegung zunächst stets als aitionome aufzufassen; erst das sorgfältige Ausschließen aller bekannten Bedingungen gibt eine hohe Wahrscheinlichkeit für Autonomie. Aber auch damit ist das Problem noch nicht erledigt; es fragt sich nun immer noch, ob es sich um »ererbte« Rhythmik der autonomen Bewegungen handelt oder nicht. Pfeffer (1907) hebt ausdrücklich hervor, daß auch die autonomen Bewegungen stets abhängig bleiben von bestimmten Außenbedingungen (vgl. z. B. auch Hosseus 1903). Klebs (1913) hat nun gezeigt, daß rhythmische Reaktionserfolge auch durch Einwirkung konstanter Außenbedingungen auf konstant geartete innere hervorgerufen werden können, und Munk (1914) hat die so bedingten »primären« Rhythmen von den durch rhythmischen Wechsel der Außenbedingungen hervorgerufenen »sekundären« Rhythmen unterschieden. Hier handelt es sich also darum, ob eine Potenz zu bestimmten, in ihrer Dauer und ihrem Ablauf festen Bewegungsreaktionen gegeben ist, oder nur die Potenz zu rhythmischen Vorgängen überhaupt, die dann im einzelnen von besonderen inneren Bedingungen bestimmt werden, welche ihrerseits von den äußeren abhängig sind. Wiederum hat die letzte Annahme das unbedingte methodische Vorrecht. Diese Erörterungen gelten nicht nur für periodische Bewegungen, sondern auch für andere periodische Vorgänge im Leben der Pflanze, z. B. für die Wachstumstätigkeit der Vegetationspunkte, für den Laubabfall und die Lauberneuerung und für den Dickenzuwachs (Jahresringbildung) der Laubbäume. Auch beim »Generationswechsel« und bei regelmäßigen Zyklen der Fortpflanzung handelt es sich im Grund um dieselbe Frage. Überall ist das Problem in erster Linie ein kausales und erst in zweiter ein teleologisches. Für die vorliegende kurze Darstellung sollen die als autonom geltenden Bewegungen unter dem Gesichtspunkt zusammengefaßt werden, daß bei ihnen für die Art des Rhythmus nicht bekannte äußere, sondern augenscheinlich allein innere Bedingungen maßgebend sind.

Man könnte vielleicht in Analogie zu der oben angewandten Einteilung der Formharmonien die Herstellung autonomer Bewegungen auch als konstellationsharmonisch, die der aitionomen als kausalharmonisch bezeichnen.

»Autonome« Bewegungen wurden u. a. beschrieben bei *Desmodium* (*Hedysarum*) *gyrans* und bei *Averrhoa bilimbi* (Darwin 1881), bei *Oxalis hedysaroides* (Molisch 1904), *Phaseolus vulgaris* und *multiflorus* (Pfeffer 1907, 1911, 1915; Stoppel 1912), *Mimosa Speggazzinii, Impatiens parviflora, Trifolium pratense* u. a., Pfeffer 1907), bei *Calendula arvensis* und *Bellis perennis* (R. Stoppel 1910, Stoppel und Kniep 1911). Mit Ausnahme der beiden letztgenannten Pflanzen, bei denen es sich um das Öffnen und Schließen der Blütenköpfchen handelt, kommen überall Blattbewegungen, meist ein abwechselndes Heben und Senken, in Frage. Bei *Phaseolus* treten solche, den Schlafbewegungen ähnelnde Hebungen und Senkungen des Blattstiels in 12 : 12stündigem Rhythmus auf in Dauerbeleuchtung bei Blättern, deren Gelenk verdunkelt ist (Pfeffer 1911) sowie unter Lichtausschluß an Blättern von im Dunkeln erwachsenen Pflanzen (Stoppel 1912), außerdem kürzere Oszillationen bei im Dunkeln gehaltenen Pflanzen nach dem Ausklingen der Tagesschwingungen (Pfeffer 1907). Durch die neuesten Untersuchungen Stoppels (1916) hat die »Autonomie« der tagesrhythmischen Bewegungen bei Bohnen freilich außerordentlich an Wahrscheinlichkeit verloren; sie konnte nämlich zeigen, daß nicht nur aus Orten mit ganz anderer Tageszeit und anderem Klima (Java, Amerika) stammende Samen im Dunkeln bei gleichmäßiger Wärme erzogene Keimlinge lieferten, deren unter diesen Bedingungen erfolgende tagesrhythmische Blattbewegungen genau unseren zeitlichen Rhythmus aufwiesen, sondern sie konnte auch feststellen, daß die Schwankungen der elektrischen Leitfähigkeit der Atmosphäre recht genau den Kurven der Blattbewegungen entsprechen. Ihre Versuche zum unmittelbaren Nachweis der Abhängigkeit der »autonomen« Bewegungen von Schwankungen der Luftelektrizität ergaben zwar deutliche Beeinflussungen, reichten aber zum bündigen Beweis nicht aus. Immerhin ist die aufgedeckte Beziehung recht einleuchtend, sodaß die vermeintlich autonomen 24stündigen Rhythmen der *Phaseolus*-Blätter wahrscheinlich unter die aitionomen Bewegungen zu stellen sind; möglich bliebe freilich (Stoppel 1916, 1917), daß doch »autonome« Bewegungen vorlägen, zu deren Auslösung ein einmaliger Anstoß durch eine Änderung in der Außenwelt, etwa in der elektrischen Leitfähigkeit der Luft, nötig wäre, worauf alles weitere autonom periodisch verlaufe.

Die autonomen Bewegungen beim Öffnen und Schließen der Blüten, wie sie die unter möglichster Konstanz der Außenbedingungen aufgeblühten Köpfchen von *Calendula* im Dunkeln und von *Bellis* im Dauerlicht zeigen, haben gleichfalls ungefähr Tagesrhythmus; diese 24stündige Periodizität schließt sich bei *Calendula* jeweils an den ganz beliebig verlegbaren Zeitpunkt des ersten Öffnens an, der seinerseits dadurch bestimmt wird, wann die Knospe einige Tage vor dem Aufblühen verdunkelt wurde, sie ist also schwerlich mit äußeren Bedingungen in Beziehung zu bringen. Hier löst die einmalige Verdunklung, welche die Zeit des ersten Öffnens bestimmt, den Rhythmus der periodischen Bewegungen wie bei einem Uhrwerk aus.

Zu den aitionomen periodischen Bewegungen gehört als ihre wichtigste Form ein großer Teil der »Schlafbewegungen« (hierzu vor allem Pfeffer 1875, 1907, 1911, 1915). Sie stellen vielfach Reaktionen auf die periodischen Schwankungen des Tageslichtes oder der Tageswärme dar, ohne Beziehung auf die Richtung dieser Faktoren; sie sind also photonastisch bzw. thermonastisch. Für *Phaseolus*, das vor allem von Pfeffer und Stoppel (1912, 1916) am genauesten untersuchte Objekt, läßt sich freilich noch nicht entscheiden, wie die festgestellten 12 : 12stündigen »autonomen« bzw. »elektronastischen« Bewegungen mit dem Mechanismus der verschiebbaren photonastischen und thermonastischen Bewegungen zusammenhängen; auch die geotropische Reaktionsfähigkeit des Gelenkes spielt mit herein (Fischer 1890, Stoppel 1916). Bei dieser Pflanze bleiben die tagesrhythmischen nastischen Krümmungen auch dann erhalten, wenn bei Beleuchtung der Blattfläche das Gelenk verdunkelt oder bei Verdunklung der Blattfläche das Gelenk allein beleuchtet wird (Pfeffer 1911, 1915). Die Dauer der einzelnen rhythmischen Bewegungen läßt sich mit den Außenbedingungen ändern, der 12 : 12stündige Rhythmus sich in einen 6 : 6stündigen, 18 : 18stündigen, 3 : 3stündigen verwandeln. Die »Nachschwingungen« (Pfeffer 1875,

1907, 1908, Semon 1905, 1908) zeigen auf das deutlichste, daß es sich nicht um einzelne Reaktionseffekte, sondern um einen wirklichen inneren Rhythmus handelt. Pfeffer hat dieses Ausklingen der Bewegungen mit den entsprechenden Vorgängen am Pendel verglichen. Wenn auch für die kausale Auffassung durch diesen Vergleich wegen der außerordentlich viel höheren Kompliziertheit des Geschehens bei den Pflanzen wohl kaum viel gewonnen ist, so könnte man doch geneigt sein, ihn gegen die hier vertretene teleologische Auffassung der periodischen Bewegungen überhaupt auszuspielen. Liegt denn nicht für die teleologische Betrachtung beim Pendel wie bei der Pflanze dasselbe vor, eben die geforderte »Herstellung bzw. Erhaltung eines geordneten Bewegungsgefüges«? Diese Frage muß ohne weiteres bejaht werden. Und doch ist die Bedeutung der hier behandelten Erscheinungen eine ganz andere. Denn dort betrifft die teleologische Beurteilung ein vereinzeltes Geschehen im Anorganischen — im besonderen Fall einer Uhr zudem in dem vom Menschen absichtlich bewegungsganzheiterhaltend konstruierten Anorganischen, im Maschinellen —, hier aber Vorgänge, die einer ganzen Reihe anderer, ihnen verwandter am Organismus anzureihen sind, die in ein System der teleologischen Beurteilungsweise der organischen Welt hineingehören. Die systematische teleologische Betrachtungsweise des Organismus verliert durchaus nicht dadurch ihren Sinn, daß sie sich auch auf vereinzeltes Geschehen im Anorganischen anwenden läßt.

Periodische Bewegungen in offenbarer Abhängigkeit von der Richtung des Reizes scheinen vorzuliegen in der von Stahl (1880a) festgestellten Tatsache, daß ein *Closterium* seine Längsachse in die Richtung der Lichtstrahlen einstellte und periodisch bald das eine, bald das andere Ende der Lichtquelle zuwendete.

b) Rhythmische Koordinationen.

Im allgemeinen scheinen verschiedene periodische Bewegungen, die nebeneinander an derselben Pflanze ablaufen, voneinander unabhängig zu sein; erst in letzter Zeit haben sich Anhaltspunkte für die Verkettung des Rhythmen bei höheren Pflanzen ergeben. Für die »autonomen« Bewegungen bei *Phaseolus* hatte Pfeffer durch gleichzeitige Registrierung an beiden Primärblättern derselben Pflanze festgestellt, »daß der

Rhythmus dieser Bewegungen nicht durch eine einheitliche Tätigkeit
der ganzen Pflanze, sondern durch Prozesse reguliert wird, die sich in
dem einzelnen bewegungstätigen Organ abspielen« (1907, S. 458). Auch
bei *Calendula* führt jedes Blütenköpfchen derselben Pflanze seine periodischen Bewegungen zeitlich unabhängig von den übrigen aus. Diese
Unabhängigkeit der Rhythmen würde sich derjenigen beim Vorhandensein mehrerer pulsierender Vakuolen desselben Organismus zur Seite
stellen, deren Bewegungen natürlich ebenso wie die der Zilien »autonom«
genannt werden müssen.

Im Gegensatz zu den Angaben Pfeffers hat nun aber R. Stoppel
(1912) an zwei Blättern ihrer im Dunkeln erzogenen *Phaseolus*-Pflanzen
völlige Gleichzeitigkeit des Rhythmus der tagesperiodischen »autonomen« Bewegungen festgestellt, die auch bei den selteneren kleinen autonomen Rhythmen meist vorhanden war, und hat daraus den Schluß
gezogen, daß die großen periodischen Bewegungen wie die kleinen
Schwankungen von der ganzen Pflanze bestimmt werden. In seiner
letzten Arbeit (1915) hat Pfeffer gleichfalls ein »Bestreben zur Syn-
chronie« betont, wenn dieses auch nicht allgemein verwirklicht werde.
Die ungeklärten Beziehungen dieser Bewegungen zu den Schwankungen
der Luftelektrizität stellen freilich alle diese Ergebnisse in Frage. Wenn
eine solche Einheitlichkeit autonomer Bewegungen der verschiedenen
Blätter derselben Pflanze wirklich sich nachweisen ließe, so läge darin
wiederum eine besondere Ganzheitsbeziehung, die man als rhythmische
Koordination bezeichnen könnte.

Einstweilen bleibt das einzige sichere Beispiel solcher rhythmischer
Koordination bei Pflanzen das Zusammenarbeiten der einzeln periodisch
schwingenden Geißeln bei freischwimmenden, mehrgeißligen Organismen, vor allem bei den Volvocineen, zu einer bestimmt gerichteten Bewegung des ganzen Organismus. Auf das vorliegende teleologische
Problem hat neben Pfeffer (1904) u. a. auch Francé (1909, 1909a)
hingewiesen bei dem interessantesten Fall, nämlich bei *Volvox*, wo die
zahlreichen Geißeln der 200 bis 20000 zweigeißligen Zellen (vgl. Klein
1888, 1889) sich in einer außerordentlich fein abgestuften Harmonie befinden müssen, damit die ruhigen und sicheren Bewegungen der kugel-
förmigen Kolonie in genau besonderter Richtung zustande kommen

können. Die Bewegungsganzheit betrifft hier eine Vielheit plasmatisch verbundener Einzelwesen, die nur Glieder, Organe des Kolonieorganismus darstellen.

Verzeichnis der im III. Teil angeführten Arbeiten.

1888. Aderhold, Beiträge zur Kenntnis richtender Kräfte bei der Bewegung niederer Organismen. Jenaische Zeitschrift f. Naturw. 22. 1888.

1870. Askenasy, E., Über den Einfluß des Wachstumsmediums auf die Gestalt der Pflanzen. Bot. Zeitg. 28. 1870.

1901. Baranetzki, J., Über die Ursachen, welche die Richtung der Äste der Baum- und Straucharten bedingen. Flora 89. 1901.

1903. Benecke, W., Über Oxalsäurebildung in grünen Pflanzen. Bot. Zeitung. 61. 1903.

1907. — Über die Giftwirkung verschiedener Salze auf *Spirogyra* und ihre Entgiftung durch Calciumsalze. Ber. d. D. bot. Ges. 25. 1907.

1882. Berthold, G., Beiträge zur Morphologie und Physiologie der Meeresalgen. Jahrb. wiss. Bot. 13. 1882.

1909. Bierberg, W., Die Bedeutung der Protoplasmarotation für den Stofftransport in den Pflanzen. Flora 99. 1909.

1913. Boresch, K., Die Färbung von Cyanophyceen und Chlorophyceen in ihrer Abhängigkeit vom Stickstoffgehalt des Substrats. Jahrb. wiss. Bot. 52. 1913.

1894. Borge, O., Über die Rhizoidenbildung bei einigen fadenförmigen Chlorophyceen. Upsala 1894.

1879/81. v. Bretfeld, Über Vernarbung und Blattfall. Jahrb. wiss. Bot. 12. 1879/81.

1910. Bruhn, W., Beiträge zur experimentellen Morphologie, zur Biologie und Anatomie der Luftwurzeln. Flora. N. F. 1. 1910.

1915. Buder, J., Zur Kenntnis des *Thiospirillum jenense* und seiner Reaktionen auf Lichtreize. Jahrb. wiss. Bot. 56. 1915.

1893. Büsgen, M., Über einige Eigenschaften der Keimlinge parasitischer Pilze. Bot. Zeitung. 51. 1893.

1902. Butkewitsch, Wl., Umwandlung der Eiweißstoffe durch die niederen Pilze im Zusammenhang mit einigen Bedingungen ihrer Entwicklung. Jahrb. wiss. Bot. 38. 1903.

1883. Constantin, J., Étude comparée des tiges aériennes et souterraines des Dicotyl. Annales des Sciences. Nat. Bot. 6. série. 16. 1883.

1884. — Recherches sur la structure de la tige des plantes aquatiques. Annales des sciences. Nat. Bot. 6. série. 19. 1884.

1895. Czapek, F., Über die Richtungsursachen der Seitenwurzeln und einiger anderer plagiotroper Pflanzenteile. Sitzungsber. Math.-phys. Kl. Wiener Akad. d. Wissensch. 104. I. 1895.

1876. Darwin, Ch., Insektenfressende Pflanzen (deutsch v. V. Carus). Stuttgart 1876.

1876a. — Die Bewegungen und Lebensweise der kletternden Pflanzen. Ebenda 1876.

1881. — Das Bewegungsvermögen der Pflanzen. Ebenda 1881.

1894. Driesch, H., Analytische Theorie der organischen Entwicklung. Leipzig 1894.

1901. — Die organischen Regulationen. Leipzig 1901.

1907. — Analytische und kritische Ergänzungen zur Lehre von der Autonomie des Lebens. Biol. Zentralbl. 27. 1907.

1909. — Philosophie des Organischen. 2 Bde. Leipzig 1909.

1887. Dufour, Influence de la lumière sur la forme et la structure des feuilles. Annales Sc. Nat. Bot. 7. sér. 1887. 5.

1882. Engelmann, W., Über Licht- und Farbenperzeption niederster Organismen. Pflügers Archiv. 29. 1882.

1867/68. Famintzin, A., Über die Wirkung des Lichtes auf Algen und einige andere, ihnen nahe verwandte Organismen. Jahrb. wiss. Bot. 6. 1867/68.

1890. Fischer, A., Über den Einfluß der Schwerkraft auf die Schlafbewegungen der Blätter. Bot. Zeitung. 48. 1890.

1903. Fitting, H., Untersuchungen über den Haptotropismus der Ranken. Jahrb. wiss. Bot. 38. 1903.

1905. — Die Reizleitungsvorgänge bei den Pflanzen. Teil I. Ergebn. d. Physiol. (Asher u. Spiro). 4. 1905.

1907. — Die Leitung tropistischer Reize in parallelotropen Pflanzenteilen. Jahrb. wiss. Bot. 44. 1907.

1909. — Die Beeinflussung der Orchideenblüten durch die Bestäubung und durch andere Umstände. Eine entwicklungsphysiologische Studie aus den Tropen. Zeitschr. f. Bot. 1. 1909.

1909a. — Entwicklungsphysiologische Probleme der Fruchtbildung. Biol. Zentralbl. 29. 1909.

1910. — Weitere entwicklungsphysiologische Untersuchungen an Orchideenblüten. Zeitschr. f. Bot. 2. 1910.

1911. — Die Wasserversorgung und die osmotischen Druckverhältnisse der Wüstenpflanzen. Zeitschr. f. Bot. 3. 1911.

1911a. — Untersuchungen über die vorzeitige Entblätterung von Blüten. Jahrb. wiss. Bot. 49. 1911.

1915. — Untersuchungen über die Aufnahme von Salzen in die lebende Zelle. Jahrb. wiss. Bot. 56. 1915. (Pfeffer-Festschrift.)

1909. Francé, R. H., Pflanzenpsychologie als Arbeitshypothese der Pflanzenphysiologie. Stuttgart 1909.

1909a. — Das Reaktionsvermögen der Pflanze. Scientia. Rivista di Scienza. Bd. 6. 1909.

1909. Fuhrmann, F., Die Geißeln von *Spirillum volutans*. Zentralbl. f. Bakt. Abt. I. 25. 1909.

1902. Gaidukov, N., Über den Einfluß farbigen Lichtes auf die Färbung lebender Oscillarien. Anhang zu Abhandl. d. Kgl. Preuß. Akad. d. Wiss. 1902.

1903. — Die Farbenänderungen bei den Prozessen der komplementären chromatischen Adaptation. Ber. d. D. bot. Ges. 21. 1903.

1903a. — Weitere Untersuchungen über den Einfluß farbigen Lichtes auf die Färbung der Oscillarien. Ber. d. D. bot. Ges. 21. 1903.

1906. — Die komplementäre chromatische Adaptation bei *Porphyra* und *Phormidium.* Ber. d. D. bot. Ges. 24. 1906.

1895. Gain, E., Recherches sur la rôle physiologique de l'eau dans la végétation. Ann. des sciences nat. 7. sér. Bot. 20. 1895.

1905, 1906, 1911. Glück, H., Biologische und morphologische Untersuchungen über Wasser- und Sumpfgewächse. Jena. I. 1905. II. 1906. III. 1911.

1880. Goebel, K., Beiträge zur Morphologie und Physiologie des Blattes. Bot. Zeitung. 38. 1880.

1889, 1893. — Pflanzenbiologische Schilderungen. I. 1889. II. 1893.

1908. — Einleitung in die experimentelle Morphologie der Pflanzen. Leipzig und Berlin 1908.

1905. Goumy, E., Recherches sur les bourgeons des arbres fruitiers. Ann. des sciences nat. 9. sér. Botan. I. 1905. (Nach Winkler 1908.)

1912. Gurwitsch, A., Die Vererbung als Verwirklichungsvorgang. Biol. Zentralbl. 32. 1912.

1902. Haberlandt, G., Kulturversuche mit isolierten Pflanzenzellen. Sitzungsber. Kaiserl. Akad. Wiss. Wien Math.-nat. Kl. III. 1902.

1913. — Zur Physiologie der Zellteilung. Sitzungsber. Kgl. Akad. Wiss. Berlin. Nr. 16. 1913.

1914. — Zur Physiologie der Zellteilung. Sitzungsber. Kgl. Akad. Wiss. Berlin. Nr. 46. 1914.

1881. Hansen, A., Vergleichende Untersuchungen über Adventivbildungen bei den Pflanzen. Abhandl. hersg. v. d. Senkenb. Naturf. Ges. XII. 1881.

1908. Harper, R. A., The Organisation of certain coenobic plants. Bull. of the Univ. of Wisconsin. No. 207. Sc. s. 3. 1908.

1912. — The Structure and Development of the Colony in *Gonium.* Transact. of the Americ. Microscop. Soc. 31. 1912.

1896. Hartig, R., Das Rotholz der Fichte. Forstl.-naturw. Zeitschr. 5. 1896.

1901. — Holzuntersuchungen. Altes und Neues. 1901.

1898. Heinricher, E., Die grünen Halbschmarotzer. I. *Odontites, Euphrasia* und *Orthantha.* Jahrb. wiss. Bot. 31. 1898.

1894. Herbst, C., Über die Bedeutung der Reizphysiologie für die kausale Auffassung von Vorgängen in der tierischen Ontogenese. I. Die Bedeutung der Richtungsreize. Biol. Zentralbl. 14. 1894.

1895. — — II. Die formativen oder morphogenen Reize. Biol. Zentralbl. 15. 1895.

1877. Höhnel, F. v., Über den Kork und das verkorkte Gewebe überhaupt. Sitzungsber. Kaiserl. Akad. Wiss. Wien. Math.-nat. Kl. 1877.

1903. Hosseus, C., Über die Beeinflussung der autonomen Variationsbewegungen durch einige äußere Faktoren. 1903. (Nach Pfeffer 1907.)

1910. Hoyt, W. D., Physiological aspects of fertilization and hybridization in ferns. Bot. Gaz. 49. 1910.

1897. Jennings, H. S., Studies on reactions to stimuli in unicellular organisms. I. Reaction to chemical, osmotic and mechanical stimuli in the ciliate infusoria. Journ. of Physiology. 21. 1897.

1899. — The mechanism of the motorreactions of *Paramaecium*. Americ. Journ. of Physiol. 2. 1899.

1900. — On the movements and motorreflexes of the flagellata and ciliata. Americ. Journ. of Physiol. 3. 1900.

1910. — Das Verhalten niederer Organismen (1905). (E. Mangoldt.) Leipzig u. Berlin 1910.

1900. Jodin, H., Structure asymmétrique du pétiole des feuilles composées privées de certaines folioles à l'état jeune. Assoc. franç. pour l'avancement des sciences. 1900. (Nach Winkler 1908.)

1891. Jost, L., Über Dickenwachstum und Jahresringbildung. Bot. Zeitung. 49. 1891.

1893. — Über Beziehungen zwischen der Blattentwicklung und der Gefäßbildung in der Pflanze. Bot. Zeitung. 51. 1893.

1908, 1913. — Vorlesungen über Pflanzenphysiologie. 2. Aufl. 1908. 3. Aufl. 1913.

1898. Katz, J., Die regulatorische Bildung von Diastase durch Pilze. Jahrb. wiss. Bot. 31. 1898.

1890. Klebs, G., Über die Vermehrung von *Hydrodictyon utriculatum*. Flora 1890.

1891. — Über die Bildung der Fortpflanzungszellen bei *Hydrodictyon*. Bot. Zeitung. 1891.

1892. — Zur Physiologie der Fortpflanzung von *Vaucheria sessilis*. Verhandl. d. Naturf. Gesellsch. zu Basel. X. 1892.

1896. — Die Bedingungen der Fortpflanzung bei einigen Algen und Pilzen. Jena 1896.

1898. — Zur Physiologie der Fortpflanzung einiger Pilze. I. *Sporodinia grandis*. Jahrb. f. wiss. Bot. 32. 1898.

1899. — — II. *Saprolegnia mixta*. Jahrb. wiss. Bot. 33. 1899.

1900. — — III. Allgemeine Betrachtungen. Jahrb. wiss. Bot. 35. 1900.

1903. — Willkürliche Entwicklungsänderungen bei Pflanzen. Jena 1903.

1904. — Über Probleme der Entwicklung. Biol. Zentralbl. 24. 1904.

1913. — Über das Verhältnis der Außenwelt zur Entwicklung der Pflanzen. Eine theoretische Betrachtung. Sitzungsber. d. Heidelb. Akad. d. Wiss. B. 1913.

1888. Klein, L., Vergleichende Untersuchungen über Morphologie und Biologie der Fortpflanzung bei der Gattung *Volvox*. Ber. d. naturf. Ges. zu Freiburg i. B. Bd. 5. 1888.

— 118 —

1889. Klein, L., Morphologische und biologische Studien über die Gattung *Volvox*. Jahrb. wiss. Bot. 20. 1889.

1907. Kniep, H., Beiträge zur Keimungsphysiologie und Biologie von *Fucus*. Jahrb. wiss. Bot. 44. 1907.

1913. Knudson, L., Tannic acid fermentation. I. II. Journal of biological Chemistry. 14. Baltimore 1913.

1886. Kohl, G., Die Transpiration der Pflanzen und ihre Einwirkung auf die Ausbildung pflanzlicher Gewebe. Braunschweig 1886.

1903, 1916. Küster, E., Pathologische Pflanzenanatomie. Jena. 1. Aufl. 1903. 2. Aufl. 1916.

1909. Kusano, S., Studies on the chemotactic and other related reactions of the swarm-spores of *Myxomycetes*. Journ. of the College of Agriculture. Imp. Univers. of Tokyo. II. 1909.

1914. Kylin, H., Über Enzymbildung und Enzymregulation bei einigen Schimmelpilzen. Jahrb. wiss. Bot. 53. 1914.

1882. Leitgeb, Studien über die Entwicklung der Farne. Sitzungsber. Kaiserl. Akad. Wiss. Wien. 80. 1882.

1885. Lengerken, A. v., Die Bildung der Haftballen an den Ranken einiger Arten der Gattung *Ampelopsis*. Bot. Zeitung. 1885.

1908. Lepeschkin, W. W., Zur Kenntnis des Mechanismus der Variationsbewegungen. (Vorl. Mitteilung.) Ber. d. D. bot. Ges. 26a. 1908.

1909. — Zur Kenntnis der photonastischen Variationsbewegungen und der Einwirkung des Beleuchtungswechsels auf die Plasmamembran. Beih. z. bot. Zentralbl. 24. I. 1909.

1899. Lidfors, B., Über den Chemotropismus der Pollenschläuche. Ber. d. D. bot. Ges. 17. 1899.

1905. — Über die Reizbewegungen der *Marchantia*-Spermatozoiden. Jahrb. wiss. Bot. 41. 1905.

1909. — Untersuchungen über die Reizbewegungen der Pollenschläuche. Zeitschr. f. Bot. 1. 1909.

1899. Liebmann, O., Gedanken und Tatsachen. 2. Heft. Straßburg 1899.

1916. Linsbauer, K., Beiträge zur Kenntnis der Spaltöffnungsbewegungen. Flora. N. F. 9. 1916.

1890. Lothelier, A., Influence de l'état hygrométrique de l'air sur la production des piquants. Bull. de la soc. bot. de France. 37. 1890.

1891. — Influence de l'éclairement sur la production des piquants des plantes. Compt. rend. 112. 1891.

1893. — Influence de l'état hydrométrique et de l'éclairement sur les tiges et les feuilles des plantes à piquants. Revue de Bot. 5. 1893.

1911. Ludwigs, K., Untersuchungen zur Biologie der Equiseten. Flora. N. F. 3. 1911.

1912. Magnus, W., und Schindler, B., Über den Einfluß der Nährsalze auf die Färbung der Oscillarien. Ber. d. D. bot. Ges. 30. 1912.

1898. Massart, J., La cicatrisation chez les végétaux. Mém. cour. et autr. mém. Acad. Roy. des scienc. Belg. Bruxelles. 54. 1898.

1912. Maximow, N. A., Chemische Schutzmittel der Pflanzen gegen Erfrieren. I. II. 30. 1912.

1894. Meißner, Beitrag zur Frage nach den Orientierungsbewegungen zygomorpher Blüten. Bot. Zentralbl. 60. 1894.

1883. Mer, Recherches sur les causes de la structure des feuilles. Bull. soc. Bot. de France. 30. 1883.

1909. Meurer, R., Über die regulatorische Aufnahme anorganischer Stoffe durch die Wurzeln von *Beta vulgaris* und *Daucus carota*. Jahrb. wiss. Bot. 46. 1909.

1894. Miyoshi, M., Über Chemotropismus der Pilze. Bot. Zeitung. 52. 1894.

1894a. — Über Reizbewegungen der Pollenschläuche. Flora. 78. 1894.

1897. — Studien über die Schwefelrasenbildung und die Schwefelbakterien usw. Journ. College Sc. Univ. Tokyo. 10. 1897. (Nach Shibata 1905.)

1827. Mohl, H. v., Über den Bau und das Winden der Ranken und Schlingpflanzen. Tübingen 1827.

1860. — Über die anatomischen Veränderungen des Blattgelenkes, welche das Abfallen der Blätter herbeiführen. Bot. Zeitung. 18. 1860. Über den Ablösungsprozeß saftiger Pflanzenorgane. Ebenda.

1893. Molisch, H., Zur Physiologie des Pollens, mit besonderer Rücksicht auf die chemotropischen Bewegungen der Pollenschläuche. Sitzungsber. math.-phys. Kl. Akad. Wiss. Wien. 102. I. 1893.

1904. — Über eine auffallend rasche autonome Blattbewegung bei *Oxalis hedysaroides*. Ber. d. D. bot. Ges. 22. 1904.

1904. Montemartini, L., Sulla relazione tra lo sviluppo de la lamina fogliare e quello dello xilema delle traccie e nervature correspondenti. Atti d. r. Istituto botan. d. Pavia. N. S. 10. 1904.

1904. Müller, A., Die Assimilationsgröße bei Zucker- und Stärkeblättern. Jahrb. wiss. Bot. 40. 1904.

1872. Müller, N. J. C., Die Krümmung der Pflanzen gegen das Sonnenlicht. Botan. Untersuchungen. I. 1872.

1914. Munk, M., Theoretische Betrachtungen über die Ursachen der Periodizität usw. Biol. Zentralbl. 34. 1914.

1902. Nathanson, Alex., Über Regulationserscheinungen im Stoffaustausch. Jahrb. wiss. Bot. 38. 1902.

1903. — Über die Regulation der Aufnahme anorganischer Salze durch die Knollen von *Dahlia*. Jahrb. wiss. Bot. 39. 1903.

1904. — Weitere Mitteilungen über die Regulation der Stoffaufnahme. Jahrb. wiss. Bot. 40. 1904.

1910. — Der Stoffwechsel der Pflanzen. Leipzig 1910.

1914. Neeff, Fr., Über Zellumlagerung. Ein Beitrag zur experimentellen Anatomie. Zeitschr. f. Bot. 6. 1914.

1903. Neger, F. W., Über Blätter mit der Funktion von Stützorganen. Flora. 92. 1903.

1885, 1887. Noll, Fr., Über die normale Stellung zygomorpher Blüten und ihre Orientierungsbewegungen zur Erreichung derselben. Arbeiten des bot. Instit. in Würzburg. Bd. III (1888). H. 2. 1885. Nr. IX: 1. Teil, ebenda. H. 3. 1887. Nr. XIII: 2. Teil.

1888. — Über den Einfluß der Lage auf die morphologische Ausbildung einiger Siphoneen. Arbeiten d. bot. Inst. in Würzburg. Bd. III. H. 4. 1888. Nr. XXI.

1892. — Über heterogene Induktion. Versuch eines Beitrags zur Kenntnis der Reizerscheinungen der Pflanzen. Leipzig 1892.

1900. — Über die Körperform als Ursache von formativen und Orientierungsreizen. Sitzungsber. Niederrhein. Ges. f. Natur- u. Heilkunde. Bonn 1900.

1900a. — Über den bestimmenden Einfluß von Wurzelkrümmungen auf Entstehung und Anordnung der Seitenwurzeln. Landw. Jahrb. 29. 1900.

1900b. — Über die Umkehrungsversuche mit *Bryopsis* nebst Bemerkungen über ihren zelligen Aufbau (Energiden). Ber. d. D. bot. Ges. 18. 1900.

1901. — Zur Keimungsphysiologie der Cucurbitaceen. Landw. Jahrb. Ergbd. 1. 1901.

1903. — Beobachtungen und Betrachtungen über embryonale Substanz. Biol. Zentralbl. 23. 1903.

1903. Nordhausen, M., Über Sonnen- und Schattenblätter. Ber. d. D. bot. Ges. 21. 1903.

1912. — Über Sonnen- und Schattenblätter. 2. Mitteil. Ber. d. D. bot. Ges. 30. 1912.

1892. Oger, A., Étude expérimentale de l'action de l'humidité du sol sur la structure de la tige et des feuilles. Comptes rend. de l'acad. Paris. 115. 1892.

1908. Ohno, N., Über das Abklingen von geotropischen und heliotropischen Reizvorgängen. Jahrb. wiss. Bot. 45. 1908.

1892. Oltmanns, Fr., Über die photometrischen Bewegungen der Pflanzen. Flora. 75. 1892.

1897. — Über positiven und negativen Heliotropismus. Flora. 83. 1897.

1905. — Morphologie und Biologie der Algen. Bd. I. II. Jena 1905.

1909. Osterhout, W. J. V., Die Schutzwirkung des Natriums für Pflanzen. Weitere Untersuchungen über die Übereinstimmung der Salzwirkungen bei Tieren und Pflanzen. Jahrb. wiss. Bot. 46. 1909.

1915. Pantanelli, E., Über Ionenaufnahme. Jahrb. wiss. Bot. 56. 1915. (Pfeffer-Festschrift.)

1894. Peirce, G. J., A Contribution to the physiology of the Genus *Cuscuta*. Annals of Bot. 8. 1894.

1875. Pfeffer, W., Die periodischen Bewegungen der Blattorgane. Leipzig 1875.

1884. — Lokomotorische Richtungsbewegungen durch chemische Reize. Unters. a. d. bot. Inst. Tübingen. I. 1884.

1888. — Über chemotaktische Bewegungen von Bakterien, Flagellaten und Volvocineen. Unters. a. d. bot. Inst. Tübingen. II. 1888.

1895. Pfeffer, W., Über Elektion organischer Nährstoffe. Jahrb. wiss. Bot. 28. 1895.

1897, 1904. — Pflanzenphysiologie. Ein Handbuch der Lehre vom Stoffwechsel und Kraftwechsel in der Pflanze. 2. Aufl. Leipzig. Bd. I. 1897. Bd. II. 1904.

1907. — Untersuchungen über die Entstehung der Schlafbewegungen. Abhandl. d. math.-phys. Kl. d. Kgl. sächs. Ges. d. Wiss. 30. Leipzig 1907.

1911. — Der Einfluß von mechanischer Hemmung und von Belastung auf die Schlafbewegungen. Abhandl. d. math.-phys. Kl. d. Kgl. sächs. Ges. d. Wiss. 32. Leipzig 1911.

1915. — Beiträge zur Kenntnis der Entstehung der Schlafbewegungen. Abhandl. d. math.-phys. Kl. d. Kgl. sächs. Ges. d. Wiss. 34. Leipzig 1915.

1909. Pringsheim, E., I. Einfluß der Beleuchtung auf die heliotropische Stimmung. Cohns Beitr. z. Biol. d. Pfl. 9. 1909.

— II. Studien zur heliotropischen Stimmung und Präsentationszeit. Ebenda. 9. 1909.

1912. — Die Reizbewegungen der Pflanzen. Berlin 1912.

1912a. — Das Zustandekommen der taktischen Reizbewegungen. Biol. Zentralbl. 32. 1912.

1913. — Kulturversuche mit chlorophyllführenden Mikroorganismen. III. Zur Physiologie der Schizophyceen. Beitr. z. Biol. d. Pfl. 12. 1913.

1891. Prunet, A., Recherches sur les nœuds et les entre-nœuds de la tige des dicotylédones. Ann. d. sciences naturelles. 7. sér. Botan. 13. 1891. (Nach Winkler 1908.)

1909. Reichert, K., Über die Sichtbarmachung der Geißeln und die Geißelbewegung der Bakterien. Zentralbl. f. Bakt. I. Abt. 51. 1909.

1901. Reinke, J., Einleitung in die theoretische Biologie. Berlin 1901.

1912. Richter, A. v., Farbe und Assimilation. Ber. d. D. bot. Ges. 30. 1912.

1901. Rothert, W., Beobachtungen und Betrachtungen über taktische Reizerscheinungen. Flora. 88. 1901.

1909. Ruhland, W., Beiträge zur Kenntnis der Permeabilität der Plasmahaut. Jahrb. wiss. Bot. 46. 1909.

1887. Sachs, J., Vorlesungen über Pflanzenphysiologie. 2. Aufl. Leipzig 1887.

1886. Schenk, H., Die Biologie der Wassergewächse. Bonn 1886.

1886a. — Vergleichende Anatomie der submersen Gewächse. Bibl. botanica. Kassel. H. 1. 1886.

1913. Schindler, B., Über den Farbenwechsel der Oscillarien. Zeitschr. f. Bot. 5. 1913; s. a. Magnus, 1912.

1912. Schramm, R., Über die anatomischen Jugendformen der Blätter einheimischer Holzpflanzen. Flora. N. F. 4. 1912.

1908. Schuster, W., Die Blattaderung des Dikotylenblattes und ihre Abhängigkeit von äußeren Einflüssen. Ber. d. D. bot. Ges. 26. 1908.

1892. Schwendener und Krabbe, Über die Orientierungstorsionen der Blätter und Blüten. Abhandl. d. kgl. Preuß. Akad. d. Wiss. Berlin 1892.

1905. Semon, R., Über die Erblichkeit der Tagesperiode. Biol. Zentralbl. 25. 1905.

1908. — Hat der Rhythmus der Tageszeiten bei Pflanzen erbliche Eindrücke hinterlassen? Biol. Zentralbl. 28. 1908.

1908. Senn, G., Die Gestalts- und Lageveränderungen der Pflanzenchromatophoren. Leipzig 1908.

1905. Shibata, K., Studien über die Chemotaxis der *Isoëtes*-Spermatozoiden. Jahrb. wiss. Bot. 41. 1905.

1911. — Untersuchungen über die Chemotaxis der Pteridophyten-Spermatozoiden. Jahrb. wiss. Bot. 49. 1911.

1912. Simon, S., Untersuchungen über den autrotopischen Ausgleich geotropischer und mechanischer Krümmungen der Wurzeln. Jahrb. wiss. Bot. 51. 1912.

1911. Snell, K., Die Beziehungen zwischen der Blattentwicklung und der Ausbildung von verholzten Elementen im Epikotyl von *Phaseolus multiflorus*. Ber. d. D. bot. Ges. 29. 1911.

1904. Sonntag, P., Über die mechanischen Eigenschaften des Rot- und Weißholzes der Fichte und anderer Nadelhölzer. Jahrb. wiss. Bot. 39. 1904.

1879. Stahl, E., Über den Einfluß des Lichtes auf die Bewegungen der Desmidiaceen, nebst Bemerkungen über den richtenden Einfluß des Lichtes auf Schwärmsporen. Verhandl. d. phys.-mediz. Gesellsch. in Würzburg. Bd. 14. 1879.

1880. — Über den Einfluß der Lichtintensität auf Struktur und Anordnung des Assimilationsparenchyms. Bot. Zeitung. 38. 1880.

1880a. — Über den Einfluß von Richtung und Stärke der Beleuchtung auf einige Bewegungserscheinungen im Pflanzenreich. Bot. Zeitung. 38. 1880.

1883. — Über den Einfluß des sonnigen und schattigen Standortes auf die Ausbildung der Laubblätter. Jenaische Zeitschr. f. Naturwiss. 16. N. F. 9. 1883.

1885. — Über den Einfluß der Beleuchtungsrichtung auf die Teilung der *Equisetum*-Sporen. Ber. d. D. bot. Ges. 3. 1885.

1892. — *Oedocladium protonema*, eine neue Ödogoniaceengattung. Jahrb. wiss. Bot. 23. 1892.

1906. Starling, E. H., Die chemische Koordination der Körpertätigkeiten. Verhandl. d. Ges. d. Naturf. u. Ärzte. 78. Vers. zu Stuttgart. 1906. (Leipzig 1907.)

1910. Stoppel, R., Über den Einfluß des Lichts auf das Öffnen und Schließen einiger Blüten. Zeitschr. f. Bot. 2. 1910.

1911. — und Kniep, H., Weitere Untersuchungen über das Öffnen und Schließen der Blüten. Zeitschr. f. Bot. 3. 1911.

1912. — Über die Bewegungen der Blätter von *Phaseolus* bei Konstanz der Außenbedingungen. Ber. d. D. bot. Ges. 30. 1912.

1916. — Die Abhängigkeit der Schlafbewegungen von *Phaseolus multiflorus* von verschiedenen Außenfaktoren. Zeitschr. f. Bot. 8. 1916.

1917. Stoppel, R., Die Beziehungen der Schlafbewegungen von Laub- und Blumenblättern zu autonomen Lebenserscheinungen. Die Naturwissenschaften. 5. 1917.

1878. Strasburger, E., Die Wirkung der Wärme und des Lichtes auf Schwärmsporen. Jenaische Zeitschr. f. Naturwiss. 12. 1878.

1909. Tröndle, A., Permeabilitätsänderung und osmotischer Druck in den assimilierenden Zellen des Laubblattes. Ber. d. D. bot. Ges. 27. 1909.

1910. — Der Einfluß des Lichtes auf die Permeabilität der Plasmahaut. Jahrb. wiss. Bot. 48. 1910.

1911. Ulehla, Vl., Ultramikroskopische Studien über Geißelbewegung. Biol. Zentralbl. 31. 1911.

1884. Vesque, Sur les causes et sur les limites des variations de structure des végétaux. Ann. agron. 9. u. 10. 1884. (Nach Küster 1903.)

1878, 1884. Vöchting, H., Über Organbildung im Pflanzenreich. Bonn. Bd. I. 1878. Bd. II. 1884.

1882. — Die Bewegungen der Blüten und Früchte. Bonn 1882.

1892. — Über Transplantation am Pflanzenkörper. Untersuchungen zur Physiologie und Pathologie. Tübingen 1892.

1893. — Über den Einfluß des Lichtes auf die Gestaltung und Anlage der Blüten. Jahrb. wiss. Bot. 25. 1893.

1902. — Über die Keimung der Kartoffelknollen. Experimentelle Untersuchungen. Bot. Zeitung. 60. 1902.

1906. — Über Regeneration und Polarität bei höheren Pflanzen. Bot. Zeitung. 64. 1906.

1908. — Untersuchungen zur experimentellen Anatomie und Pathologie des Pflanzenkörpers. Tübingen 1908.

1884. Volkens, G., Jahrb. d. kgl. bot. Gartens. Berlin. 3. 1884. (Nach W. Schuster 1908.)

1911. Wacker, H., Physiologische und morphologische Untersuchungen über das Verblühen. Jahrb. wiss. Bot. 49. 1911.

1891. Wehmer, C., Entstehung und physiologische Bedeutung der Oxalsäure im Stoffwechsel einiger Pilze. Bot. Zeitung. 49. 1891.

1879, 1882. Wiesner, J. v., Die heliotropischen Erscheinungen. Denkschr. d. Wiener Akad. I. Teil. Bd. 39. 1879. II. Teil. Bd. 43. 1882.

1893. — Photometrische Untersuchungen auf pflanzenphysiologischem Gebiet. I. Sitzungsber. math.-phys. Kl. Wiener Akad. Wiss. 102. I. 1893.

1894. — Bemerkungen über den faktischen Lichtgenuß der Pflanzen. Ber. d. D. bot. Ges. 12. 1894.

1899. — Über die Formen der Anpassung der Laubblätter an die Lichtstärke. Biol. Zentralbl. 19. 1899.

1907. — Der Lichtgenuß der Pflanzen. Leipzig 1907.

1911. — Über aphotometrische, photometrische und pseudophotometrische Blätter. Ber. d. D. bot. Ges. 29. 1911.

1912. — Studien über die Richtung heliotropischer und photometrischer Organe im Vergleiche zur Einfallsrichtung des wirksamen Lichtes. Sitzungsber. math.-phys. Kl. Akad. Wiss. Wien. 121. I. 1912.

1913. Wiesner, J. v., Über die Photometrie von Laubsprossen und Laub-
sproßsystemen. Flora. N. F. 5. 1913.

1900. Winkler, H., Über den Einfluß äußerer Faktoren auf die Teilung
der Eier von *Cystosira barbata*. Ber. d. D. bot. Ges. 18. 1900.

1900a. — Über Polarität, Regeneration und Heteromorphose bei *Bryopsis*.
Jahrb. wiss. Bot. 35. 1900.

1905 — Über regenerative Sproßbildung an den Ranken, Blättern und
Internodien von *Passiflora coerulea* Ber. d. D. bot. Ges. 23. 1905.

1908. — Über die Umwandlung des Blattstiels zum Stengel. Jahrb. wiss.
Bot. 45. 1908.

1913. — Entwicklungsmechanik oder Entwicklungsphysiologie der Pflanzen. Handwörterbuch der Naturwiss. Bd. 3. Jena 1913.

1910. Wulff, E., Über Heteromorphose bei *Dacycladus clavaeformis*. Ber.
d. D. bot. Ges. 28. 1910.

IV. Die pflanzlichen Regulationen.

1. Die Formregulationen oder Restitutionen.

Restitution soll jedes Geschehen am Organismus heißen, durch welches gestörte Formganzheit wiederhergestellt wird. Von Driesch in dieser Bedeutung formuliert, hat sich der Ausdruck in der neueren Entwicklungsphysiologie auf zoologischer Seite fest eingebürgert; er wird auch von Winkler in seiner Zusammenfassung der Ergebnisse der pflanzlichen Entwicklungsphysiologie (1913) in diesem Sinne ver-wendet, nachdem bisher in der botanischen Literatur ein erhebliches Durcheinander der Terminologie geherrscht hat. So gebraucht z. B. Küster (1903) und nach ihm Pfeffer (1904) sowie Goebel (1908) dieses Wort in engerer Bedeutung als »Regeneration«, während der letzte Ausdruck üblicherweise einen Sonderfall der Restitution dar-stellt. Bei der Diskussion, ob irgendeine Wiederherstellungsreaktion eine »echte« Regeneration sei, spielen diese Unklarheiten bisweilen eine unerfreuliche Rolle. Von der Abgrenzung der Begriffe hängt das Urteil über die Bedeutung der »Regeneration« für das Pflanzenreich wie die Eingliederung eines bestimmten Einzelvorgangs ab. Wer die Wiederherstellung gestörter Formganzheit als »Regeneration« bezeich-net, wird dieselbe Fülle von Beispielen für dieses Regulationsgeschehen bei den Pflanzen finden wie im Tierreich; wer unter »Regeneration«

die Wiederherstellung der gestörten Form im Bereich der Wundfläche
versteht, derart, daß kein den Restitutionsvorgang überdauerndes
»Wundgewebe« (Kallus) auftritt, wird feststellen, daß dieser Vorgang
bei den Pflanzen von erheblich geringerer Bedeutung ist als bei den
Tieren. Der eine wird den Satz aussprechen können, daß jeder
lebenden differenzierten Pflanzenzelle noch die Fähigkeit der Regeneration zukomme; der andere wird sie in der Hauptsache auf embryonale
Gewebe (Vegetationspunkte und Kambium) beschränkt finden. Der
erste wird das Aussprossen einer isolierten Pilzhyphe oder die Wurzel-
und Sproßbildung an abgeschnittenen Blättern von *Begonia* oder *Bryophyllum* als Regeneration bezeichnen, der zweite wird sie nicht als
solche gelten lassen. Eine einheitliche Bezeichnungsweise ist im Interesse der Deutlichkeit der Probleme überaus wünschenswert.

Der einzelne Restitutionsvorgang kann gekennzeichnet sein als ein
reines Formbildungsgeschehen, etwa bei der Ergänzung einer abgeschnittenen Wurzelspitze, oder, wie bei der Aufrichtung eines Seitenzweigs
nach der Entfernung des Hauptsprosses, als eine Bewegungserscheinung.
Nach den Mitteln der Regulation der Formganzheit sollen daher morphologische und kinetische Restitutionen unterschieden werden.

a) Morphologische Restitutionen.

Die Störung der Formganzheit, die jeder Restitution vorhergeht,
stellt in der bei weitem größten Anzahl der Fälle eine Entnahme von
Teilen der Organisation dar. Häufig wirkt auch die »Inaktivierung«,
das »Außerfunktionsetzen« von Teilen, z. B. eines Vegetationspunktes,
so, als ob der gewissermaßen »abgespaltene« Bestandteil wirklich ent
fernt worden wäre: mit der ausgeschalteten Funktion wird auch die —
äußerlich scheinbar ungestörte — Form, wiederhergestellt. Beispiele
dieser Art werden im weiteren Verlauf der Arbeit erörtert werden.
Für die nächstfolgenden Darlegungen genügt es, die Zerstörung oder
Entnahme von Teilen der Pflanze ins Auge zu fassen; daneben kommt
noch die Verlagerung von Teilen innerhalb einer Zelle, z. B. durch
Schütteln oder Zentrifugieren, in Betracht. Wenn nach einem solchen
Eingriff der ganze Rest der Organisation an der morphologischen Um-

gestaltung zur Formwiederherstellung sich beteiligt, soll von einer Totalrestitution gesprochen werden, während der Ersatz des Verlorenen durch Teile des Restes als Partialrestitution bezeichnet werden mag. Dieser letzten kommt im Pflanzenreich die ungleich größere Bedeutung zu.

α) Totalrestitution.

Das zoologische Musterbeispiel der Restitution durch Umgestaltung des ganzen Restes der gestörten Organisation bietet nach den Untersuchungen Drieschs (1902) die Ascidie *Clavellina*, bei welcher aus einem Teil des Kiemenkorbes nach Einschmelzung aller sichtbaren Strukturen ein vollständiges verkleinertes Tier hervorgehen kann. Driesch hat diese Vorgänge auf das eingehendste analysiert. Das Ergebnis dieser Zergliederung liegt seinem ersten Beweis für die Autonomie der Lebensvorgänge zugrunde. Er legt den Nachdruck auf die Tatsache, daß jedes einzelne Element der Organisation unabhängig von seiner Lage im Ganzen bei der Gestaltung jede beliebige Einzelheit des Ganzen zu leisten vermag, und daß die Leistung des einzelnen Elements stets in der Art erfolgt, daß trotz örtlich ganz beliebiger Entnahme jeweils in harmonischem Zusammenwirken das Ganze wiederhergestellt wird. Die aus solchen Elementen aufgebauten Teile eines Organismus nennt er ein »harmonisch-äquipotentielles System«. Dieser Begriff bezeichnet jedenfalls eine Sonderform teleologischen Geschehens und ist als analytischer völlig hypothesenfrei. Ganz unabhängig von der Frage einer mechanistischen Auflösbarkeit des Geschehens an einem harmonisch-äquipotentiellen System muß man den durch das Wort gemeinten Sachverhalt jedenfalls anerkennen.

Bei höheren Pflanzen dürften harmonisch-äquipotentielle Systeme wohl schon deshalb nicht vorkommen, weil hier die feste Beziehung zu einer gegebenen Gesamtgröße des Organismus fehlt. Die Pflanzen sind meist »offene Formen«, d. h. Systeme von (theoretisch) unbegrenzter, mindestens unabgeschlossener Wachstumsfähigkeit. »Geschlossene« Formen, wie sie bei den Tieren die Regel darstellen, dürften am ehesten unter den Fruchtkörpern von Hutpilzen zu finden sein. So ist nach den Untersuchungen von W. Magnus (1906) der

Fruchtkörper des Champignons (*Agaricus campestris*) offenbar keine typisch offene Form; nur die relative Selbständigkeit der Teile während der Ausdifferenzierung hindert Magnus, ihn vorbehaltlos zu den geschlossenen Formen zu stellen. Er vermutet, daß es bei den Basidiomyzeten eine Reihe von Übergangsformen von echten offenen zu vielleicht völlig geschlossenen Formen gibt. Harmonisch-äquipontentielle Systeme stellen aber gerade diese geschlossenen Formen augenscheinlich nicht dar. Denn wenn auch, wie Magnus bei *Agaricus* gezeigt hat, das zur vollkommenen Fruchtkörperregeneration notwendige Hymeniumstück in dem Stumpf der verletzten Fruchtkörperanlage durchaus beliebig liegen kann, so ist eben doch die Anlage nicht äquipotentiell, weil Hymenium nur im Anschluß an altes Hymenium neugebildet wird.

Geschlossene Systeme gibt es auch bei gewissen Algen-»Kolonien« mit fester Zahl und Gestalt der Zellen wie *Gonium*. Soweit aber bisher bekannt ist, stellen weder diese Formen, noch solche mit freierer, aber immerhin noch typischer Anordnung der Zellen wie *Hydrodictyon utriculatum* harmonisch-äquipotentielle Systeme dar (Harper 1908, 1912).

Der einzige mir bekannte Fall einer echten Totalrestitution auf Grund eines harmonisch-äquipotentiellen Systems bei Pflanzen ist durch die Untersuchungen van Tieghems und Olives bei *Dictyostelium* festgestellt (vgl. Harper 1908). Bei diesem zu den Acrasieen gehörigen Myxomyzeten, dessen verhältnismäßig komplizierte Fruchtform von einzelnen amöboiden Zellen aufgebaut wird, entsteht nach Wegnahme eines Teils der mit dem Fruchtkörperbau beschäftigten Amöben ein vollständiger, verkleinerter Fruchtkörper, ja es werden sogar an Stelle eines einzigen Fruchtkörpers aus denselben Amöben durch Teilung der ursprünglichen Ansammlung mehrere, bis zu vier, hergestellt, die kleiner sind, aber dieselben Formverhältnisse aufweisen. Nur dadurch unterscheidet sich diese Totalrestitution auf Grund eines harmonisch-äquipotentiellen Systems von der der *Clavellina*, daß nicht ein einzelner Organismus, sondern eine »Kolonie« das Formganze darstellt. Entsprechendes ließe sich möglicherweise auch bei den ähnlich gebauten Kolonien der Myxobakterien feststellen.

Ein verhältnismäßig ähnliches Verhalten findet sich nach den Angaben Prowazeks (1907) bei *Vaucheria* und *Cladophora*. Aus der verletzten Zelle ausgetretene beliebige Protoplasmaballen dieser Algen sollen zunächst eine Zerstörung aller »eventuellen beständigeren Intimstruktur« zeigen; »die Chloroplasten und Kerne werden durcheinandergewirbelt«, an der Oberfläche des Protoplasmas vollziehen sich »wogende, regelmäßig periodische Strömungen, die nicht an einen bestimmten Ort gebunden sind«, dann aber gehen diese Plasmafragmente, wenn nur ihre Kern- und Zellbestandteile in nicht allzu ungünstigem Verhältnis stehen, zur Neubildung über, indem sie an einer beliebigen Stelle des von einer Niederschlagsmembran bedeckten Plasmatropfens einen typischen Algenfaden erzeugen. Eine Totalrestitution, und zwar an einem einzelnen Organismus, nicht wie bei *Dictyostelium* an einer Kolonie, liegt zweifellos vor; von einem harmonisch-äquipotentiellen System aber kann deshalb nicht gesprochen werden, weil es sich um offene Formen handelt, und weil der Rest der Organisation nach der Störung sich zwar vollständig an der Restitution beteiligt, aber nur zum Ausgangspunkt der Neubildung wird, jedoch nicht in ihr aufgeht.

Dieser Fall kann zusammengestellt werden mit dem von Tobler (1902, 1904) beschriebenen Verhalten verschiedener Meeresalgen. Der Thallus der Rhodomelacee *Dasya elegans* zerfällt unter ungünstigen Bedingungen (wahrscheinlich bei abweichender Beleuchtungsstärke und steigender Konzentration des Meerwassers) in einzelne Zellen, von denen etwa die Hälfte zugrunde geht, während die übrigen auswachsen, in Zellteilung eintreten und zum Teil miteinander verwachsen; nach einiger Zeit bilden diese isoliert vegetierenden Thalluszellen regelmäßig gebaute, schlanke seitliche Sprosse, die durchaus den normalen Sprossen der Keimpflanze gleichen (1902). Ganz ähnlich verhalten sich *Griffithsia Schousboei* und *Bornetia secundiflora* (1904). Hierher gehört ferner das von Miehe (1905) beobachtete Auswachsen aller einzelnen Zellen einer plasmolysierten marinen *Cladophora* nach Ausbildung von Membranen durch Entstehung von Rhizoiden und hernach von Algenfäden zu einzelnen *Cladophora*-Pflänzchen; hierher auch der mehrfach beschriebene Zerfall mancher Algen und Pilze unter ungünstigen Bedingungen zu »Gemmen« und anderen Dauerzellen, aus denen dann unter normalen Bedingungen der ganze Organismus wieder entstehen kann. So zerfallen die Fäden einer Lehmkultur von *Bumilleria sicula* beim Eintrocknen in hellem Licht vollständig in einzelne Zellen, die, mit dicker Membran umgeben und mit fettem Öl gefüllt, wochenlange Trockenheit überdauern und dann in Nährlösung auskeimen oder Zoosporen bilden können (Klebs 1896). Diese Fälle leiten ohne weiteres zu den an anderer Stelle zu besprechenden Erscheinungen der »Notreife« über.

Alle Totalrestitutionen, sowohl die auf Grund eines harmonischäquipotentiellen Systems ablaufenden als die Gruppe der anderen, haben gemeinsam, daß den Neubildungsvorgängen mehr oder minder tiefgreifende Reduktionen vorausgehen. Diese kommen bei *Dictyostelium* wohl nur in einer Neuordnung der Amöben zum Ausdruck; die Protoplasmaballen von *Vaucheria* und *Cladophora* in Prowazeks Versuchen zeigen nach seinen allerdings recht vereinzelt dastehenden Angaben eine Vereinfachung der Struktur zur Schaffung eines neubildungsfähigen Ausgangsmaterials, eine Art »Einschmelzung« ohne Substanzverlust, wie sie Drieschs *Clavellina* aufweist; bei den Rhodophyceen Toblers und den Gemmenbildnern dagegen können richtige Zerstörungen, Destruktionen auftreten, bei denen ein Teil des Organismus endgültig vernichtet wird. Der Zerfall des Organismus bzw. die Rückbildung vorhandener Strukturen kann bei allen diesen Beispielen als »regulatorische Reduktion« bezeichnet werden, weil ihr Ergebnis den störenden Eingriff zu überdauern und die Ganzheit des Organismus wieder herzustellen imstande ist.

Bei der Restitution der Meeresalgen in den Versuchen von Tobler und Miehe und bei der Gemmenbildung liegt die Störung nicht in einer Entnahme von Teilen, sondern in einer Schädigung des Organismus durch ungünstige äußere Bedingungen. Die als ihre Folge auftretenden Zerfallserscheinungen, welche in die Formganzheit des Organismus eingreifen, sind zugleich der erste Schritt der Restitution. Die wachstumshemmenden Einflüsse isolieren die einzelne Zelle, spalten sie aus dem Gewebeverband ab: darin äußert sich die Störung der Formganzheit. Zugleich aber treten in den Teilzellen Vorgänge ein, welche sie die ungünstigen Bedingungen überdauern lassen, denen der Organismus als Ganzes nicht gewachsen ist, und die sie zugleich zur Neubildung des ganzen Organismus befähigen.

Eine ganz andere Form der Restitution ist neuerdings durch die Versuche von Andrews (1915) bekannt geworden, welcher Pflanzen oder Pflanzenteile zentrifugierte. Bei der Desmidiacee *Closterium moniliferum* wurde unter Einwirkung einer Schleuderkraft von 1207 g. (g. = Beschleunigung der Erdschwere) an der Zellinhalt völlig verlagert, die meisten Inhaltsbestandteile je nach der Richtung der Zelle während der Kreiselbewegung an das eine Ende oder an eine Seite geschleudert und dort angehäuft. Im entleerten größeren Teil der Zelle war eine vorher nicht sichtbare Schaumstruktur aus zarten Plasmaplättchen zu bemerken, welche durch das Zentrifugieren nicht zerstört oder verlagert wurde und durch welche die dichteren Zellbestandteile hindurchgeworfen wurden. Trotz einer sonst vollkommenen Desorganisation der Zelle kehrte allmählich ihr ganzer Inhalt an seine ursprüngliche Stelle zurück; nach einem Tag hatte sich die verlagerte Masse bei 22° C im Licht um ein Zehntel ausgebreitet, nach 2 Tagen um ein Drittel, nach 3 Tagen war die Zelle wieder vollkommen hergestellt. Starke allseitige Protoplasmabewegungen nahmen an der Restitution teil, durch die z. B. die verlagerten Gipskriställchen in verschiedenster Richtung durch die ganze Zelle geführt und schließlich nach ihrem alten Platz am Zellende gebracht wurden. Bei fünfmaliger Wiederholung des Versuches trat immer dieselbe Verlagerung und dieselbe Wiederherstellung der gestörten Struktur der *Closterium*-Zelle ein, am Licht fast ohne Verlangsamung der Restitutionsgeschwindigkeit von 3 Tagen, im Dunkeln mit einer Verzögerung auf 5 Tage beim zweiten, auf 10 beim dritten Versuch. Wenngleich hier keine »Verwundung« im gewöhnlichen Sinn vorliegt, so muß doch von einer Störung und Wiederherstellung der Form, von einer »Restitution« gesprochen werden, und zwar bei *Closterium* von einer Totalrestitution, da der ganze Organismus in Mitleidenschaft gezogen wird.

Aber auch bei den Regulationen der zentrifugierten mehrzelligen Organismen wird man von einer Totalrestitution reden müssen, weil gewissermaßen jede Zelle für sich von der Störung betroffen wird und jede Zelle für sich (als Ganzes) die Störung ihrer Intimstruktur wieder ausgleicht. Die ganze gestörte Organisation ist, wie dies die Definition fordert, an der Restitution beteiligt. Von wenigen, gewissermaßen zufällig getöteten Zellen abgesehen, wurde bei keiner der 38 untersuchten Pflanzenarten, auch nicht bei Anwendung einer Schleuderkraft von 13 467 g., die Hautschicht von der Zellwand abgerissen; überall vollzog sich binnen verhältnismäßig kurzer Zeit die Wiederordnung innerhalb jeder Zelle. So wurden alle dichteren Inhaltsbestandteile in Zellen der Haare an den schwimmenden Laubblättern von *Salvinia natans* in das zentrifugale Zellende geworfen, wo sie ein Drittel des Zellraums einnahmen und nach 5 Stunden zurückkehrten, während die Zellinhalte der Laubblätter selbst in einem Viertel des Zellraums zusammengedrängt wurden und sich nach einem Tag restituierten. Bei zentrifugierten ganzen Pflanzen von *Stellaria media* während 15 Minuten mit 5000 g. nahm der verlagerte Zellinhalt gar nur ein Achtel des Zellraums ein und kehrte nach 5 Stunden bei den wiedereingepflanzten Stellarien in seine alte Lage zurück, wobei die noch jungen Pflanzen ihr Wachstum fortsetzten. Das Ausschleudern des Nucleolus aus den Kernen der Wurzelhaare von *Zea Mays*, der Brennhaare von *Urtica dioica* und der Staubgefäßhaare von *Tradescantia virginica* hatte keine Nachteile für die Kerne, die zuweilen an die Stelle des stärksten Wachstums zurückkehrten, im übrigen ihre Teilungsfähigkeit bewahrten, trotzdem der Nucleolus im Plasma aufgelöst und im Kern nicht neugebildet wurde. Bei den Staubgefäßhaaren von *Tradescantia virginica*, die eine Verlagerung aller beweglichen Inhaltsbestandteile nach einstündiger Anwendung von 5000 g. zu einer dichten Masse im einen Zellende nach 5 Minuten unter starker allseitiger Plasmaströmung ausglichen, vollzogen sich bei Schleuderkräften von 1107 g. und darunter während des Zentrifugierens noch Kernteilung und Wandbildung, wobei zuweilen Drehungen der Kernspindel bzw. Wandrichtung vorkamen.

Ohne Zweifel werden sich an diese Gruppe eigenartiger Formregulationen künftig noch andere Fälle anschließen.

β) Partialrestitution.

Bei den Tieren wie bei den Pflanzen werden verloren gegangene Teile in der großen Mehrzahl der Fälle nicht durch den ganzen Organismus, sondern von einzelnen begrenzten Bezirken aus ersetzt. Es bestand von jeher das Bedürfnis, zwei ganz verschiedene Arten dieser »Partialrestitution« auseinander zu halten, die häufig ohne genaue Definition

als »Regeneration« und als »Adventivbildung« einander gegenübergestellt wurden. Das wichtigste unterscheidende Merkmal der beiden
Gruppen ist wohl die Örtlichkeit der Neubildung; bei der einen wird
die gestörte Struktur an derselben Stelle wiederhergestellt, bei der
anderen erfolgt der Ersatz an fremdem Orte. Zu der ersten Art von
Restitutionen muß neben der »Regeneration« auch die »Kallusrestitution« gestellt werden, die man zum Teil den Adventivbildungen bei-
gesellt, zum Teil häufig einfach als »Wundverschluß« bezeichnet hat.
Zweifellos erfolgt aber hier der ganzheiterhaltende Vorgang an der
Wundstelle selbst wie bei den echten Regenerationen, auch gibt es
Übergänge zwischen beiden Restitutionstypen. Diese Gründe, wie
auch andere, die sich aus der schärferen Analyse der Kallusrestitution
ergeben, rechtfertigen ihre Zusammenfassung. Als gemeinsamer Name
scheint mir das Wort Reparation am geeignetsten zu sein, das von
Winkler (1913) für die adäquate Neubildung des Verlorenen von der
Wundstelle aus vorgeschlagen wird. Eine Differenz besteht dabei höchstens in der Auffassung des Wortes »adäquat«, weil bei den Kallusbildungen
stets noch ein Teil des restitutionsvermittelnden Gewebes erhalten bleibt,
die Neubildung dem Entnommenen daher nicht völlig gleichartig ist.

In dem hier vertretenen Sinne würde Reparation am einfachsten
als Ersatz der gestörten Struktur am normalen (= selben)
Orte zu bezeichnen sein.

Den Ersatz an fremdem Orte durch das Wort »Regeneration«
auszudrücken, das Winkler (1913), und mit ihm neuerdings auch Jost
(1913), für die Ersatzbildung durch Auswachsen vorhandener Anlagen
oder »adventive Neubildungen« vorschlägt, dürfte auf keinen Fall
angehen, da dieser Terminus seit langer Zeit in anderem Sinne vergeben ist und seine Anwendung mit derjenigen in der zoologischen
Literatur in Widerspruch stehen würde. Dagegen wäre hierzu wohl
der Ausdruck Reproduktion geeignet, den Pfeffer (1904) in ganz
ähnlichem Sinne gebraucht. Die Reparation in der hier gemeinten
Bedeutung umfaßt »Wiederbildung (Reparation)« und »Neubildung«
bei Jost (1913), die Reproduktion entspricht seiner »Neuentfaltung«.

Von dem heutigen Zustand der botanischen Terminologie gibt es
wohl eine Vorstellung, wenn man sich klar macht, daß »Regeneration«

bei Küster (1916a, S. 124) und Goebel (1908, S. 137) die Wiederherstellung der zerstörten Teile eines verwundeten Organs oder Organteils bedeutet, die Kallusrestitution mitumfaßt und als engeren Begriff die »Restitution«, die vollkommene Wiederherstellung des früheren Zustandes in allen Beziehungen einschließt, während »Regeneration« bei Winkler (1913, S. 660) den Ersatz des Ausgeschalteten durch Auswachsen vorhandener Anlagen und adventive Neubildungen einschließlich der Kallusrestitution bezeichnet, der die Wiederherstellung von der Wundfläche aus als »Reparation« gegenübersteht, als die beiden Unterarten der »Restitution«. So ist also »Reparation« (Winkler) gleich »Restitution« (Küster) und »Restitution« (Winkler) gleich »Regeneration« (Küster).

Wenn es gelänge, deutsche Ausdrücke in einheitlicher Verwendung als festliegende Fachausdrücke durchzusetzen, so würde sich Wiederbildung für Reparation und Neubildung für Reproduktion am besten eignen. Die Hauptsache aber ist die ganz scharfe Unterscheidung und die eindeutige Bezeichnung des gemeinten Sachverhalts. Die Fremdworte haben hier übrigens den sprachlichen Vorteil, daß sie eine adjektivische Verwendung und weitere Zusammensetzungen besser gestatten als die entsprechenden deutschen Worte.

I. Reparation (Wiederbildung).

Der wesentlichste Unterschied der beiden Formen der Reparation besteht darin, daß bei der Kallusrestitution ein besonderes Gewebe — das »Kallusgewebe« — die Neubildung vermittelt und auch nach vollendeter Restitution wenigstens teilweise erhalten bleibt, während bei der Regeneration alle Ersatzgewebe im Regenerat vollständig aufgehen. Zur Regeneration sind bei Pflanzen im allgemeinen nur die meristematischen Gewebe, sowie noch nicht völlig ausdifferenzierte, gewissermaßen »embryonale« Zellkomplexe imstande. Kallus dagegen wird nicht nur von Bildungsgeweben (»Kambialkallus«), sondern wohl von sämtlichen Zellsystemen des pflanzlichen Organismus erzeugt; im letzteren Fall geht seiner Entstehung eine »Umdifferenzierung« der bereits »fertigen« Zellen voraus.

Außer der Örtlichkeit der Erzeugung haben Regeneration und Kallusrestitution auch in ihrem Entwicklungsgang sowie in ihrem Ergebnis für den Organismus viel Gemeinsames. Bei beiden steht einer vorbereitenden Phase eine Phase der Ausgestaltung durch Wachstum und Differenzierung gegenüber; durch beide können sowohl ganze Organe wie einzelne Gewebepartien — nur unter verschiedenen äußeren und inneren Bedingungen — ersetzt werden.

Es erscheint vom teleologischen Gesichtspunkt aus angemessen, diejenigen Reaktionen des Organismus, durch welche ein bloßer Wundverschluß, eine einfache »Vernarbung«, erzielt wird, ohne daß dabei eine dem Differenzierungsgrad der zerstörten Organisation entsprechende gestaltende Ersatzleistung zustande kommt, nicht den Restitutionen, sondern den Adaptationen oder morphologischen Anpassungen zuzurechnen. Hier wird eben nur die Funktionsganzheit des Organismus erhalten, ohne daß die verlorene Struktur selbst wiederhergestellt wird. Die Bildung von Vernarbungsmembranen an verletzten Zellen, von oberflächlichen Zellwucherungen zur Bedeckung verwundeter Gewebe, die Kutikularisierung oder Verdickung bloßgelegter Zellwände und die Verkorkung der äußersten Zellschichten, die Thyllenbildung als Gefäßverschluß und schließlich auch die echte Korkbildung mittels eines neu entstehenden Phellogens sind Beispiele für solche nichtrestitutive Regulationen. Die verschiedene teleologische Wertigkeit von Vorgängen, deren Ergebnis für die vergleichende Morphologie oder Anatomie »dasselbe«, gleichwertig, ist, zeigt sich besonders deutlich gerade bei der Korkbildung: die Anlage eines Korkes als Vernarbungsgewebe im Blattstiel vor dem Abfall des Blattes im normalen Entwicklungsgang der Pflanze ist überhaupt nicht regulatorischer, sondern harmonischer Natur; die Ausbildung von Kork ohne weitere restitutive Ausgestaltung bei Entfernung größerer Teile von Stamm, Wurzel oder Blatt stellt als bloßer Wundverschluß eine Adaptation, also eine Funktionsregulation dar; die Neuentstehung von Kork an Stelle von zerstörten, etwa abgeschälten Korkpartien gehört als Reparation zu den Formregulationen. Wenn man schon teleologische Begriffe wie »Regulation«, »Restitution« »Regeneration«, »Anpassung«, usw. überhaupt verwendet, so ist es unbedingt notwendig, daß man sie in scharfer begrifflicher Gliederung eindeutig verwendet. Gerade auf dem Gebiete der »Wundheilung« der Phanerogamen, wo die Untersuchungen häufig vom praktischen Gesichtspunkt aus gemacht werden, vermißt man diese eindringende Analyse ebensosehr wie die Einheitlichkeit der Bezeichnungsweise.

1. Regeneration.

Die Örtlichkeit der Formbildungsvorgänge erlaubt — und erfordert — noch eine weitere Gliederung der Regenerationen. Wenn die Neubildung bei mehrzelligen Organismen aus den der Wundfläche benachbarten Zellen unmittelbar entsteht, sodaß die erste Phase ausschließlich als Zellteilungs- und Wachstumsgeschehen am Wundrand — als »Sprossung« — zu kennzeichnen ist, so soll von Sprossungsregeneration gesprochen werden. Geht dagegen der Ersatz aus einer inneren Umdifferenzierung der im Bereich der Wunde übriggebliebenen — auch tiefer gelegenen — Gewebe hervor, ohne Beziehung zu den Vorgängen an der Wundfläche selbst, so mag dieser Reparationsvorgang Ersatzregeneration heißen. Bei der Sprossungsregeneration ist der Wundverschluß in das Wiederbildungsgeschehen unmittelbar einbezogen, bei der Ersatzregeneration sind beide Vorgänge voneinander unabhängig. Die Sprossungsregeneration ist nach allen bisherigen Erfahrungen auf irgendwie »embryonale«, noch nicht »ausdifferenzierte«, »fertige«, »erwachsene« Teile des Organismus beschränkt: Meristeme aller Art und noch »junge«, »unerwachsene« Organe sind ihr Ausgangspunkt. Die Ersatzregeneration kann auch an fertigen, differenzierten Zellen einsetzen; hierbei ist die erste Stufe der Regeneration ein Vorgang der »Umdifferenzierung«, des »Embryonalwerdens« der ausgebildeten Zellen, dem bei der Ersatzregeneration von Meristemen eine Umordnung der vorhandenen Struktur (durch bestimmt gerichtete Zellteilungen) entspricht.

1*. Sprossungsregeneration.

Die Entstehung und das Wachstum der beiden Hauptorgane des Pflanzenkörpers, des Sprosses und der Wurzel, geht von besonders geformten Meristemen, den »Vegetationspunkten«, aus; die vordersten (distalsten) Teile dieser Vegetationspunkte haben sich als regenerationsfähig erwiesen. Es erscheint zweckmäßig, diese Regeneration ganzer Vegetationspunkte als Organregeneration den übrigen Fällen gegenüberzustellen, wo nur bestimmte Teile eines oder mehrerer Gewebe — oder aber Zellen und Teile von Zellen bei niederen Pflanzen — neugebildet werden, und diese letzten unter der Bezeichnung Strukturregeneration zusammenzufassen.

aa) Organregeneration.

Regeneration eines Vegetationspunktes wurde zuerst für Wurzeln von Phanerogamen festgestellt. Die ersten Angaben über die Neubildung der abgetrennten Wurzelspitze finden sich bei Ciesielski (1872) und Prantl (1874); daß auch längshalbierte Wurzelvegetationspunkte regenerationsfähig sind, zeigte Lopriore (1896). Die genaueren Einzelheiten und die Bedingungen dieser Reparationsvorgänge wurden durch die eingehenden Untersuchungen von Simon (1904) und Němec (1905) aufgedeckt. Danach findet echte Regeneration der Spitze bei schräg oder quer dekapitierten Wurzeln statt, wenn der Schnitt dem Vegetationspunkt sehr nahe liegt; dasselbe findet bei einer Reihe querer oder schräger Einschnitte von bestimmter Tiefe und bei Längsspaltungen statt; notwendig für die Auslösung der Regeneration ist das Perikambium. Mit dem Vegetationspunkt werden auch alle ihm zugehörigen Organisationsbestandteile, bei *Euphorbia* z. B. die Milchröhrenzellen, regeneriert. Die Hauptobjekte waren *Zea Mays* und *Vicia faba*.

Auf Grund der beiden letztgenannten Arbeiten lassen sich folgende Formen der Regeneration der Wurzelspitze unterscheiden:

1. Der neue Vegetationspunkt entsteht unmittelbar aus den Geweben des Pleroms (»direkte Regeneration«, Simon).

2. Die Neubildung der Wurzelspitze vollzieht sich unter Beteiligung des Perikambiums und der anliegenden Periblem- und Pleromschichten, wobei wegen des Aussetzens der Teilungstätigkeit des inneren Pleroms eine Art »Kallusring« entsteht, der nachträglich in das Regenerat einbezogen wird (»partielle Regeneration«, Simon; »prokambiale Regeneration«, Prantl).

3. Die Restituierung der Spitze erfolgt nur an einem Teil der Wundfläche, meist wohl aus ernährungsphysiologischen Ursachen; so bei schräg dekapitierten Wurzeln an der äußersten Spitze des Wurzelstumpfes, bei querer Wundfläche auf der einen Seite, wenn die andere durch Gipsverband oder mehrfache Quereinschnitte geschädigt ist. Man könnte hier von »einseitiger Regeneration« sprechen.

4. Ein kallusartiger Ringwulst mit einseitig entstehender Wurzelspitze bildet sich, wenn nach Querdekapitation eine Glasnadel ins Plerom gestoßen wird. Da der Ringwulst sich nicht völlig schließt und mit dem Regenerat nicht vollständig verschmilzt, so liegt hier ein Übergang von echter Regeneration zur Kallusrestitution vor.

Hierzu kommen nun weiter noch die Fälle von »Ersatzregeneration«, sei es in reiner Ausprägung oder in Verbindung mit Sprossungsregeneration.

Wie die Unterscheidung dieser Typen eine wichtige Vorarbeit für die künftige allgemeine Einteilung der Regenerationen darstellt, so liefern die Untersuchungen von Simon und Němec auch Material für eine Gliederung des Regenerationsverlaufs. In seiner eingehenden Analyse der tierischen Regenerationserscheinungen (1901) hatte Driesch zwei Hauptphasen unterschieden, »Anlage« und »Ausgestaltung«, denen sich als dritte die des »allgemeinen Wachstums« anschließt. Die erste umfaßt vorwiegend Zellteilungsvorgänge und liefert ein ziemlich indifferentes Bildungsmaterial; die »Anlage« soll ein harmonisch-äquipotentielles System darstellen oder sich aus mehreren solchen Systemen zusammensetzen. Die Phase der Ausgestaltung ist in der Hauptsache durch Differenzierungsvorgänge gekennzeichnet. Für die Pflanzen liegen die Verhältnisse nun insofern anders, als die Regeneration nicht von »fertigen« Geweben ausgeht, die eine Umdifferenzierung erfordern, sondern an meristematischen Geweben, bei der Organregeneration an Vegetationspunkten, stattfindet. Ein äquipotentielles System ist hier schon gegeben, — freilich ein »offenes«, kein »geschlossenes« wie bei den Tieren. Die Phase der »Anlagebildung« kann daher ganz fehlen, wie Simon und Linsbauer (1915) hervorheben, oder doch wesentlich verkürzt sein. Simon und Němec geben folgende Einteilung des Regenerationsverlaufs:

1. Phase: Folgen des Wundshocks und Auslösung der Regeneration (»Reaktionszeit«, Simon).

2. Phase: Nach Simon durch Längsteilungen im Perikambium gekennzeichnet, die Němec nicht regelmäßig fand, nach Němec durch Ausbildung der provisorischen Wurzelhaube und ihre Abgrenzung. Hier geht ferner die eventuelle Anlage des »Statozytenkomplexes« vor sich und die Bildung einer neuen Epidermis in der Rinde.

3. Phase: Definitive Ausgestaltung (Simon), charakterisiert durch die Anlage einer neuen Initialgruppe.

Auch hier gehen also vorbereitende Stufen der eigentlichen Ausgestaltung voran; eine größere Annäherung an das Driesch'sche Schema scheint mir da vorzuliegen, wo bei Spaltungen des Vegetationspunktes neben der Sprossungsregeneration eine Umgestaltung des intakt gebliebenen Teiles notwendig wird.

Wie bei den meisten tierischen Regenerationen schreitet der Regenerationsvorgang in distal-proximaler Richtung fort (Anlage der »provisorischen Wurzelhaube«).

Auch bei den Pteridophyten kommt, wenn auch augenscheinlich nicht sehr häufig, wie die negativen Ergebnisse von Němec zeigen, eine Restitution der Wurzelspitze vor; Bruchmann (1905) beschreibt diesen Vorgang bei *Selaginella Kraussiana* nach geringer Abtragung.

Regeneration gespaltener Sproßvegetationspunkte beschrieb zuerst Lopriore (1895) bei *Helianthus annuus, Acer Pseudoplatanus* und *Vitis vinifera*. Aus der ausführlichen Darstellung der von Peters (1897) untersuchten Reparationserscheinungen bei *Helianthus annuus* scheint hervorzugehen, daß bei den vor Anlage des Köpfchens verletzten Pflanzen eine Regeneration der beiden gespaltenen Vegetationspunkthälften in enger Verbindung mit Kallusrestitutionen der schon differenzierten Gewebe vorliegt. Regeneration des abgeschnittenen Vegetationspunktes bei *Populus* beschreibt Reuber (1912). Die Angaben von Peters und Reuber sind durch die neueren Untersuchungen von Linsbauer (1915) einigermaßen zweifelhaft geworden. Höchstwahrscheinlich handelt es sich nicht um Sprossungs-, sondern um Ersatzregeneration.

Einige Angaben mögen noch erwähnt werden, deren Eingliederung als Organregeneration durch Sprossung aber wenig gesichert erscheint. Nach Goebel (1905a) wird der Vegetationspunkt der wurzelähnlichen *Dioscorea*-Knollen, die nach Goebel aber blattlose Auswüchse der Sproßachsen darstellen und diesen näher stehen, nach Abtragung regeneriert. Bei *Pelargonium zonale* treten nach Entfernung aller Vegetationspunkte an den Stellen, wo die Achselknospen der Blätter entfernt sind, stets neue Sproßvegetationspunkte auf, die aber nicht aus dem ganzen Stummel der entfernten Knospe hervorgehen (Goebel 1908, S. 138). Ob bei *Dioscorea* und *Pelargonium* Regeneration oder Kallusrestitution vorliegt, läßt sich bei dem Fehlen genauer histologischer Angaben schwer entscheiden. Ob die Restitution eines Vegetationspunktes bei *Cyclamen* (Winkler 1902) als Regeneration bezeichnet werden kann, ist mir gleichfalls zweifelhaft.

Die von Massart (1899) beschriebene Vernarbung mit Regeneration von »Vegetationspunkten« bei mehrschichtig-thallösen Rhodophyceen (*Polyides lumbricalis*, *Gigartina mammilosa*, *Chondrus crispus*) und bei Phäophyceen (*Fucus*-Arten, *Pelvetia caniculata*, *Halidrys siliquosus*, *Ascophyllum nodosum*) ist offenbar in erster Linie eine Strukturregeneration, eine Ausbildung von Randelementen des Thallus; die Vegetationspunkte, welche meist in der ganzen Ausdehnung der Wundfläche, bei *Fucus serratus* jedoch nur an den Nerven entstehen, bilden sich offenbar erst nachträglich im Regenerationsgewebe aus. Man könnte also von einer Verbindung von Organ- und Strukturregeneration sprechen.

bb) Strukturregeneration.

Die einfachsten Verhältnisse finden sich bei Algen und Pilzen.

Membranbildung an plasmolysierten Algenprotoplasten (*Spirogyra*, *Zygnema*, *Mesocarpus*, *Oedogonium*, *Vaucheria*, *Chaetophora*, *Stigeoclonium* und *Cladophora*) sowie an Blattzellen von *Funaria*, an Prothallien von *Gymnogramme* und an Blättern von *Elodea canadensis* hat Klebs (1888) in 10—20%igen Rohrzuckerlösungen festgestellt; die Kultur geöffneter *Vaucheria*-Schläuche in 1%igem Rohrzucker mit Kongorot zeigte, daß die neue Wandbildung nur da erfolgte, wo die

Berührung des Plasmas mit der alten Wandfläche völlig unterbrochen war. Eine Reihe von experimentellen Arbeiten über Zellhautbildung haben sich an diese Untersuchung angeschlossen (z. B. Palla 1890, Acqua 1891, Townsend 1897, Mann 1906, Palla 1906).

Besonders reichhaltig ist die Literatur über Regeneration bei Siphoneen, vor allem bei *Vaucheria, Caulerpa* und *Bryopsis* (Hanstein 1872, 1880, Noll 1888, Klemm 1893, 1894, Küster 1899, Winkler 1900, Prowazek 1901, 1907, Janse 1906, 1908, Figdor 1910). Daß *Bryopsis mucosa* den apicalen Fiederteil und die basalen Rhizoiden nicht nur an normaler Stelle regeneriert, sondern unter bestimmten Bedingungen auch in umgekehrter Richtung (Winkler 1900), wird wohl ebensowenig als »Heteromorphose«, als Restitution eines andersartigen Organs bezeichnet werden dürfen, wie dies meist geschieht, als die entsprechende Umkehrung der Polarität bei *Dasycladus clavaeformis* (Wulff 1910), deren Regenerationsvermögen durch Figdor (1910) bekannt ist, sondern als eine Verbindung von Regeneration und Adaptation. Mit der Regeneration eines antennenähnlichen Gebildes an Stelle eines mit dem Stielganglion entfernten Auges bei Krebsen (Herbst 1899), dem zoologischen Musterfall der »Heteromorphose«, lassen sich diese Polaritätsumkehrungen nicht in Parallele stellen. Das Wort »Heteromorphose« hat freilich seine Bedeutung in der Entwicklungsphysiologie gewechselt; Loeb (1893) hat es ursprünglich auch für Polaritätsumkehr bei Polypen verwendet. Die heutige Benutzung zur Bezeichnung der Restitution eines andersartigen Organs dürfte aber die zweckmäßigste sein.

Die Restitution von Fadenalgen (*Cladophora, Trentepohlia, Ectocarpus, Cephaleuros, Antithamnion* u. a.) durch Austreiben der Nachbarzelle der verletzten und absterbenden, welche Massart (1898) in einer Reihe von Beispielen beschreibt, läßt sich ebensogut als Regeneration wie als Adventivbildung (also als Reproduktion) auffassen, weil der Begriff der »Wundstelle« hier schwer faßbar ist; zweifellos reagieren auch bei den Regenerationen höherer Pflanzen die den verletzten benachbarten Zellen, anderseits aber könnte man bei diesen, zum Teil wenigzelligen Algen geltend machen, daß die Reaktion nicht von der eigentlichen Wundstelle in der verletzten Zelle ausgeht. Man darf nie übersehen, daß alle unsere wissenschaftlichen Begriffe, gerade weil wir sie eindeutig festlegen müssen, der unendlich vielgestaltigen Gegebenheit gegenüber sich immer wieder als viel zu arm herausstellen, daß immer wieder Fälle auftreten, welche bei der Schaffung jener Begriffe nicht vorauszusehen waren und welche sich zunächst einer klaren Erfassung widersetzen. Darin liegt aber kein Einwand gegen die logische Untersuchung der naturwissenschaftlichen Begriffe, sondern ein Beweis für ihre Notwendigkeit.

Zahlreiche Fälle von Regeneration bei Rhodophyceen (*Delesseria, Polysiphonia, Ceramium, Plocamium, Rhodymenia, Polyides, Gigartina, Chondrus*) und Phäophyceen (*Laminaria, Himanthalia, Fucus, Pelvetia, Halidrys, Ascophyllum*) finden sich in derselben Arbeit von Massart. Seine Angaben werden ergänzt und berichtigt durch die Untersuchungen von Tobler bei *Bornetia* und *Griffithsia* (1903), bei *Polysiphonia* (1906) und *Myrionema* (1908) sowie von Setchell (1905) und Killian (1911) bei *Laminaria*. Im allgemeinen handelt es sich überall um eine Wiederherstellung der Randelemente in ihrer ursprünglichen Gestalt durch Aussprossung und Differenzierung der freigelegten tieferen Gewebepartien. Eine Regeneration auf ganz früher Entwicklungsstufe, eine Art embryonaler Regeneration, hat Kniep (1907) an zweigeteilten Eiern von *Fucus* festgestellt; an Stelle der abgetöteten »Rhizoidenzelle« bildet die andere Zelle Rhizoiden aus, durch deren Teilung sonst nur der Thallus hervorgegangen wäre.

Eine der einfachsten Strukturregenerationen bei Pilzen ist an *Phycomyces nitens* von Köhler (1907) festgestellt, wo abgeschnittene Lufthyphen sich mit einer Vernarbungsmembran abschließen, aus der Prolifikationen aussprossen; man könnte hier von einer Art Übergang zur Kallusrestitution sprechen.

Das bekannteste Beispiel der Regeneration bei Pilzen ist wohl die Ergänzung des abgeschnittenen Hutes bei jungen Fruchtanlagen von *Coprinus* (*stercocarius, ephemerus* usw.), die schon von Brefeld (1877) festgestellt, von Köhler (1907) und Weir (1911) bestätigt und genau untersucht wurde. An der Wundstelle treten Hyphensprossungen auf, welche sich zur neuen Fruchtkörperanlage zusammenschließen, zum Schluß aber mit dem Rest des alten Fruchtkörpers zu einem einheitlichen Gebilde verschmelzen können. Von allen drei Forschern wird Wert auf die Feststellung der Tatsache gelegt, daß jede beliebige Zelle von Hut und Stiel innerhalb des Gewebeverbandes imstande ist, einen neuen Fruchtkörper zu erzeugen; es liegt also in der jungen Fruchtkörperanlage von *Coprinus* ein äquipotentielles System, und zwar ein komplex-äquipotentielles in der Sprache Drieschs vor (wie beim Kambium höherer Pflanzen), wo jede Einzelheit das Ganze erzeugen kann.

Genau unterrichtet sind wir über die Regeneration des Champignons durch die Arbeit von W. Magnus (1906). Der Fruchtkörper von *Agaricus campestris* ist danach im Jugendzustand — nicht aber im allerersten Entwicklungsstadium — regenerationsfähig. Geringe Verletzungen werden leicht ausgeheilt. Geht der Schnitt bis zur Hymenialschicht, so bildet sich ein Wundgewebe aus lockeren, rein weißen Hyphen, das zum Ausgangspunkt aller weiteren Restitution wird und zu dessen Herstellung alle inneren Gewebeteile befähigt sind. Neubildungen der Hymenialschicht entstehen nur im Anschluß an noch vorhandene Teile derselben. Auch ist sie das erste, was bei der Regeneration ausdifferenziert wird; in Abhängigkeit von ihrer Ausbildung legen dann die regenerierenden Hyphen sich zur fortwachsenden Schneide des »Vegetationsrandes« zusammen. Nur für die übrigen Gewebe des Hutes, nicht aber bezüglich des Hymeniums, kann daher von einem äquipotentiellen System gesprochen werden.

Die Reparationen im Fruchtkörper von *Stereum hirsutum* (Goebel 1903), die selbst sofort wieder zur Hymeniumbildung übergehen, möchte Goebel nicht als echte Regeneration auffassen, weil die Zonenbildung der neuen Teile sich derjenigen der alten nicht direkt anschließt. Maßgebend für die Auffassung als Regeneration dürften die Tatsachen der Entstehung an der Wundfläche und die völlige Verwandlung in einen Fruchtkörperteil sein; die Inkongruenzen bezüglich der Zonenbildung finden eine Analogie in jenen tierischen Regenerationen, bei welchen das Regenerat gemäß der Barfurthschen Regel auch auf einer schiefen Schnittfläche senkrecht steht, also in anormaler Richtung zum Gesamtkörper. Wenn auch in diesem Falle häufig ein nachträglicher Ausgleich durch Wachstumsregulationen stattfindet, der bei dem Pilz nicht möglich ist, so liegen doch die Verhältnisse im Grunde entsprechend, und auf zoologischer Seite hat man noch keine Veranlassung gefunden, diese Neubildungen nicht als Regenerationen aufzufassen.

Die Ergänzung der abgeschnittenen weißen Spitzen an jungen Exemplaren von *Xylaria arbuscula* (Köhler 1907) und am Stroma von *Xylaria hypoxylon* (Freeman 1909) durch Hyphensprossung an der Wundfläche ist gleichfalls als Strukturregeneration aufzufassen, da sie ihres erheblich einfacheren Baues wegen mit den Vegetationspunkten der Gewebepflanzen nicht in Parallele gestellt werden können.

Eine Regeneration der schwarzen Rinde der Sklerotien von *Coprinus* vom Mark her wird von Brefeld (1877) und de Bary (1894) beschrieben. Weitere Beispiele für Strukturregeneration bei Pilzen finden sich in der Arbeit von Massart (1898), so die regenerative Ausheilung oberflächlicher Wunden bei *Trametes gibbosus* und *Polyporus versicolor* durch Hyphensprossung und die regenerative Rindenbildung an Sklerotien von *Ganoderma lucidum*; auch Flechten zeigen diese Form der Reparation, die bei *Umbilicaria pustulata* noch durch Sporidienbildung längs der Wunde kompliziert wird. Weitere Angaben finden sich in der erwähnten Arbeit von Köhler (1907).

Bei den Moosen kommt als Hauptbeispiel die Regeneration verletzter Laubmoosbrutkörper von *Eriopus* und *Drepanophyllum* (Correns 1899) in Frage. Der Ersatz der *Marchantia*-Rhizoiden durch Auswachsen einer Nachbarzelle (Kny 1880) läßt sich vielleicht als Grenzfall zwischen Regeneration und Adventivbildung bezeichnen. Bei der von K. Müller (1856) beschriebenen teilweisen Reparation des Blattes von *Bryum Billardierii*, die in der Literatur zuweilen erwähnt wird, ist nicht zu erkennen, ob Sprossungs- oder Ersatzregeneration vorliegt; da es sich überdies nicht um ein Versuchsergebnis, sondern um eine zufällige Beobachtung an Herbarmaterial handelt, dürfte der Fall bei seiner Vereinzelung ziemlich zweifelhaft sein.

Bei den Farnen ist Sprossungsregeneration mehrfach bekannt geworden. Längsgespaltene Polypodiaceenprothallien regenerieren im vorderen Teil den Vegetationspunkt (Goebel 1898); ebenso wird die bei Farnen längere Zeit »embryonal« bleibende Spitze der Blattspreite von *Polypodium* (*pustulatum, Heracleum*) nach Goebel (1902, 1908) und von *Scolopendrium* nach Figdor (1906) regeneriert. Bei dem letzten Farn tritt eine Gabelung des Blattvegetationspunktes nicht nur bei seichtem Medianeinschnitt, sondern auch bei einfacher Dekapitation auf, was Figdor auf eine Spaltung des meristematischen Gewebes infolge verschiedener Gewebespannung zurückführt. Da es sich hier nicht um Neubildung weggenommener ganzer Vegetationspunkte, sondern um ihre Ausbesserung nach Verletzungen handelt, so wurden diese Fälle, die sich der unten sogleich zu erwähnenden »Seitenregeneration« anschließen, als Strukturregenerationen aufgefaßt. Auf die Regeneration bei Marattiaceen durch Zellteilung an der Wundfläche (Massart 1899) mag noch kurz hingewiesen werden.

Bei den Phanerogamen kann man drei Gruppen von Strukturregenerationen unterscheiden.

Die erste, einfachste Art stellt die Regeneration von Zellteilen dar, wie sie in der Wandbildung isolierter Protoplasten oder in der Bildung einer neuen Haarspitze bei den Brennhaaren von *Urtica dioica* (Küster 1903) gegeben ist.

Bei der zweiten handelt es sich um Formbildungsvorgänge im Bereich von Meristemen, insbesondere eines Vegetationspunktes. Hierher gehört die von Němec (1905) beschriebene »Seitenregeneration« an Wurzelvegetationspunkten, welche zu einer Ergänzung — nicht etwa Neubildung — derselben führt; es handelt sich um Restitution einer in Plerom, Endodermis, Perikambium und Epidermis gegliederten Rinde an seitlichen Wunden. Auch die von demselben Autor beschriebene Wundheilung mittels eines »keilförmigen Gewebes« bei nicht zu tiefen Einschnitten an Wurzelvegetationspunkten gehört hierher.

Bei der dritten Gruppe handelt es sich um Strukturregenerationen an noch jungen, unerwachsenen, aber immerhin weitgehend differenzierten Organen, meist um solche in unmittelbarer Nähe eines wachsenden Vegetationspunktes. Eine teilweise Regeneration junger Blätter und Blattstiele in der Nähe des Vegetationspunktes von *Helianthus annuus* hat Lopriore (1895, auch 1905) als erster beschrieben; genauere Schilderungen des Regenerationsverlaufs bei derselben Pflanze durch Peters (1897) und Kny (1905) zeigen sehr verwickelte Restitutionsvorgänge, bei denen neben Organ- und Strukturregeneration auch Strukturkallusbildungen vorkommen. Durch die Untersuchungen Linsbauers (1915) ist überhaupt zweifelhaft geworden, ob hier Strukturregenerationen vorliegen, oder ob die Bildungsgewebe des regenerierten »Ersatzvegetationspunktes« für die Neubildungen verantwortlich zu machen sind. Epidermisregeneration an den Wundkanten von *Polygonum cuspidatum* berichtet Peters (1897), und Massart (1898) beschreibt die Regeneration einer typischen Epidermis mit Haaren an jungen Blättern von *Lysimachia vulgaris.* Kaßner (1910) hat die Regeneration der Epidermis aus hochdifferenziertem Gewebe jugendlicher Organe zum Gegenstand einer ausführlichen Arbeit gemacht und bei *Quercus, Ulmus, Populus, Carya, Viburnum, Abies, Tilia, Vicia, Fuchsia, Osteospermum* und *Allium* festgestellt; Haarbildungen auf der regenerierten Epidermis fanden sich nur bei *Ulmus* und *Vicia.* Bei *Carya glabra* beobachtete Kaßner die Neubildung der bei dieser Juglandacee von allen Blatteilen am längsten meristematisch bleibenden Blattspitze und der benachbarten Zähne des Blattrandes. Während eine Beteiligung der unverletzten Epidermis an solchen Regenerationen meist unterbleibt, beschreibt Shoemaker (1911) die Ausbildung einer Lage von Spiralzellen durch tangentiale Teilung der einschichtigen Epidermis in den Antheren von *Hamamelis virginiana* nach örtlicher Zerstörung der Spiralzellenschicht. Pischinger (1902) machte echte Regeneration bei den Keimblättern von *Streptocarpus* und *Monophyllaea* — möglicherweise neben Kallusbildungen — wahrscheinlich, die dann von Figdor (1907) einwandfrei nachgewiesen wurde; dieser zeigte, daß ein Ersatz der Spreite des längsgespaltenen Assimilationsapparates bei *Streptocarpus Wendlandi* und *Monophyllaea Horsfieldii,* der sich aus dem großen Keimblatt und dem sekundären laubblattähnlichen Zuwachs zusammensetzt, aus Zellen stattfindet, die noch meristematisch genannt werden können (vgl. auch Goebel 1908).

Einwandfreie Belege einer Sprossungsregeneration aus völlig differenzierten Geweben scheinen nicht vorzuliegen.

2*. Ersatzregeneration.

Bei der Ersatzregeneration geht die Neubildung zwar auch von der Wundstelle aus, aber nicht durch Teilung und Auswachsen der unmittel-

bar oberflächlich gelegenen Zellen der Wunde. Die Restitutionsvorgänge sind daher hier stets von einer mehr oder minder tiefgreifenden
Umordnung und Umgestaltung des Ausgangsmaterials begleitet. Auch
hier kann Organ- und Strukturregeneration auseinander gehalten
werden.

aa) Organregeneration.

Dieser Typus der Regeneration wurde zuerst von Němec in seiner
Arbeit über die Regeneration der Wurzelspitze (1905) beschrieben. Es
handelt sich um diejenigen Reparationsvorgänge, die er als »inter-
kalare« Regeneration bezeichnet. In gewissen Fällen bildet sich
der neue Vegetationspunkt nicht durch Sprossung von der Wundfläche
aus, sondern mitten im darunterliegenden unverletzten Gewebe. Dabei
stellt ein Teil der Zellen die Teilungstätigkeit ein und hypertrophiert,
während andere in lebhafte Teilungen eintreten, deren Richtung und Aufeinanderfolge von der normalen durchaus abweicht, die aber in bestimmter räumlicher und zeitlicher Ordnung so verlaufen, daß trotz der
Verschiedenartigkeit der Wunde ein radiäres Transversalmeristem entsteht. Die anormal erfolgenden Zellteilungen führen also eine völlige
Umordnung der Gewebe der Regenerationsgrundlage herbei. Diese
Regenerationsform findet sich bei genügend tiefen Einschnitten von
schräg oben, mögen sie nun einzeln oder von zwei entgegengesetzten
Seiten in gleicher Höhe erfolgen, ferner bei Ringelschnitten. Auch
zwischen zwei selbständig entstandenen Regeneraten kann auf diese
Weise interkalar eine dritte Anlage entstehen, die dann mit den beiden
anderen zu einem einheitlichen Vegetationspunkt verschmilzt.

In ähnlicher Weise scheint bei den meisten Monokotylen und Dikotylen die Regeneration des Sproßvegetationspunktes vor sich zu gehen.
Nach den Untersuchungen Linsbauers (1915) findet nach den verschiedensten Eingriffen (Stichen, Längseinschnitten und Querschnitten)
an den Sproßvegetationspunkten der Keimlinge von *Helianthus* und
Phaseolus und des Rhizoms von *Polygonatum* keine Sprossung am
Wundrand statt, sondern ein bloßer Wundverschluß durch »Kallusbildung«, während der übriggebliebene Teil des Vegetationspunktes
(oberhalb der jüngsten Blattanlagen) sich zu einem »Ersatzvegetations-
punkt« durch bestimmt gerichtete Zellteilungen umgestaltet. Dabei

stehen die neuen Initialen nicht in genetischem Zusammenhang mit denen des verletzten alten Vegetationspunktes; so gehen die neuen Plerominitialen aus Abkömmlingen des ursprünglichen inneren Periblems hervor.

In beiden Fällen äußert sich der besondere Charakter dieses ganzheiterhaltenden Vorganges in der veränderten Teilungsrichtung der Zellen, die eine ganz andere Rolle innerhalb des neugebildeten Vegetationspunktes spielen, als dies im ursprünglichen der Fall gewesen wäre. In der Ordnung der einsetzenden Zellteilungsvorgänge liegt das teleologische Moment.

bb) Strukturregeneration.

Hierher gehören wohl sehr viel mehr Fälle von Restitution, als sich aus der vorliegenden Literatur mit Sicherheit erkennen läßt. Leider war Fragestellung und Methode vieler Arbeiten auf diesem Gebiet, besonders der zu praktischen Zwecken unternommenen, nicht dazu angetan, das Augenmerk der Untersucher auf die für die Analyse der Vorgänge wichtigen Tatsachen zu lenken. Die hier vorgeschlagenen Unterscheidungen lassen sich daher auf eine Anzahl von Arbeiten deshalb nicht anwenden, weil die hierfür notwendigen Angaben fehlen.

Nach dem Verlauf der Restitutionsvorgänge kann man zwei Arten von Strukturersatzregenerationen unterscheiden; bei der ersten geht die Regeneration von meristematischem Gewebe aus, bei der zweiten von Dauergeweben.

Zum Typus der ersten »meristematischen« Strukturregeneration kann man vielleicht die als »Bekleidung« bekannte Art der Wundheilung bei Waldbäumen stellen (vgl. z. B. Hartig 1900). Das gegen Verdunstung hinreichend geschützte Kambium wird zum Ausgang der Ersatzbildung bei Rindenverletzungen. Seine langgestreckten Zellen bilden durch Querteilung ein parenchymatisches Vernarbungsgewebe, das im Anschluß an den alten Holzkörper Holzzellen erzeugt (wegen der Kurzzelligkeit und des Mangels bzw- der Armut an Gefäßen als »Wundholz« gekennzeichnet), während seine äußersten Schichten eine Epidermis und ein parenchymatisches Rindengewebe ausbilden und darunter eine neue Bastregion entsteht, an deren Innenseite sich ein teilungsfähiges Kambium erhält. Bei Vertrocknung der Zellen des Kambiumringes kann die »Bekleidung« auch vom Markstrahlkambium ausgehen. Primär-regulatorisch (im Sinne von Driesch) kann dieser Vorgang deshalb nicht genannt werden, weil die Kambiumzellen anderes liefern, als sie normalerweise getan haben würden. Als Regeneration kann er freilich nur dann gelten, wenn alle Abkömmlinge des Kambiums in der Ersatzbildung aufgehen, im anderen Fall läge eine Struktur-kallusbildung und zwar ein Kambiumkallus vor.

Wenn die Strukturregeneration in Dauergeweben einsetzt, so muß der Ersatzbildung eine Umdifferenzierung vorhergehen. Der häufigste Fall dürfte wohl der sein, daß durch diese Umdifferenzierung ein Meristem entsteht. Dieses Meristem (Kambium, Phellogen) erst erzeugt dann die fehlenden Gewebe. Diese Art der Strukturregeneration, bei der die Entstehung eines Meristems aus Dauergewebe die Hauptsache darstellt, mag als »mittelbare« Strukturregeneration von der »unmittelbaren« unterschieden werden, bei der sich die Zellen ohne Vermittlung eines besonderen Bildungsgewebes direkt zu den Restitutionsprodukten umdifferenzieren.

Die häufigste Form der mittelbaren Strukturregeneration ist die Kambiumbildung. In seinen eingehenden Untersuchungen (1892, 1908) hat Vöchting die in Bertrands »Loi des surfaces libres« (1884) ausgesprochene Tatsache der Ausbildung eines Meristems (»Zone génératrice«) unter freien Oberflächen bestätigt und erweitert. Er zeigte, daß bei dem der künstlich gesetzten Oberfläche parallel entstandenen Kambium die Phloembildung der Oberfläche zu, die Xylembildung entgegengesetzt gerichtet ist. Für die Runkelrübe (1892) konnte er nachweisen, daß die Kambiumbildung nicht nur an der organischen Außenseite eines aus dem Zusammenhang gelösten Gewebekörpers, sondern auch, wenngleich schwieriger, an den Radial- und Innenwänden vor sich geht. Bei der Regeneration des Kohlrabi (1908) spielt die Kambiumrestitution gleichfalls eine große Rolle. Das an die Oberfläche verlegte Mark des Kohlrabi bildet mit Hilfe des Kambiums unter der Wundfläche kollaterale Bündel, während es sonst nur konzentrische Stränge aufweist.

Auch die Regeneration des abgeschälten Periderms eines Zweiges aus dem Rindenparenchym durch Phellogenbildung (Tittmann 1894) kann hierher gerechnet werden.

Unmittelbare Strukturersatzregeneration liegt vor, wenn beim Kohlrabi aus dem Mark eine »primäre Rinde mit allen Bestandteilen, mit grünem Parenchym, Sklerenchym, mit Kollenchym und Hartbastzellen« unter der freien Oberfläche hervorgeht, die imstande ist, unter dem zuerst entstehenden Kork eine neue Epidermis mit Spaltöffnungen auszubilden (Vöchting 1908).

Bei der von Kaßner (1910) beschriebenen Verdoppelung des Leitbündelringes an gespaltenen Zweigen von *Abies concolor* scheint vorwiegend mittelbare, daneben wohl auch unmittelbare Strukturregeneration vorzuliegen; Genaueres läßt sich den vorliegenden Angaben nicht entnehmen.

2. Kallusrestitution.

Diejenigen Reparationsvorgänge, bei denen ein besonderes Gewebe die Neubildung vermittelt und auch nach vollendeter Restitution, wenigstens teilweise erhalten bleibt, wurden oben als »Kallusrestitutionen« bezeichnet. Frühzeitig hat man erkannt, daß im »Kallus« mehr als ein bloßer Wundverschluß vorliegt; so hebt schon Hansen (1881) hervor, daß er nicht einfach »Schutzgewebe« sei, sondern »ein fortbildungsfähiges Gewebe eigener Art«. Neuerdings hat in ähnlicher Weise Reuber (1912) hervorgehoben, daß die Kallusbildung »eine typische organisatorische Regulation« sei, deren Wesen darin bestehe, der Pflanze »ihre gestörte Geschlossenheit in sich und Abgeschlossenheit gegen die Umwelt« wiederzugeben.

Das für höhere Pflanzen charakteristische Kallusgewebe ist ein fast gleichmäßig ausgebildetes Parenchym, dessen zartwandige, undifferenzierte Zellen keine typische Form der Anordnung aufweisen; wichtig ist seine Fähigkeit zur Meristembildung. Das Kallusgewebe kann aus Meristemen wie aus Dauergeweben hervorgehen. Im ersten Fall, beim »Kambialkallus«, gehen die Kambiumzellen aus der zweiseitigen Teilungsweise zu einer allseitigen über (vgl. Küster 1903) und zeigen schon dadurch an, daß die Restitution nicht auf dem Wege normaler Formbildung vor sich geht. Von den Dauergeweben der Pflanzen sind wohl alle überhaupt lebenden Gewebearten zur Kallusbildung befähigt (Simon 1908), die unter Umdifferenzierung der »fertigen« Zellen vor sich geht. Daß der Kallusproduktion eine Entdifferenzierung der restituierenden Zellen vorhergeht, wurde wohl erstmals von H. Crüger (1860) festgestellt; er beschreibt, wie an Teilstücken eines Blattes von *Sanseviera guineensis*, die als Blattstecklinge behandelt wurden, zunächst eine allgemeine Teilungstätigkeit der Zellen unter der Wundfläche einsetzt, die einen gewissen Abschluß schafft, worauf die Zellen aller Gewebe unter Entdifferenzierung, Auflösung der Verdickungsschichten der Zellwände usw. sich zu einem teilungsfähigen Gewebe umbilden, das schließlich einen Kallus herstellt. An eine Reihe von Arbeiten über den genaueren Verlauf der Kallusbildung bei höheren Pflanzen von Stoll (1874), Hansen (1881), Hoffmann (1885), Rechinger (1894), Tittmann (1895), Küster (1903) u. a. schloß sich die neuere eingehende Untersuchung von Simon (1908), welche Zusammensetzung und Entwicklung des Kallus, seine Bildungsbedingungen sowie die damit zusammenhängenden Polaritätserscheinungen ausführlich behandelt.

Eine Trennung der Kallusrestitutionen auf Grund der Entstehung aus Meristemen oder aus Dauergewebe erscheint um so weniger zweckmäßig, als ein und dasselbe Kallusgebilde aus beiden Gewebearten zusammen entstanden sein kann; wesentliche Unterschiede im Verhalten von Kambial-, Rinden- oder Markkallus sind überdies nicht beobachtet worden.

Wichtiger dagegen ist der Unterschied, ob der Kallus durch Bildung von Vegetationspunkten neue Wachstumszentren der restituierenden Pflanze schafft, oder ob er nur die zerstörte »fertige« Organisation wiederherstellt; im ersten Fall soll, entsprechend der Einteilung der Regenerationen, von Organkallusbildung, im zweiten von Strukturkallusbildung gesprochen werden.

aa) Organkallusbildung.

Bei der Besprechung der Regeneration wurde mehrfach auf Vorgänge hingewiesen, die als »Übergangsformen« zur Kallusrestitution

bezeichnet werden könnten. Die Ausbildung einer Prolifikationen
erzeugenden Vernarbungsmembran bei *Phycomyces nitens* und ähnliche Vorgänge bei zahlreichen Meeresalgen gehören hierher. Wenn
Zellen an der Wundfläche von Laubmoosen, an Stengeln, Blättern,
Rhizoiden (Massart 1898) und an Sporogonen (Stahl 1876), Pringsheim 1876) zu protonemaartigen Fäden auswachsen, an denen sich
dann neue Moospflänzchen bilden können, so liegt ohne Zweifel eine
Reparation vor. Da das verlorene Organ nicht unmittelbar wieder-
erzeugt wird, sondern ein Vermittlungsgewebe auftritt, kann von einer
Regeneration nicht gesprochen werden; da das Protonema anderseits eine besondere Stufe des normalen Entwicklungsganges darstellt,
die hier freilich an durchaus anormaler Stelle eingeschaltet wird, so
mag auch hier einstweilen von einer Art »Übergang« von Regeneration
zu Kallusrestitution gesprochen werden.

Auch bei den Kormophyten finden sich derartige Übergangsformen.
So wurde oben darauf hingewiesen, daß nach Němec (1905) bei Wurzelspitzen, denen man nach leichter Spitzenabtragung eine Glasnadel ins
Plerom stößt, ein Ringwulst auftritt, der mit dem einseitig an ihm
regenerierenden neuen Vegetationspunkt nicht mehr vollständig verschmilzt. Wenn der Dekapitationsschnitt etwas tiefer, nämlich dicht
hinter der Zone der »partiellen Regeneration« geführt wird, so entsteht
ein echter Kallus, indem der sich bildende Ringwall überhaupt nicht
mehr verschmilzt, sondern an einer oder mehreren (meist zwei) Stellen
radiäre Vegetationspunkte erzeugt.

Bau und Entstehung der typischen Organkallusbildungen höherer
Pflanzen kennen wir durch die Arbeit von Simon (1908). Die Ausgestaltung des parenchymatischen Kallusgewebes, das durch die Tätigkeit eines Kambiums oder durch Umdifferenzierung aus den Dauergeweben von Rinde und Mark erzeugt wird, geht zum Teil unmittelbar
vor sich, zum Teil durch Ausbildung von Meristemen. Es entstehen
folgende Gruppen von Bildungsgeweben: die Sproß- oder Wurzelvegetationspunkte, die Kambien für den sekundären Zuwachs der
Anschlußbahnen zu diesen Vegetationspunkten, ein Kambium, das die
Fortsetzung und den Abschluß des normalen, unverletzten Kambiums
bildet und zur »Wundholz«bildung übergeht, die Meristeme zur Pro-

duktion von Kork und hyperhydrischem Gewebe an den Außenflächen. Durch direkte Umbildung aus Kalluszellen werden z. B. Sklerenchymzellen, ferner die Elemente der primären Anschlußbahnen zu den Vegetationspunkten erzeugt. Der zeitliche Verlauf der Kallusbildung läßt sich nach Simon etwa folgendermaßen gliedern:

1. Hauptphase: a) Bildung des Kallusparenchyms und Entstehung der durch direkte Umdifferenzierung gebildeten Sklerenchymzellen.

b) Entstehung der Vegetationspunkte und der von ihnen ausgehenden primären Anschlußbahnen zu dem unverletzten Leitungssystem.

2. Hauptphase (Wundholzbildung): a) Abhängig von der Meristembildung die Produktion sämtlicher zusammenhängender Holzkörper.

b) In lockerem Zusammenhang damit das Auftreten der Prokambiumstränge für den sekundären Zuwachs der Anschlußbahnen.

Unabhängig von den Vorgängen der beiden Hauptphasen die Bildung der Meristeme für Kork und hyperhydrische Gewebe.

Das Schema »Anlage-Ausgestaltung«, das die tierischen Regenerationen kennzeichnet, bei den pflanzlichen aber weniger scharf hervortritt, weil hier eine besondere »Anlage« nur bei den Ersatzregenerationen erzeugt werden muß, ist hier wieder deutlich gegeben.

Eine Erörterung der Polaritätserscheinungen an den Kallusbildungen ist ebensowenig am Platze als die der Entstehungsbedingungen der Kallusgewebe. Es mag nur darauf hingewiesen werden, daß bei dem normalen apikalen Kallus die Vorgänge der ersten Phase, beim basalen die der zweiten überwiegen und daß das wundholzbildende Kambium im Basalkallus viel stärker entwickelt ist als im apikalen. Während der apikale Kallus nur Sproßanlagen erzeugt und (bisher) niemals Wurzelvegetationspunkte, kann am basalen Kallus außer den Wurzelanlagen auch die Entstehung von Sprossen durch Unterdrückung der Sproßbildung am apikalen Ende erzielt werden.

Je nach den Bedingungen kann die Sproßbildung des apikalen Endes in ganz verschiedene Tiefe des Kallus verlegt werden; während sie gewöhnlich exogen erfolgt, kann sie infolge vorangegangener Bildung von Kork oder hyperhydrischem Gewebe weiter nach innen verlegt werden, unter Umständen aus dem Meristem jener Gewebe selbst erfolgen, in anderen Fällen sogar vollständig endogen aus dem Meristem der Wundholzbildung. In dieser Entstehung der Sproßanlage aus beliebigem Querschnitt des Kallusgewebes und aus seinen verschiedensten Bestandteilen liegt ein Hinweis darauf, daß es auch noch in weitgehend differenziertem Zustand ein äquipotentielles System darstellt.

Die Organkallusbildung ist ein ziemlich häufiger Vorgang; es finden sich daher auch zahlreiche Angaben darüber in der Literatur. Eine Reihe von Fällen beschreibt Vöchting (1878/84); aus den späteren Arbeiten mögen einige charakteristische Fälle herausgegriffen werden. Hansen (1881) beobachtete Kallusrestitution mit Sproß- und Wurzelbildung bei Stecklingen von *Achimenes grandis* und *Begonia* Rex. Nach Goebel (1897) bilden Keimpflanzen von Erbsen nach Entnahme von Wurzel und hypokotylem Glied einen Kallus mit einer neuen Wurzel, nach Entfernung des Sprosses einen Kallus mit einem neuen Sproß. Die an der Stielbasis abgetrennten Blätter von *Torenia asiatica* lassen an der Wundstelle einen wurzelerzeugenden Kallus entstehen (Winkler 1903). Die Ranken, Blätter und Internodialstücke von *Passiflora coerulea* bilden nach Winkler (1905) einen Kallus, aus dem Wurzeln und weiterhin Sprosse hervorgehen. Auch an der Kartoffelknolle hat man neuerdings einen wurzelerzeugenden Kallus beobachtet (Schlumberger 1913). Bei Stingl (1909) finden sich zahlreiche Beispiele von Organkallusrestitution bei den isolierten Blättern vieler Angiospermen, leider ohne genauere anatomische Angaben.

Die von Haberlandt (1877) bei Mais, Gartenbohne und Weizen beschriebene Restitution halbierter Samen zu zwei Pflänzchen wird wohl auch auf Kallusrestitution beruhen, wie sich dies für die in derselben Arbeit beschriebenen Restitutionen an Keimpflanzen von *Phaseolus vulgaris* mit Sicherheit sagen läßt; genauere Angaben über diese Ganzbildungen halbierter Pflanzenembryonen fehlen leider, und Bestätigungen der Ergebnisse konnte ich in der Literatur nicht finden.

Auch bei den Pteridophyten ist Kallusrestitution mehrfach festgestellt, so von Němec (1905) an dekapitierten Farnwurzeln, wo der Kallus ein »Transversalmeristem« ausbildet, ohne daß es freilich zu einer Weiterentwicklung kommt, und von Goebel (1905a) und Bruchmann (1905) an dekapitierten »Wurzelträgern« der Selaginellen, wo im Innern des Kallus zwar neue Wurzelanlagen aber keine neue Spitze restituiert werden.

Der »Überwallungswulst« der Laubholzstöcke (selten bei Nadelhölzern, so zuweilen bei *Abies*), der ein typischer Strukturkallus ist, kann dadurch zum Organkallus werden, daß er Sproßanlagen ausbildet, deren Bündel mit dem Holzkörper des Stockes in Verbindung treten (»Stockausschlag«). Diese gewöhnlich als »Adventivknospung« bezeichnete und mit verschiedenen anderen Erscheinungen zusammengeworfene Restitution wird deshalb als Organkallusbildung aufgefaßt werden dürfen, weil sie wenigstens theoretisch den Rest des gefällten Stammes zur Form- und Funktionseinheit ergänzt; praktisch ist dieser Stockausschlag freilich weniger wichtig, als der aus den sogenannten schlafenden Augen (Präventivknospen) hervorgegangene.

bb) Strukturkallusbildung.

Auch die Strukturkallusbildungen, denen die Erzeugung von Vegetationspunkten fehlt, sind in organisatorischer Hinsicht wesentlich mehr als ein bloßes Vernarbungsgewebe. Der eigentliche Wundverschluß geht ihrer Entstehung — wie bei vielen anderen Reparationen — meist voraus; bei Laubhölzern erfolgt die Bildung des Wundkallus häufig erst im Jahre nach dem Hieb und dauert jahrelang an.

Die Bedeutung der Strukturkallusbildung als einer Restitution ergibt sich sehr einleuchtend aus den Ergebnissen von Kny (1877) über die »künstliche Verdoppelung des Leitbündelkreises« im Sprosse von Dikotylen. Bei Arten von *Caprifolium*, *Sambucus*, *Syringa*, *Catalpa*, *Solanum*, *Ampelopsis*, *Sedum*, *Acer*, bei Hippocastaneen, bei *Impatiens* und *Prunus* brachte er einen durchgehenden Längsspalt an jungen Internodien dicht unter dem Vegetationspunkt so an, daß dieser unverletzt blieb. An beiden Spalthälften erfolgte aus Kambium, Mark und Rinde eine Bildung von Kallusgewebe, das sich nach außen hin durch Kork abschloß, während in seinem Innern sich ein Kambium ausbildete, welches das Kambium der Spalthälften wohlgeordnet zu einem Kreis ergänzte und gleich jenem Xylemelemente nach innen, Phloemelemente nach außen erzeugte. Dieser Strukturkallus stellte also die Organisation in ihrer typischen Anordnung vollkommen wieder her; die Doppelbildung ergab sich dabei aus der Art der Versuchsanstellung.

Einen ganz ähnlichen Fall beschreibt Massart (1898) bei dem gespaltenen noch krautartigen Stengel von *Sambucus nigra*, wo im Markkallus bis zur Ergänzung eines Halbringes Gefäßelemente erzeugt werden.

In Peters Untersuchungen über die Restitution bei *Helianthus* (1897) liegt neben Organ- und Strukturregeneration eine deutliche Strukturkallusbildung vor. Bei den nach Anlage des Köpfchens verletzten Pflanzen tritt nur noch Kallusbildung ein, bei welcher dann Zungenblüten und die obersten Deckblätter restituiert werden. Ähnliches war schon von Sachs (1874) beobachtet worden, und bei Kny (1905) findet sich eine Bestätigung dieses Ergebnisses.

Wahrscheinlich sind manche der oben angegebenen Strukturersatzregenerationen, möglicherweise alle an erwachsenen Teilen von Kormophyten erfolgenden, richtiger als Strukturkallusbildungen zu bezeichnen.

Eine außerordentlich häufige Form der Strukturkallusbildung ist die Entstehung des »Wundkallus« oder »Überwallungswulstes« der Holzgewächse. Außer in den Lehrbüchern der Pflanzenkrankheiten (z. B. Sorauer, 3. Aufl. 1909, Bd. 1, oder Hartig, 3. Aufl. 1900) findet sich eine Schilderung des Vorganges u. a. bei Voß (1904), bei Vöchting (1908), bei Krieg (1908) und bei Neeff (1914). Bei tieter gehenden Verletzungen, bei denen eine »Bekleidung« infolge der Wegnahme, Vertrocknung oder örtlichen Fehlens (bei Astwunden) des Kambiums ausgeschlossen ist, bildet sich von Rinde und Kambium des Wundrandes her, häufig auch unter lebhafter Beteiligung des angeschnittenen Markstrahlparenchyms, ein parenchymatisches Kallusgewebe aus, das sich durch Korkbildung nach außen hin abschließt und im Innern ein Kambium erzeugt, welches sich an das Sproßkambium anschließt und Leitbündelelemente liefert. Für die Entstehung dieses Kambiums gilt, wie besonders Vöchting und Neeff hervorheben, das »Gesetz der freien Oberflächen«. Die Wundgewebe zeigen häufig eine von den normalen abweichende anatomische Ausbildung (kurzzelliges, gefäßloses »Wundholz« ohne deutliche Markstrahlen usw.). Wo ein

Rindengewebe zartwandig und nicht von toter Borke bekleidet ist, verwachsen die zusammenstoßenden Überwallungsränder, häufig unter Ausquetschung des Rindengewebes, wobei die Kambiumschichten sich aneinander schließen. Bei den langlebigen Nadelholzstöcken, besonders von Weißtannen, Fichten und Lärchen, kann die ganze Hiebfläche zuwachsen. Da an solchen Kallusbildungen der richtende Einfluß der Polarität der aus Sproß und Wurzel bestehenden unverletzten Pflanze fortfällt, so treten im Wundholz dieser Überwallungskalli jene Knäuel- und Wirbelbildungen auf, wie Mäule (1895) und Neeff (1914) sie ausführlich beschrieben haben.

II. Reproduktion (Neubildung).

Der kurze Überblick über die Reparationserscheinungen dürfte gezeigt haben, daß die häufig geäußerte Anschauung, im Pflanzenreich spiele die »Regeneration« neben der »Adventivbildung« kaum eine Rolle, jedenfalls bezüglich der Strukturrestitutionen nicht gilt. Für die Organrestitutionen ist es freilich richtig, daß der Ersatz an fremdem Orte, die »Reproduktion«, an Häufigkeit und Bedeutung die Reparationsvorgänge bei weitem überwiegt.

Der Einteilung der Reproduktionen soll der Umstand zugrunde gelegt werden, ob der Ersatz durch einen schon vorhandenen anderen »fertigen« oder doch »vorgebildeten« Teil der Pflanze erfolgt, der gewissermaßen die Rolle des ausgefallenen durch Umgestaltung übernimmt, oder durch völlige Neubildung. Ein Vorgang der ersten Art mag Kompensation, ein solcher der letzten Adventivrestitution heißen. Unbedingte Freunde deutscher Fachausdrücke könnten im ersten Fall von »Übernahme«, im zweiten (mit Jost 1913) von »Neuentstehung« sprechen. Ich möchte bei dieser Gelegenheit betonen, daß es sich bei der Schaffung deutscher Fachausdrücke natürlich nicht um Übersetzung vorhandenerFremdwörter, sondern unabhängig von ihnen nur um eine möglichst treffende Bezeichnung der Sache handeln kann

1. Kompensation (Übernahme).

Wenn der kompensatorische Ersatz durch ein anderes lebenstätiges Organ — d. h. durch Sproß, Wurzel und Blatt oder durch einen wachsenden, in Formbildungstätigkeit begriffenen Vegetationspunkt — bewerkstelligt wird, so soll von »Organkompensation« oder »Kompensation im engeren Sinne« gesprochen werden. Der kompensatorische Ersatz durch Auswachsen einer vorgebildeten »latenten« »Anlage«, einer »Präventivbildung« im Sinne von Th. Hartig (1878) — d. h. einer »schlafenden Knospe«, eines »ruhenden« Vegetationspunktes oder meristematischen Zellkomplexes — soll »Anlagekompensation« oder »Präventivrestitution« heißen.

Die Bezeichnung »Organkompensation« enthält das Wort »Organ« im selben Sinn wie die Ausdrücke »Organregeneration« und »Organkallusbildung«; wenn bei ihnen nur von den Vegetationspunkten gesprochen wurde, so liegt das daran, daß die Reparation fertiger Sprosse und Wurzeln eben nicht vorkommt, sondern stets durch die der Sproß- und Wurzelvegetationspunkte geleistet wird. Der Gegensatz der Organreparation zur Strukturreparation ist aber natürlich ein anderer als der von Organkompensation zur Anlagekompensation; der erste betrifft die Ausdehnung und Bedeutung des wiederherzustellenden Organisationsbestandteils, der zweite die bisherige Lebenstätigkeit des stellvertretenden Teiles.

Ein deutsches Wort für Organkompensation wäre etwa »Vertretung«, für Präventivrestitution »Neuentfaltung«.

1*. Organkompensation (Vertretung).

Im Anschluß an die von Driesch (1908) gebrauchten Ausdrücke soll unter »kompensatorischer Hypertrophie« eine Organkompensation ohne Änderung des morphologischen Charakters des restituierenden Organs, also durch bloßes vermehrtes Wachstum verstanden werden, unter »kompensatorischer Hypertypie« dagegen die kompensatorische Umbildung eines Organs zu einem solchen von anderem morphologischen Charakter. Die Entscheidung, zu welcher Gruppe von »Vertretungen« ein Vorgang zu rechnen sei, ist nicht immer einfach.

aa) Kompensatorische Hypertrophie.

Hierher gehört die von Goebel (1880) festgestellte Tatsache, daß die Nebenblätter von *Vicia faba* bei frühzeitigem Entfernen der Blatt-

spreite zu ungewöhnlicher Größe heranwachsen und ebenso wohl auch
die von K. Kraus (1880) festgestellte Verlaubung der Hochblätter
von *Helianthus annuus* nach dem Entblättern der jungen Pflanze.

Das von Hering (1896) festgestellte kompensatorische Eintreten
des kleinen »Keimblattes« von *Streptocarpus* für das abgeschnittene
oder eingegipste große gehört nur in einem Teil der Fälle hierher, wie
durch Pischingers Untersuchungen (1902) nachgewiesen wurde. Dieser
zeigte, daß der Größenunterschied der Keimblätter und die Ausbildung
des basalen Meristems beim großen Keimblatt, welches sich später durch
Erzeugung eines sekundären, laubblattähnlichen Zuwachses weiter aus-
gestaltet, schon im Samen besteht und stellte fest, daß sowohl beim
»einblättrigen« *Streptocarpus Wendlandi* als bei dem rosettenblättrigen
Streptocarpus Gardeni zwei Arten kompensatorischer Restitution vorkommen. Nach dem Abschneiden oder Ausschalten des großen Kotyledo
durch Eingipsen kann entweder einfaches Auswachsen des kleinen stattfinden — dann liegt kompensatorische Hypertrophie vor — oder das
heranwachsende kleine Keimblatt bildet auch ein Meristem und durch
dieses einen sekundären laubblattartigen Zuwachs aus —, dann muß
von kompensatorischer Hypertypie gesprochen werden.

Während bei diesem Beispiel in der Neubildung des sekundären
Gewebes an dem restituierenden Keimblatt ein Merkmal vorliegt, das
erlaubt, zwischen kompensatorischer Hypertrophie und Hypertypie zu
unterscheiden, ist dies in anderen Fällen schwieriger. Dies gilt z. B. für
den kompensatorischen Ersatz der entnommenen Hauptwurzel durch
eine Seitenwurzel. Die damit verknüpfte »Sinnesumkehr« des Tropismus bleibt außer Betracht, da hier eine kinetische Regulation vorliegt;
die morphologischen Vorgänge der Umwandlung sind ausführlich von
Boirivant (1897) dargestellt worden. Es handelt sich an dieser Stelle
um diejenigen Fälle, wo schon vor dem Abschneiden der Hauptwurzel
vorhandene Nebenwurzeln den Ersatz übernehmen, wie dies Boirivant
z. B. für *Arachis* festgestellt hat. Es fragt sich nun, ob man die durch
das Kambium vermittelten Umbildungsvorgänge — Vermehrung der
Zahl und Größe der Gefäße, der Zahl der Markzellen und des sekundären Zuwachses und vor allem Erhöhung der Zahl der Bündelstreifen
bis zum Typus der Hauptwurzel, welche mehr Bündelstreifen als die

Nebenwurzeln besitzt — als so wesentlich anerkennt, daß man von einer Änderung des morphologischen Charakters des restituierenden Organs sprechen will. In diesem Fall wird man die Vertretung als Hypertypie, im anderen als Hypertrophie bezeichnen. Wo eine Vermehrung der Zahl der Bündelstreifen nicht eintritt, dürfte nur die letzte in Frage kommen.

bb) Kompensatorische Hypertypie.

Nicht nur gegen die kompensatorische Hypertrophie, wie in den zuletzt besprochenen Beispielen, sondern auch gegen die bloße morphologische Funktionsregulation ist die Abgrenzung der kompensatorischen Hypertypie in manchen Fällen nicht ganz einfach. Bei allen Restitutionen, allen Erhaltungen von Formganzheit, wird ja auch die Funktionsganzheit des Organismus wiederhergestellt; von der Anerkennung der morphologischen Selbständigkeit eines Organs kann es daher bei solchen kompensatorischen Vorgängen zuweilen abhängen, ob man ein bestimmtes Geschehen nur als funktionserhaltend, als »Anpassung«, oder auch als formganzheiterhaltend, als »Restitution« ansieht. Beispiele dieser Art finden sich vor allem in Vöchtings Untersuchungen über die Physiologie der Knollengewächse (1897, 1900, zum Teil auch schon bei Knight 1806). Wenn bei *Oxalis crassicaulis*, bei der Kartoffel oder bei *Dahlia variabilis* (1900) die Knolle durch die eigene Wurzelbildung in den Grundstock der Pflanze eingeschaltet wird, so sind die hierbei auftretenden Differenzierungsprozesse als »Anpassung« an die neue Funktion der Stoffleitung, also als Funktionsregulation und nur als solche, aufzufassen. Um ganz dasselbe Problem nach der Seite der Funktionsregulationen handelt es sich, wenn der bewurzelte Blattstiel von *Torenia asiatica* in Winklers Versuchen (1908) die Funktion des Stengels übernehmen muß, weil er die Stoffleitung für die auf dem isolierten Blatt adventiv entstandene Pflanze zu leisten hat, und wenn dies durch reichliche Gefäßbildung erreicht wird. Etwas darüber Hinausgehendes und offenbar Restitutives liegt aber darin, daß in diesem Blattstiel sich schon differenzierte Parenchymzellen zu Kambiumzellen umbilden, und daß die Neubildung dieses Kambiums so erfolgt, daß ein vollständiger Kambiumring zur Erzeugung sekundärer Gewebe

— wie in einem Stengel — entsteht. Der Blattstiel hat nicht nur die
Funktion eines Stengels übernommen und sich dementsprechend ver-
stärkt, sondern er ist auch seiner Organisation, seiner inneren Form
nach ein Stengel geworden. Dieser Vorgang der Vertretung des ausgeschalteten Stengels durch den Blattstiel muß daher als Restitution,
und zwar vom Typus der kompensatorischen Hypertypie, bezeichnet
werden. In ähnlicher Weise hat Löhr (1909) bei Blattstielpfropfungen
mit *Achyranthes Verschaffelti* die anatomische Umwandlung des steck-
lingtragenden aufgerichteten Blattstiels in einen Stengel durch Ausbildung eines geschlossenen Holzrings beobachtet.

Verhältnismäßig schwierig ist die Grenzbestimmung wieder bei jenen
Versuchen Vöchtings, bei denen nach Entnahme der Knollen andere
Organe zur Knollenbildung übergingen. Wenn infolge der erheblichen
Stärkeanhäufung eine Knollenbildung durch Volumvergrößerung der
stärkeerfüllten Parenchymzellen zustande kommt wie bei den verschiedenen Ausläuferinternodialknollen und den Blattknollen von *Oxalis
crassicaulis* (1900) oder durch Volumvergrößerung und einfache Zellver-
mehrung, wie dies augenscheinlich bei den oberirdischen Ausläufer- und
Sproßknollen der »stärkekranken« Kartoffelpflanzen (1887) der Fall
ist, wird man kaum geneigt sein, darin mehr als eine Funktionsregulation, eine Anpassung an vermehrte Stoffspeicherung zu sehen. Wenn
dagegen, wie bei der Ersatzknollenbildung von *Helianthus tuberosus*
(1887, 1900) nach Entfernung der Knollen in bestimmten Abschnitten
der Hauptachse, in Knospen der Hauptachse und in der Wurzel
das Kambium statt der Elemente des festen Holzkörpers ein typisches
zartwandiges Knollenparenchym liefert, hierin unterstützt durch die
Teilungstätigkeit der Zellen der primären Rinde, so wird man dies als
Restitution ansprechen müssen. Das gleiche gilt für die Sproß- und
Wurzelknollen von *Boussingaultia baselloides* (1900), welche stellver-
tretend entstehen, indem durch Zellteilungen in Kambium, Mark und
Rinde ein typisches Speichergewebe erzeugt wird, wobei zugleich in
der Rückbildung der überflüssig gewordenen mechanischen Zellen (Holzzellen des Xylems und Bastzellen des Phloems) eine regulatorische Reduktion vorliegt. Die veränderte formbildende Leistung des Kambiums,
das in beiden Fällen ein für Knollengebilde kennzeichnendes Gewebe

liefert, berechtigt dazu, in diesen Regulationen auch einen Ersatz der entnommenen Organe ihrer Form nach zu sehen; beide sind daher als kompensatorische Hypertypien zu bezeichnen.

Die Umbildung des kleineren Keimblatts von *Streptocarpus* im Sinne des ausgeschalteten größeren durch Meristembildung und Sekundärzuwachs wurde schon im letzten Kapitel besprochen.

Wenn bei *Cyclamen* (Goebel 1902, 1908) der abgeschnittene Vegetationspunkt in gewissem Sinne ersetzt wird durch das Hypokotylknöllchen, sofern dieses Blätter ausbildet, während dies sonst nur an Sproßvegetationspunkten möglich ist, so liegt auch hier eine kompensatorische Hypertypie vor.

Auch Kompensationen durch Umgestaltung eines in voller Wachstumstätigkeit befindlichen Vegetationspunktes, also Umgestaltungen wachsender Achsen, Rhizome, Ausläufer, Wurzeln usw., sollen hier eingeordnet werden.

Goebel (1908) hat in einleuchtender Weise gezeigt, daß bei der kompensatorischen Umwandlung von Seitensprossen in Hauptsprosse das Radiärwerden etwas ganz anderes ist als das Orthotropwerden, d. h. das Annehmen der Vertikalrichtung; man wird die begriffliche Scheidung des morphologischen Vorgangs von dem kinetischen auch da aufrecht erhalten müssen, wo die experimentelle Trennung noch nicht möglich ist. Ein treffendes Beispiel bietet eine Beobachtung Goebels an *Araucaria Cunninghami*; eine Anzahl von Seitentrieben einer Pflanze, deren Haupttrieb offenbar verloren gegangen, aber wieder ersetzt worden war, zeigte radiäre Verzweigung ohne gleichzeitigen Übergang zur Vertikalrichtung. Allgemein wird man also das Radiärwerden beim Eintreten eines Seitensprosses für den Hauptsproß als kompensatorische Hypertypie bezeichnen dürfen. Auch das Radiärwerden gepfropfter Seitenzweige der Silberfichte (*Picea pungens*) nach Verwachsung mit der Unterlage sowie das Radiärwerden nachträglich bewurzelter Seitenäste von Fichten, welche durch die Bewurzelung gewissermaßen »ganz« geworden waren, gehört hierher (Goebel 1908).

Bei jungen Pflanzen (Keimpflanzen) von *Tylosepalum aurantiacum* (Raciborski 1900) und *Phyllanthus lathyroides* (Goebel 1908), bei welchen der Unterschied zwischen Haupt- und Seitenachsen nur in der Blattanordnung besteht, wandeln sich nach Entnahme aller Hauptsprosse und aller der Hauptsproßbildung fähigen Anlagen Seitensprosse mit zweizeiliger Blattstellung in Hauptsprosse mit mehrzeiliger Beblätterung um.

Bei *Opuntia brasiliensis* kann der Vegetationspunkt eines abgetrennten flachen Seitensprosses sofort in einen zylindrischen Hauptsproß übergehen (Goebel 1908).

Auch die Umwandlung der Infloreszenzachse in einen beblätterten Laubtrieb, wie sie Klebs (1903, 1906) und Goebel (1908) bei *Veronica*-Arten, der erste auch bei *Myosotis palustris* und anderen Pflanzen erhielten, wenn junge Blütenstände nach Entnahme aller übrigen Vegetationspunkte an dem Laubtrieb belassen oder unter Entfernung der neu austreibenden Seitenzweige als Stecklinge kultiviert wurden, ist hier zu erwähnen. Dem entspricht das vegetative Weiterwachsen abgeschnittener, als Stecklinge kultivierter Sporangienstände von *Selaginella lepidophylla, S. inaequalifolia, S. uncinata* u. a. unter Bildung der anisophyllen Laubblätter an Stelle der isophyllen Sporenblätter (Goebel 1880, Behrens 1897), sowie die Vergrünung der wachsenden Sporophyllanlagen von *Onoclea Struthiopteris* nach Entfernung aller vorhandenen Laubblätter (Goebel 1887).

Das Weiterwachsen der Rhizome von *Yucca* und *Cordyline* als Laubsprosse nach dem Abschneiden des bisherigen Laubsprosses (Sachs 1880, 1882) und die entsprechende Umwandlung junger, abgetrennter unterirdischer Ausläufer von *Circaea intermedia* in Laubsprosse und oberirdischer beblätterter Äste nach Entfernung aller unterirdischen Ausläufer in Ausläufer (Goebel 1880, 1908) stellen gleichfalls kompensatorische Hypertypien dar, die freilich wie die Vertretung der Hauptwurzel durch eine Nebenwurzel oder des Hauptsprosses durch einen Seitentrieb verbunden sind mit der Erscheinung der »Umstimmung«, d. h. mit einer kinetischen Formregulation.

Weiterhin mag noch der Übergang der »Wurzelträger« der Selaginellen in beblätterte Sprosse nach Abschneiden der Sproßachsen (Behrens 1897) oder »Inaktivieren« derselben durch Einlegen junger Sproßstücke in Wasser (Pfeffer 1871) genannt werden.

Die teilweise Umwandlung der Blattrankenanlagen der Erbse in Laubblätter nach dem Abschneiden aller Blätter und Teilblättchen (Mann nach Goebel 1904) gehört ebenso hierher wie die Umbildung der Dornanlagen bei *Prunus spinosa* zu Langsprossen nach dem im Frühjahr erfolgten Abschneiden eines Langsprosses in geeigneter Höhe (Vöchting 1884), da es sich in beiden Fällen um Vorgänge an bereits wachsenden Teilen handelt, deren Entwicklung nicht erst durch den Eingriff ausgelöst, sondern nur in ihrer Richtung bestimmt wird.

2*. Anlagekompensation (Präventivrestitution, Neuentfaltung).

Der kompensatorische Ersatz durch eine »latente Anlage« — einen Meristemkomplex, einen »ruhenden«, d. h. noch nicht formbildungstätigen Vegetationspunkt oder einen ruhenden jungen Sproß (eine »schlafende Knospe«) — wurde als Präventivrestitution oder Anlagekompensation bezeichnet.

Wenn bei einem solchen Wiederherstellungsvorgang der restituierenden Anlage ein bestimmter Formwert noch nicht zukam, oder wenn ihr Formwert bei der Neubildung erhalten bleibt, so soll die Regulation als »kompensatorische Anlageausgestaltung« bezeichnet werden. Geht die Präventivrestitution dagegen unter Änderung des gegebenen morphologischen Charakters der Anlage vor sich, so soll sie »kompensatorische Anlageumgestaltung« heißen. Im ersten Fall handelt es sich um bloße Wachstumsvorgänge, um einfache »Differenzierung«, während im zweiten eine »Umdifferenzierung« vorliegt. Es gründet sich diese Einteilung also auf dieselbe Unterscheidung wie die in kompensatorische Hypertrophie und Hypertypie.

aa) Kompensatorische Anlageausgestaltung.

Bei den Lebermoosen und Laubmoosen erfolgt der Ersatz abgeschnittener Sproßteile durch besondere »Brutorgane« (»Brutknospen«) oder durch ruhende Astknospen. Die Arbeiten von Schostakowitsch (1894) und Correns (1899) enthalten zahlreiche Beispiele. Der Unterschied zwischen beiden Knospenarten ist so gering, daß man mit Schostakowitsch die Brutknospen einfach als losgelöste Astknospen bezeichnen kann. In beiden Fällen treten zunächst vorkeimartige Zellfäden oder Zellkörper auf; zuweilen, wie bei *Hookeria quadrifaria*, entsteht aus sonst Brutknospen bildenden »Initialen« bei der Restitution Protonema (Correns). Manchmal entstehen die Restitutionsprodukte an bestimmten Stellen, die als besonders »vorgebildete« nicht im voraus erkennbar sind, aber doch offenbar stets als »meristematische Komplexe« an der normalen Pflanze erhalten bleiben. So erfolgt die Restitution bei *Riccia fluitans* und *R. natans* unter den »Schuppen« der Unterseite (Schostakowitsch). Die Grenze zwischen Präventivrestitution und Adventivrestitution wird in solchen Fällen zuweilen schwer zu ziehen sein, denn die letzte tritt häufig an bestimmten Teilen der Pflanze deshalb regelmäßig auf, weil dort günstigere Ernährungsverhältnisse herrschen, ohne daß jedoch von einer anatomisch vorgebildeten »Anlage« (wie bei den Präventivrestitutionen) gesprochen werden könnte. In dieser Weise ist es z. B. aufzufassen, wenn bei *Blyttia Lyellii* die neugebildeten Sprosse vorzugsweise am vorderen Ende der Mittelrippe auftreten: hier liegen Adventivrestitutionen vor, die durch den Nahrungsstrom lokalisiert werden (Goebel 1908).

Auch bei Farnen sind kompensatorische Anlageausgestaltungen festgestellt. Auf den Primärblättern von *Ceratopteris thalictroides* bilden sich nach Bally (1909) normalerweise »Adventivknospen« (also »Präventivknospen« im Sinne Hartigs und der hier vertretenen Bezeichnungsweise), welche unter normalen Umständen nicht keimen, die aber austreiben, wenn das Blatt abgetrennt oder seine Gefäßbündel durchschnitten werden oder wenn der Stammscheitel der Pflanze entfernt wird. Ohne Zweifel wird ein ähnliches Verhalten auch bei älteren Farnblättern vorkommen, da ja die Entstehung ruhender blattbürtiger Präventivknospen verhältnismäßig häufig ist, die dann entweder, wie bei *Asplenium bulbiferum* an der Fiederbasis auftreten oder wie bei *Adiantum Edgeworthii, Aneimia rotundifolia* u. a. an der Blattspitze und häufig erst auf bestimmte Reize hin (Feuchtigkeit, Benetzung usw.) austreiben (vgl. z. B. Goebel 1902, 1904).

Außerordentlich häufig ist die kompensatorische Anlageausgestaltung bei den Phanerogamen. Von den »ruhenden Knospen« unserer

Waldbäume, die Th. Hartig (1878) als »Präventivknospen« den an beliebiger Stelle des erwachsenen Baums neu entstehenden »Adventivknospen« gegenüberstellte, ist ja die Bezeichnung »Präventivrestitution« gewählt worden. Diese Präventivknospen der Bäume sind nun nichts anderes als Achselsprosse, die vom ersten Lebensjahr des betreffenden Stammteiles an vorhanden sind und die auf früher Entwicklungsstufe ihr Wachstum eingestellt haben; in diesem Ruhezustand können sie sich, besonders bei glattrindigen Stämmen (Rotbuche) bis über 100 Jahre erhalten. Solche »latenten« Präventivachselknospen sind aber auch bei den Kräutern überaus häufig. Goebel beschreibt schon 1880 eine typische Präventivrestitution in dem Austreiben der Achselknospe nach dem Abschneiden des Gipfelsprosses, und zahlreiche ähnliche Beispiele finden sich in seinen späteren Arbeiten. Zur Aufhellung der inneren Bedingungen dieses Vorgangs hat besonders auch Mc Callum (1905) beigetragen. Zur Veranschaulichung mag erwähnt werden, daß der entfernte Hauptsproßvegetationspunkt von *Araucaria excelsa* durch eine schlafende Knospe des Hauptsprosses ersetzt wird, ein Seitensproßvegetationspunkt durch eine Präventivknospe des Restes dieses Seitensprosses (Goebel 1896, Vöchting 1904), und daß ein Austreiben schlafender Knospen des Gipfelsprosses nach seiner Ringelung unterhalb der Ringelungsstelle auftritt (Errera 1905); im letzten Fall wirkt die Ringelung also ebenso wie ein Entfernen des Vegetationspunktes. *Phyllanthus lathyroides* ersetzt den Gipfel des Hauptsprosses durch eine aus dem Winkel zwischen der Hauptachse und dem obersten Seitensproß entspringende Knospe (Goebel 1896). Zahlreiche Beispiele finden sich in Goebels »Experimenteller Morphologie« (1908), aus denen die vier folgenden herausgegriffen sind. Bei *Phaseolus vulgaris* und *Ph. multiflorus* können Seitensprosse auch in den Achseln der Keimblätter, wo sie sonst nicht entstehen, erzeugt werden durch Abschneiden des darüber befindlichen Sproßteils. Der sonst unverzweigte Laubsproß von *Hippuris vulgaris* bildet nach dem Abschneiden des Gipfels einen oder mehrere Seitensprosse aus ruhenden Blattachselknospen. Trennt man bei *Cordyline terminalis* den oberirdischen Sproßteil vom Rhizom, so ergänzen beide Teile das Fehlende aus einer ruhenden Knospe. Bei *Opuntia* und bei *Jussiaea saliciflora* bilden sich an Blüten nach ihrer Abtrennung Laubsprosse aus den Achseln der Blätter an der Fruchtknotenaußenseite.

Auch an Blättern kommen Präventivbildungen vor; die wohl am besten untersuchten Beispiele bieten *Bryophyllum calycinum* und *Br. crenatum* (Wakker 1885, de Vries 1890, Goebel 1902, 1908, Klebs 1904, Mathuse 1906) sowie *Cardamine pratensis* (Hansen 1881, Goebel 1898, 1908, Riehm 1905). Bei den *Bryophyllum*-Arten besitzen die Blätter in den Knoten des Blattrandes Gruppen meristematischer Zellen, die zu Sprossen austreiben, wenn man alle Sproßvegetationspunkte entfernt oder das Blatt abschneidet und unter Unterdrückung der Wurzelbildung als Steckling benutzt (wobei ihm ja auch die Vegetationspunkte fehlen) oder schließlich nach Durchschneidung des Mittelnerven am Blattgrunde, wodurch die Verbindung mit den Vegetationspunkten gleichfalls aufgehoben wird (Goebel 1902, 1908). Bei *Cardamine pratensis* finden sich Gruppen teilungsfähig gebliebener Zellen an der Basis der Fiederblättchen, zuweilen auch an Verzweigungsstellen der Blattnerven (Riehm 1905), die unter denselben Bedingungen wie bei *Bryophyllum crenatum* auskeimen können; daneben finden sich aber auch Adventivrestitutionen. Auch hier kann nur eingehende Untersuchung lehren, ob die Nähe der Leitungsbahnen die Rückkehr von Dauerzellen in den teilungsfähigen Zustand erleichtert, ob also Adventivrestitution vorliegt, oder ob die betreffenden Zellen von Anfang an undifferenziert, teilungsfähig bleiben, so daß es sich um Präventivrestitution handelt. Das Austreiben der Präventivbildungen auf gewisse äußere und innere Bedingungen hin (hohe Feuchtigkeit, großer Gehalt an organischen Nährstoffen usw.) ohne Abtrennung oder Verletzung ist natürlich nicht als Restitution aufzufassen, wenn es sich auch in kausaler Hinsicht um einen gleichartigen Vorgang handelt. Bei den Restitutionen an *Begonia*-Blättern nach Entfernung der Vegetationspunkte oder Blattabtrennung entstehen die neuen Sprosse zwar auch besonders häufig an bestimmten Stellen des Blattes, doch liegen hier, ähnlich wie bei *Blyttia* unter den Moosen, offenbar Adventivrestitutionen vor, deren Örtlichkeit durch Ernährungsverhältnisse u. dgl. bestimmt wird. Trennt man das dreiteilige Blatt von *Atherurus ternatus* ab und entfernt außerdem die blattstielständige Zwiebel, so ent-

steht aus einer meristematischen Zellgruppe am Grunde der Teilblättchen ein Zwiebelchen (Hansen 1881). Bei *Utricularia montana* und
U. longifolia bleibt die Blattspitze, der Ort normalen Blattwachstums,
längere Zeit teilungsfähig, so daß sie beim Abschneiden des Blattes
auswachsen und einen Ausläufer mit Blättern hervorbringen kann; in
gewissem Sinn nähert sich dieser Vorgang einer kompensatorischen
Anlageumgestaltung, von der er sich aber darin unterscheidet, daß die
meristematischen Zellen normalerweise kein andersartiges Organ gebildet hätten.

Auch das Vorhandensein latenter Wurzelanlagen ist schon lange
bekannt. Trécul (1846) und Vöchting (1878, 1884) beschreiben solche
vorgebildeten, bei Verletzungen austreibenden Wurzelanlagen, z. B. an
den Zweigen gewisser Weidenarten, von *Salix viminalis, S. pruinosa* u. a.
Bei *Vicia faba* finden sich latente Wurzelanlagen im Wurzelsystem
(Goebel 1908); ruhende Wurzelanlagen im Sproßsystem, über welche
Goebels »Experimentelle Morphologie« gleichfalls zahlreiche Angaben
enthält, sind besonders bei Pflanzen feuchter Standorte recht häufig.

bb) Kompensatorische Anlageumgestaltung.

Der Ersatz eines ausgeschalteten Organs durch Auswachsen einer
Anlage, die normalerweise ein anders gestaltetes Organ geliefert hätte,
wurde oben als kompensatorische Anlageumgestaltung bezeichnet.

Die Umbildung von Knospenschuppenanlagen an ruhenden Knospen
gehört hierher. Wird die Endknospe von *Prunus padus* zur Zeit des
Auswachsens der Jahrestriebe entfernt oder der Trieb entblättert, so
treiben die Achselknospen der Blätter, die sich sonst erst im nächsten
Jahre entfaltet hätten, aus und bringen statt der Knospenschuppen
Laubblätter oder doch Mittelbildungen hervor (Goebel 1880).

Ähnlich liegen die Verhältnisse bei den *Pinus*-Arten, wo sich kompensatorische Umgestaltungen sowohl an den Anlagen der Langtriebe,
den »Spitzenknospen«, als auch an denen der Kurztriebe, den »Scheidenknospen«, abspielen können. Wird der Gipfel einer Kiefer zerstört,
so daß alle Spitzenknospen vernichtet sind, so treiben mehrere dem
Scheitel benachbarte Scheidenknospen aus und bilden an Stelle der
Knospenschuppen Nadeln oder doch Zwischenbildungen. Bleibt eine

Spitzenknospe erhalten, so treibt sie aus, erzeugt an ihrem unteren Teil
wie normal braune Knospenschuppen mit Kurztrieben in den Achseln,
die jedoch stark vergrößerte Nadeln haben, während nach oben zu an
dem jungen Langtrieb Mittelbildungen zwischen Knospenschuppen und
Nadeln und schließlich oben saftige, grüne Nadeln entstanden sind, wie
sie an einem Langtrieb bei *Pinus* sonst nur im Keimpflanzenstadium
vorkommen (Goebel 1908).

Hierher gehört auch die Umbildung von Ausläuferknospen an der
unterirdischen Sproßachse von *Circaea intermedia* zu Laubsprossen
(Goebel 1880), die zugleich von einer kinetischen Restitution begleitet
wird, da die bereits transversalgeotropisch induzierten Knospen nach
aufwärts wachsen. Bei *Stachys tuberifera* und *St. palustris* bilden
oberirdische Knospen von Stecklingen, deren unterirdische Knospen
entfernt wurden, sich zu oberirdischen Rhizomen um (Vöchting 1889).
Nach Entfernung aller Sproßvegetationspunkte von *Cucurbita* wandeln
sich bestimmte oberirdische Wurzelanlagen zu Knollen von sproßähn-
lichem Bau um (Sachs 1880). Neu entstandene Nebenwurzelanlagen
von *Faba*, *Ricinus* usw. können beim Abschneiden der Hauptwurzel
sich zum morphologischen Typus einer Hauptwurzel (Gefäßbündelanord-
nung usw.) umbilden (Boirivant 1897). Bei Farnen sind solche Fälle
von kompensatorischer Anlageumgestaltung gleichfalls beobachtet.
Schneidet man bei *Asplenium obtusilobum* die Spitze eines der vegetativen Vermehrung dienenden »Ausläuferblattes« ab, so bildet die
erste Blattanlage seiner jüngsten Knospe, die sonst ein fiederteiliges
Laubblatt geliefert hätte, sich zu einem Ausläuferblatt (oder zuweilen
zu einer Mittelbildung) aus (Kupper 1906).

Verwickelter werden die Verhältnisse, wenn in den Verlauf andersartiger Restitutionen kompensatorische Vorgänge eingreifen. In dieser
Weise läßt es sich deuten, daß am Basalkallus eines oben und unten
aus einem Sproß herausgeschnittenen Stecklings Sproßanlagen nur dann
auftreten, wenn man die Sproßbildung am apikalen Kallus unterdrückt.
Der Sproßvegetationspunkt entsteht aus dem meristematischen Gewebe,
das im Basalkallus vorhanden ist, an Stelle eines Wurzelvegetationspunktes, der sich sonst gebildet hätte; und er entsteht dann, wenn die
Ausbildung der Sproßvegetationspunkte am apikalen Kallus verhindert

wird. Man kann dieses Verhalten daher wohl den kompensatorischen Anlageumgestaltungen anreihen.

2. Adventivrestitution.

Die Bezeichnung »Adventivbildung« geht auf Du Petit-Thouars (1809) zurück, der unter den »bourgeons adventives« die weder end- noch achselständigen Knospen versteht. Bei ihm handelt es sich noch um einen Ausdruck der beschreibenden Morphologie; über Zeitpunkt oder Bedingungen der Entstehungen dieser Knospen ist damit nichts ausgesagt. Eine schärfere Grenzbestimmung erhielt der Kreis der Adventivbildungen, als Th. Hartig (1878) ihnen die in unverletzter Rinde fertig angelegten »Präventivknospen« (bei den Bäumen meist Achselknospen) scharf gegenüberstellte. Ihrer Entstehung nach kenn- zeichnete J. Sachs (1878/79) die Adventivbildungen als im Dauer- gewebe entstehende neue Vegetationspunkte. So soll dieses Wort auch hier verstanden werden, nur muß die Wendung »neue Vegetations- punkte«, welche eine Einschränkung auf höhere Pflanzen enthält, etwa durch das allgemeinere »Neubildungen« ersetzt werden.

Präventivbildungen und Adventivbildungen haben danach gemein- sam, daß sie nicht schon im normalen Entwicklungsgang einer Pflanze zur vollen Entwicklung kommen, sondern erst nachträglich, und nur unter gewissen äußeren Bedingungen, hervortreten; die ersten werden aber in der normalen Entwicklung bereits angelegt — als Initialzelle, Meristemkomplex, ruhender Vegetationspunkt oder ruhende Knospe —, während die letzten auf Grund jener Bedingungen völlig neu ent- stehen. Die Präventivbildungen erfolgen daher durch einfache Diffe- renzierung von Meristemzellen, die Adventivbildungen dagegen durch eine Umdifferenzierung von Dauerzellen, und zwar gewöhnlich zunächst zu Meristemzellen.

Nicht das Auftreten aller solcher Adventivbildungen wird als Adventivrestitution bezeichnet; so kann man es natürlich nur dann nennen, wenn hierdurch die gestörte Formganzheit einer Pflanze wieder- hergestellt wird. Eine weitere Einschränkung erfährt der Begriff da- durch, daß die Neubildungen an der Wundstelle (Regenerationen und Kallusrestitutionen) ausgeschlossen bleiben, so daß er sich nur auf solche

an fremdem Orte, auf Reproduktionen, bezieht. Dabei muß darauf
hingewiesen werden, daß Fälle vorkommen können, wo Grenzbestimmungen zwischen Adventivbildungen und Reparationen, etwa Ersatzregenerationen, schwierig werden, da es infolge der geringen Entfernung
des Restitutionsproduktes von der Wunde zweifelhaft sein kann, ob
z. B. ein Vegetationspunkt »an fremdem Orte« oder »im Bereich der
Wunde« entsteht. Die Bezeichnung bleibt hier mehr oder minder
willkürlich.

Die Angaben über »Adventivbildungen« in der botanischen Literatur umfassen außer den hier definierten Vorgängen meist noch die
Präventivbildungen, die Kallusrestitutionen und manches andere mehr;
wo eine genaue Beschreibung der Entstehung fehlt, ist bei der Beurteilung Vorsicht geboten.

Wie bei den Reparationsvorgängen die Wiederherstellung von
selbständigen Organen bzw. Vegetationspunkten als Organregeneration
und Organkallusbildung den Strukturregenerationen gegenübergestellt
wurde, so kann man auch »Organadventivbildung« und »Strukturadventivbildung« unterscheiden. Bei den Pteridophyten wird
man auch die restitutive Erzeugung eines Prothalliums, bei den Moosen
die Entstehung von Moosknospen oder Thalluskörpern unter Vermittlung von Vorkeimstadien zu den Organadventivbildungen stellen.

aa) Organadventivbildung.

Von einer Organadventivbildung bei Algen kann man sprechen,
wenn die Floridee *Delesseria Hypoglossum* bei Randeinschnitten, die
nicht bis zu den »Nerven« reichen, an diesen Vegetationspunkte erzeugt
(Massart 1898), oder wenn *Chara fragilis* oder *Chara hispida* entnommene Sproßvegetationspunkte adventiv durch »nacktfüßige« Zweige
ersetzt (Richter 1894). Die Bestimmung der Örtlichkeit der Restitution im erstgenannten Falle hängt offensichtlich mit der besseren Nahrungszufuhr zusammen.

Außerordentlich häufig ist diese Form der Restitution bei den Lebermoosen und bei den Laubmoosen; sie hat man wohl stets im Auge
gehabt, wenn man von der großen »Regenerationsfähigkeit« der Moose
sprach. Die ersten Angaben über Adventivrestitution bei Marchantieen

findet man bei M. de Necker (1775), ihre eingehende Untersuchung bei Vöchting (1885). An *Lunularia vulgaris* wies der letztere eine überraschend große Restitutionsfähigkeit der verschiedensten Teile des Mooskörpers, selbst sehr kleiner Teilstücke, nach; die Neubildung kleinzelliger Gewebekörper entsteht durch eine Reihe von Tangential- und Radialteilungen an Dauerzellen. Zahlreiche andere Untersuchungen, an Lebermoosen von Schostakowitsch (1894), der besonders Jungermannieen untersuchte, von Goebel (1898, 1902), Kreh (1909) u. a., an Laubmoosen vor allem von Massart (1898), Correns (1899) und Westerdijk (1906), bestätigten und erweiterten seine Ergebnisse. Wie die Reparation bei Moosen beginnt auch die Adventivrestitution mit einem vorkeimartigen Stadium, das meist aus Zellfäden, bei Lebermoosen zuweilen aus einer Zellfläche oder einem Zellkörper hervorgeht, aus dem der eigentliche Thallus durch Scheitelzellenbildung entsteht; bei den Laubmoosen (z. B. bei *Funaria hygrometrica* nach Massart) entsteht aus Zellen des Blattes abseits der Wundfläche echtes Protonoma, an dem dann erst sich wieder Moosknospen bilden. Auch Rhizoiden können adventiv an abgeschnittenen Blättern auftreten, wie Schostakowitsch z. B. bei Jungermannieen zeigte.

Bei den Pteridophyten findet sich Adventivrestitution meist nur bei jüngeren Pflanzen, immerhin sind nach Heinricher (1890, 1900) auch ältere Wedel von *Cystopteris* imstande, nach dem Abschneiden aus Epidermiszellen Adventivsprosse zu erzeugen. Eine ausführliche Beschreibung der Adventivrestitution an Primärblättern von Farnen gibt Goebel (1907, 1908). An abgeschnittenen Primärblättern von *Polypodium aureum* und von *Davallia stenocarpa* entstehen durch epidermale Wucherungen Blätter, an deren Basis sich eine Stammknospe entwickelt. Ähnlich verhält sich ,wie schon länger bekannt, *Lycopodium innundatum* (Goebel 1898). Während hier der Sporophyt wieder einen Sporophyten bildet, entsteht am abgetrennten Primärblatt von *Pteris longifolia* unmittelbar ein Prothallium, welches Geschlechtsorgane hervorbringt. Hier erzeugt also der Sporophyt bei der Restitution unter Umgehung der Sporenbildung den Gametophyten, so daß diese Adventivrestitution einen Fall von Aposporie darstellt. Weil dabei nicht dasselbe Organ, welches entnommen wurde, sondern ein ungleichartiges restituiert wird, so spricht Goebel von einer »Heteromorphose«; von den typischen zoologischen Beispielen von Heteromorphose unterscheidet sich dieser Fall aber einesteils darin, daß keine Reparation vorliegt, andernteils darin, daß streng genommen nicht ein anderes »Organ« restituiert wird, sondern der Organismus auf früherer Entwicklungsstufe, ganz ähnlich der »Vermittlung« der Restitution bei Moosen durch entstehendes Protonema. Entwicklungsgeschichtlich sehr interessant ist es ferner, daß bei *Alsophila van Geertii, Gymnogramme chrysophylla* und *Ceratopteris thalictroides* — zum Teil neben Sporophytensprossen und Prothallien — Adventivrestitutionsprodukte auftreten, die Goebel als eine Art von Mittelbildungen zwischen Laubblatt und Prothallium, also zwischen den beiden »Generationen« der Farne auffaßt, prothalloide Sprossungen mit Antheridien und Rhizoiden, aber auch mit Spaltöffnungen, vereinzelt sogar mit Haargebilden oder mit einem Leitbündel. Zytologische Untersuchungen dieser Zwischenformen müßten recht interessante Ergebnisse über den Zusammenhang von Generationswechsel und Kernphasenwechsel bringen. Daß Prothallien nach Verletzungen, vor allem nach Beschädigung oder Entfernung des Scheitels, adventiv wieder Prothallien erzeugen können, fand Goebel bei Polypodiaceen (1902) sowie bei *Lycopodium innundatum* (1901, S. 424), Bruchmann (1898) bei *Lycopodium selago*. Adventive Sproßbildung an Wurzelbruchstücken von *Ophioglossum* oder an unverletzten Wurzeln dieser Pflanze nach Zerstörung des Sproßgipfels konnte Poirault (nach Goebel 1898, S. 39) feststellen.

Von großer Bedeutung ist die Adventivrestitution für die Phanerogamen, bei denen sie auch zuerst genauer untersucht wurde. Im ersten Teil seiner Arbeit »Über Organbildung im Pflanzenreich« (1878) beschreibt Vöchting eine Adventivsproßbildung aus der Rinde von Internodialstücken bei *Begonia discolor*, und der zweite Teil seiner Arbeit (1884) enthält zahlreiche weitere Beispiele.

Sowohl die adventive Restitution von Sproßvegetationspunkten als die von Wurzelvegetationspunkten ist recht häufig. Für eine ganze Reihe von Pflanzen ist sie an knospenfreien Sproßstücken unter bestimmten Bedingungen, besonders bei Stecklingskultur, beobachtet, so z. B. von Vöchting bei Weiden; adventive Wurzelbildung ist häufiger als Sproßbildung. Bei gepfropften Sproßstücken äußern sich »Störungen«

der Transplantation darin, daß das Reis am Grunde Adventivwurzeln bildet und so seine Selbständigkeit als Organismus wieder herstellt (Vöchting 1892). Ferner mag erwähnt werden, daß ein mit Haustorien an der Nährpflanze befestigtes Sproßstück von *Cuscuta glomerata*, dem die oberen und unteren Sproßteile abgeschnitten wurden, rasch Adventivsprosse bildete (Goebel 1908). Adventivwurzeln entstehen am Epikotyl von *Phaseolus*-Pflanzen nach Lostrennung des Wurzelsystems, aber auch nach Schädigung, »Inaktivierung« der lebensfähig bleibenden Wurzeln durch verminderte Wasserzufuhr oder durch Abkühlung auf 5° C (Goebel 1907). Im letzten Falle wird ein noch vorhandener, aber »ausgeschalteter« Bestandteil der Organisation restituiert. So läßt sich z. B. nach Driesch (1903) auch der in kausaler Hinsicht wichtige Befund von Klebs (1903) auffassen, daß an der unverwundeten Pflanze belassene Zweige von *Salix vitellina* an völlig in Wasser eingetauchten Stellen neue Wurzelvegetationspunkte erzeugen; man müßte danach annehmen, daß der eingetauchte Teil von der übrigen Pflanze gewissermaßen »abgespalten« wäre. Lehnt man diese Deutung als zu gekünstelt ab, so wird man den Vorgang nicht als Restitution, sondern als morphologische Funktionsregulation auffassen. Eine Adventivrestitution von Rosetten, also Sproßvegetationspunkten, an abgeschnittenen Wurzeln von *Ajuga reptans* beschreibt Beyjerinck (1886). Schneidet man die Wurzelspitze einer Luftwurzel von *Norantea guianensis* oder einer »Nährwurzel« von *Vanilla planifolia* ab, so entsteht adventiv eine Nebenwurzel — bei *Vanilla* zuweilen auch mehrere —, die in der Wachstumsrichtung der Hauptwurzel weiterwächst (Goebel 1908). Sproßstecklinge von *Achimenes hirsuta*, auch Infloreszenzstecklinge, können — neben Kallusrestitutionen — adventive Laubsprosse, sowie, unter bestimmten äußeren und inneren Bedingungen, adventive »Zwiebelknöllchen« an der Sproßachse, aber auch am Blattstiel erzeugen; dasselbe Verhalten zeigen losgetrennte und als Steckling behandelte sowie an der Pflanze belassene aber leicht geknickte Blätter dieser Pflanze, welche Laubtriebe und Zwiebelknöllchen am Blattstiel oder auf der Blattspreite adventiv entwickeln (Goebel 1905, 1908; die Angaben Hansens [1881] über Adventivsprosse bei *Achimenes* betreffen Kallusrestitutionen).

Derartige Adventivrestitutionen an isolierten Blättern sind überaus häufig und wurden vielfach untersucht. Zu den dankbarsten Gegenständen gehörten dabei verschiedene *Begonia*-Arten — *B. Rex, B. prolifera, B. phyllomaniaca, B. sinueta* usw. —, die seit Regel (1876) durch Hansen (1881), Goebel (1902, 1903, 1908) u. a. eingehend untersucht wurden. Regel hatte schon gezeigt, daß die Adventivsprosse entgegen der damals herrschenden Auffassung »exogen«, aus der Epidermis entstehen, bei Hansen findet sich die Angabe, daß eine einzelne Epidermiszelle zum Ausgangspunkt der Adventivbildung werden kann. Die Adventivbildungen entstehen zuweilen am Blattstiel, meist aber, besonders bei *Begonia Rex*, auf der Blattfläche. Auf der Oberseite des Blattes bilden sich Sprosse, auf der Unterseite Wurzeln. Einige *Begonia*-Arten weisen gewisse Stellen am Blatte auf, wo die Dauerzellen leichter als anderorts in teilungsfähigen Zustand übergehen können, offenbar im Zusammenhang mit einer günstigeren Nahrungszufuhr; bei *Begonia Rex* ist dies am Grunde der Spreite der Fall, wo die stärkeren Blattnerven zusammenlaufen. Außer durch Abtrennung des Blattes lassen sich solche Adventivrestitutionen bei *Begonia* auch erzeugen durch Beseitigung aller Vegetationspunkte oder nach Durchtrennung größerer Blattnerven (Goebel 1903). Die Adventivsproßbildung an abgeschnittenen Blättern von *Torenia asiatica* hat Winkler (1903) eingehend beschrieben. Die Adventivsprosse entstehen an beliebigen Stellen von Blattstiel oder Spreite, indem entweder eine einzelne oder vier bis fünf nebeneinander liegende Oberhautzellen durch Teilungsvorgänge, die der tierischen »Furchung« gleichen, einen neuen Vegetationspunkt erzeugen. An den Blättern von *Cardamine pratensis* treten außer Präventivrestitutionen auch adventive Neubildungen aus Dauerzellen auf, die dann meist an der Gabelungsstelle zweier Nerven liegen (Riehm 1905). Bei *Streptocarpus Holstii* und bei *Klugia Notoniana* entstehen Adventivknospen nach Entfernung der Sproßvegetationspunkte am Blattstiel (Goebel 1908, S. 155ff.). Auch an weitgehend umgebildeten Blättern zeigen sich ähnliche Erscheinungen. So erzeugt *Hyacinthus orientalis* nach Entfernung der Sproßachse am Grunde der Zwiebelschuppen, zuweilen auch weiter oben, kleine Adventivzwiebeln; dasselbe tritt ein bei Zwiebeln von *Scilla maritima* an Zwiebelschuppen, die durch Längsspaltung vom

Vegetationspunkt getrennt sind (Goebel 1908, S. 159, 160). Eine ausführliche Schilderung der Bildung von Adventivsprossen und Adventivwurzeln an Blattstecklingen von *Peperomia* gibt Beinling (1883). Bei Stingl (1909) findet man eine systematische Darstellung der Adventivrestitutionen (und Kallusrestitutionen) an isolierten Blättern zahlreicher Monokotylen- und Dikotylenarten.

Erwähnt mag noch werden, daß viele Adventivsprosse die Entwicklung der Mutterpflanze gewissermaßen wiederholen, indem sie zunächst einfachere Blattformen ausbilden (Goebel 1905, 1908).

bb) Strukturadventivbildungen.

Adventive Neubildungen bei einfach gebauten Algen und bei Pilzen können hierher gerechnet werden.

Caulerpa prolifera ersetzt abgetrennte Rhizoidäste, Rhizome und »Blätter« durch Aussprossungen, deren Entstehung unter Zuströmung »embryonalen« Plasmas von Janse (1906, 1908, frühere Angaben von Wakker 1886) eingehend beschrieben wurde. Auch Knickungen, denen eine Scheidewandbildung folgen kann, und sonstige Wachstumshemmungen führen zur Adventivrestitution.

Die Restitution bei gewissen Fadenalgen wie *Cladophora, Trentepohlia* usw. durch Auswachsen der Nachbarzelle der zerstörten läßt sich, wie schon oben S. 140 betont, je nach der Auffassung der »Wundstelle« entweder als Adventivrestitution oder als Regeneration bezeichnen.

Bei niederen Pilzen ist die Fähigkeit adventiver Aussprossung nach Verletzung überaus häufig; kann doch eine einzige Hyphe einer Mucoracee, wie schon van Tieghem angibt, den ganzen Pilz neu aus sich erstehen lassen, und kommt dieses Restitutionsvermögen sogar noch spezialisierten Zellen zu wie etwa dem Konidienträger von *Eurotium herbariorum* (Klebs 1896). Aber auch bei höheren Pilzen finden sich Adventivrestitutionen. Zahlreiche Angaben sind den Arbeiten von Brefeld (bes. 1874) und Köhler (1907) zu entnehmen. Besonders genau bekannt ist die Adventivrestitution des Fruchtkörpers von *Coprinus*-Arten. Brefeld beschreibt, wie nach Abschneiden des Hutes und Verkleben der Schnittfläche zur Verhinderung der Regeneration eine seitliche vegetative Hyphenaussprossung erfolgt, die zu einer jungen

Fruchtanlage wird, an der sich Hut, Stiel und Volva in 7 bis 9 Tagen bis zur vollen Reife ausbilden, und Weir (1911) beobachtete adventive Neubildungen bei *Coprinus* von der Stielbasis aus beim Eingipsen des Fruchtkörpers.

Als Strukturadventivbildung läßt sich auch die »Regeneration« der Primärblattspreite bei Cyclamen auffassen, welche Hildebrand (1898) zuerst beschrieben, Winkler (1902) und Goebel (1902, 1908) eingehend untersucht haben. Nach dem Abschneiden der Spreite der Primärblätter oder nach ihrem »Inaktivieren« durch Eingipsen, Kollodium- oder Schellacküberzug entstehen 1—2 mm unterhalb der Schnittfläche oder der eingeschlossenen Teile in den schmalen Flügelleisten des Blattstiels durch Teilung der Epidermiszellen und der darunter liegenden Parenchymzellen Wucherungen, die zu Blattflügeln heranwachsen, zuweilen sogar noch einen Stiel bilden. Die ursprüngliche Spreite muß dabei vollständig entfernt (oder ausgeschaltet) sein; bei schrägen Schnitten entsteht die Neubildung nur auf derjenigen Seite, die keinen Teil der alten Spreite mehr enthält.

b) Kinetische Restitutionen.

Der Ausgleich einer Formstörung durch Bewegungsvorgänge ist oben als kinetische Restitution bestimmt worden. Die Reizbewegungen festgewachsener Pflanzen sind einfach als Richtungsänderungen zu kennzeichnen; der Ortswechsel innerhalb derselben Richtung, wie er bei den sogenannten »lokomotorischen« Bewegungen der meisten Tiere vorkommen kann, ist in der Pflanzenwelt auf wenige, einfach gebaute freibewegliche Lebewesen — Bakterien, Flagellaten, Volvocineen, Schwärmer, Spermatozoiden — beschränkt. Die Art der Ausführung dieser Richtungsänderung — durch Wachstum, Turgorschwankung o. a. — ist für die hier gewählte Betrachtungsweise gleichgültig.

Der typische Fall der kinetischen Restitution ist daher der Ersatz eines entnommenen Organs durch die Richtungsänderung eines anderen.

Das Aufrichten eines der obersten Seitenzweige der Fichte nach Zerstörung des Gipfelsprosses ist das schlagendste und wohl am längsten bekannte Beispiel. Die Änderung der geotropischen »Induktion« des restituierenden Seitensprosses, die Umkehr vom plagiotropen zum orthotropen Verhalten ist das Wesentliche an diesem Geschehen. Man hat in solchen Fällen häufig von »Umstimmung« gesprochen; da aber das Wort »Reizstimmung« zweckentsprechender für das Verhalten der Pflanzen gegenüber verschiedener Stärke desselben Reizes vorbehalten bleibt, so mag dieser Wechsel zwischen verschiedenen tropistischen Ruhelagen besser als »Umschaltung«, mit Pringsheim (1912) als »Sinnesänderung« bezeichnet werden. Sofern ein andersartiger Reiz als der zuvor richtungbestimmende, hier der durch die Verwundung gesetzte Reiz, die Sinnesumkehr bedingt, liegt »heterogene Induktion« im Sinne Nolls (1892) vor. Die Sinnesänderung des Seitentriebes der Fichte wird dabei von einer Formänderung begleitet, die sich im »Radiär-werden« ausspricht und die oben bereits als kompensatorische Hyper-typie gekennzeichnet wurde; das Wiederherstellungsgeschehen ist hier sowohl morphologisch wie kinetisch charakterisiert.

Der Ersatz des abgeschnittenen oder durch Eingipsen im Wachstum gehemmten Hauptsprosses von *Chara fragilis* durch Aufrichtung eines Seitensprosses (Richter 1894) ist ein sehr einfacher Fall derselben Form kinetischer Restitution. So werden auch Ausläuferknospen am unter-irdischen Rhizom von *Circaea intermedia* mit schon ausgeprägter plagio-troper Induktion nach Entfernung des oberhalb befindlichen oberirdischen Triebes zu orthotropen Laubsprossen (Goebel 1880). Ricome (1898) beschreibt die Aufrichtung des einzig übrig gebliebenen peripherischen Blütenstieles einer Umbelliferendolde nach dem Abschneiden aller anderen. Auch bei Boirivant (1897) finden sich Beispiele einer der-artigen Aufrichtung von Seitensprossen bei abgeschnittenem Haupt-sproß.

Auch die Umschaltung der Wachstumsrichtung der Seitenwurzeln bei Zerstörung der Hauptwurzel ist eine längst bekannte Tatsache. Schon Sachs (1874) zeigte, daß beim Entfernen des Vegetationspunktes der Hauptwurzel eine Seitenwurzel sich in die Richtung der Hauptwurzel einstellen kann; ausführliche Angaben finden sich bei Boirivant (1897), später bei Bruck (1904), der dasselbe Verhalten beim Eingipsen des Vegetationspunktes der Hauptwurzel nachwies, bei Němec (1905) und bei Nordhausen (1907), welcher eine eingehende Untersuchung der hierhergehörigen Fragen durchführte und u. a. zeigte, daß neben einer geotropischen auch eine autotropische Umschaltung erfolgt, da der Richtungswechsel auch im Klinostaten vor sich geht. Es handelt sich also um die Eigenrichtung der Nebenwurzeln, um das Richtungsverhältnis von Haupt- und Nebenwurzeln, das durch den Eingriff eine Störung erfuhr.

Ein merkwürdiges Eintreten eines Blattes für einen Sproß lehren Untersuchungen von Vöchting (1908) und Bäßler (1909) kennen. Beim Winterrübsen (*Brassica Rapa* var. *oleifera a hiemalis*) richtet sich nach Entfernung eines Achselsprosses das zugehörige Tragblatt in seinem basalen Teil, schwächer auch in seiner Fläche auf, zuweilen soweit, daß die Mittelrippe die Richtung der Achse einnimmt (Vöchting); ob es sich um eine geotropische oder auch um eine phototropische Umstimmung handelt, blieb ununtersucht. Auch beim Wirsing und bei *Helianthus* sollen ähnliche Erscheinungen vorkommen. In den Versuchen von Bäßler handelt es sich um eine Aufrichtung der jüngsten entfalteten Blätter orthotroper Sprosse nach Dekapitation des Hauptsprosses. Der im Pflanzenreich weit verbreitete Vorgang tritt nur bei solchen Pflanzen auf, in deren Achsel kein Nebensproß steht; ist ein solcher vorhanden, so richtet er sich steiler auf; erwächst ein Achselsproß im Blattwinkel aber erst nach der restitutiven Aufrichtung des Blattes, so senkt sich dieses nachträglich wieder. Anderweitige Verwundungen oder Eingipsen des Sprosses bewirkten in Bäßlers Versuchen kein Aufrichten der Blätter.

Die von Neger (1903) beschriebene Sinnesänderung von Laubblattstielen bei *Geranium Robertianum* und ihre Umwandlung in »Stützblätter« gehört gleichfalls hierher. Schneidet man alle Stützblätter einer auf schräger Unterlage wachsenden *Geranium*-Pflanze ab, so erfolgt eine Aufrichtung des Stengels von einem bestimmten Knoten ab und zugleich eine Senkung eines oder mehrerer außen an der Senkungsstelle befindlichen Blattstiele dieses Knotens, so daß sie sich ziemlich genau in die Verlängerung der jetzt aufrecht gerichteten Achse einstellen. Auch aufrecht wachsende Grundblätter können bei Entfernung sämtlicher Stützblätter und Drehung der Pflanze um 180° sich abwärts krümmen und zu Stützblättern werden. Ähnliche Verhältnisse sollen bei *Geranium lucidum* und bei *Stellaria*-Arten vorliegen. Eine Bestätigung dieser Angaben findet sich bei France (1907, 1909). —

Auf eine ganz anders geartete Erscheinung mag noch hingewiesen werden, bei der es sich um Richtungsvorgänge einzelner restituierender Zellen handelt. Nach Angaben von Massart (1898) wachsen die regenerierenden Zellen an der Wundfläche der Phanerogamen auf die Wundfläche zu, krümmen sich sogar, wenn Hindernisse vorhanden sind, deutlich nach der Wundfläche hin. Einen ganz ähnlichen Vorgang beschreibt Němec (1905) bei der interkalaren Restitution der Wurzelspitze, wo die neugebildeten Scheidewände — und daher letzten Endes die Kernspindeln der sich teilenden Zellen — in sehr verwickelter Weise sich ordnen, so daß als Ergebnis der Längs-, Quer-, Schräg- und Bogenteilungen sich schließlich ein typisches Wurzelmeristem entwickelt. In beiden Fällen liegen Richtungsänderungen einzelner wachsender oder sich teilender Zellen vor, die zwar nicht selbst schon die Restitution darstellen, wohl aber die morphologische Restitution ermöglichen. Die kinetische Restitution — wenn man sie überhaupt noch so nennen will — steht hier im Dienste der morphologischen, das Bewegungsgeschehen ist Mittel zu Formganzheit-erhaltenden Gestaltungsvorgängen. Entsprechendes kommt auch bei morphologischen Funktionsregulationen vor.

Zusammenstellung der vorgeschlagenen Bezeichnungen.

Den Abschluß dieser Übersicht der pflanzlichen Restitutionen mag eine kurze Rückschau auf die Bedeutungen bilden, in welchen die wichtigsten teleologischen Begriffe festgelegt und verwendet wurden.

Regulation heißt die Ganzheiterhaltung des Organismus gegenüber »Störungen«, d. h. teilweisen Aufhebungen dieser Ganzheit durch anormale äußere Bedingungen.

Restitutionen sind Regulationen der Formganzheit. Erfolgen sie selbst durch Formbildungsvorgänge, so heißen sie morphologische, erfolgen sie durch Bewegungen, kinetische Restitutionen. Die weitere Einteilung betrifft die morphologischen Restitutionen.

Bei der Totalrestitution beteiligt sich der ganze Rest des Organismus an den Umgestaltungsvorgängen zur Wiederherstellung der

Formganzheit, bei der **Partialrestitution** nur Teile des Organismus. Alle weiteren Begriffe gelten für Partialrestitutionen.

I. **Reparation (Wiederbildung)**: Ersatz der gestörten Struktur am selben (= normalen) Ort.

II. **Reproduktion (Neubildung)**: Ersatz der gestörten Struktur an anderem (= anormalem) Ort.

I. Die Reparationen zerfallen in **Regenerationen**, bei denen alle Ersatzgewebe vollständig in der wiederhergestellten normalen Struktur aufgehen, und in **Kallusrestitutionen**, bei denen ein die Formwiederherstellung vermittelndes Wundgewebe wenigstens teilweise auch nach vollendeter Restitution noch erhalten bleibt.

Sprossungsregeneration heißen Regenerationen, die durch Zellteilungs- und Wachstumsgeschehen unmittelbar von der Wundfläche aus bewerkstelligt werden, während der Ersatz durch innere Umdifferenzierung der im Bereich der Wunde übriggebliebenen — auch tiefer gelegenen — Gewebe ohne Beziehung zum Wundverschluß selbst als **Ersatzregeneration** bezeichnet wird.

Organregenerationen und **Organkallusbildungen** stellen gestörte Wachstumszentren der Pflanze (Vegetationspunkte) wieder her, während **Strukturregenerationen** und **Strukturkallusbildungen** die Strukturen »fertiger« Gewebe (bzw. Zellen und Zellteile bei niederen Pflanzen) reparieren. Derselbe Unterschied besteht zwischen **Organ- und Strukturadventivrestitutionen** unter den Reproduktionen.

II. Bei den Reproduktionen erfolgt der Ersatz entweder als **Kompensation (Übernahme)** durch einen schon vorhandenen »fertigen« oder doch »vorgebildeten« Teil des Organismus oder als **Adventivrestitution (Neuentstehung)** durch vollständige Neubildung.

Der kompensatorische Ersatz eines lebenstätigen Organs — eines Sprosses, einer Wurzel, eines Blattes oder eines in Formbildungstätigkeit begriffenen Vegetationspunktes — durch ein anderes solches Organ soll **Organkompensation (Vertretung)** heißen; der Ersatz eines Organs durch Auswachsen einer vorgebildeten »latenten Anlage« — einer schlafenden Knospe, eines ruhenden Vegetationspunktes oder meristematischen Zellkomplexes — dagegen Präventivrestitution (Anlagekompensation, Neuentfaltung).

Organkompensationen ohne Änderung des morphologischen Charakters des restituierenden Organs, also durch bloßes vermehrtes Wachstum vermittelte, werden als kompensatorische Hypertrophie bezeichnet, die vertretende Umbildung eines Organs zu einem solchen von anderem morphologischem Charakter als kompensatorische Hypertypie.

Entsprechend heißen Präventivrestitutionen, bei denen der Formwert der auswachsenden Anlage erhalten bleibt oder bei denen dieser ein bestimmter Formwert vor der Restitution noch nicht zukam, kompensatorische Anlageausgestaltungen, während die unter Änderung des morphologischen Charakters der restituierenden Anlage erfolgenden Präventivrestitutionen kompensatorische Anlageumgestaltungen genannt werden.

Verzeichnis der im Restitutionskapitel angeführten Arbeiten.

1915. Andrews, F. W., Die Wirkung der Zentrifugalkraft auf Pflanzen. Jahrb. f. wiss. Bot. 56. 1915. (Pfeffer-Festschrift.)

1891. Acqua, C., Contribuzione alla Conoscenza della cellula vegetale. Malpighia. 5. 1891.

1909. Bäßler, Fr., Über den Einfluß des Dekapitierens auf die Richtung der Blätter an orthotropen Sprossen. Bot. Zeit. 67. 1909.

1909. Bally, W., Über Adventivknospen und verwandte Bildungen auf Primärblättern von Farnen. Flora. 99. 1909.

1884. de Bary, A., Vergleichende Morphologie und Biologie der Pilze, Mycetozoen und Bakterien. Leipzig 1884.

1897. Behrens, J., Über Regeneration bei den Selaginellen. Flora. 84. 1897.

1883. Beinling, E., Untersuchungen über die Entstehung der Adventivwurzeln und Laubknospen an Blattstecklingen von *Peperomia*. Cohns Beitr. z. Biol. d. Pfl. 3. 1883.

1884. Bertrand, C., Loi des surfaces libres. Comptes rendus. 98. Paris 1884.

1886. Beyjerinck, S., Beobachtungen und Betrachtungen über Wurzelknospen und Nebenwurzeln. Verh. Kgl. Akad. Amsterdam 1886.

1897. Boirivant, M. A., Recherches sur les organes de remplacement chez les plantes. Annales d. Sc. nat. 8. Sér. Bot. 6. Paris 1897.

1877. Brefeld, O., Botanische Untersuchungen über Schimmelpilze. Bd. 3. Basidiomyceten. 1877.

1898. Bruchmann, H., Über die Prothallien und die Keimpflanzen mehrerer europäischer Lykopodien. Gotha 1898.

1905. — Von den Wurzelträgern der *Selaginella Kraussiana*. Flora. 95. Ergbd. 1905.

1904. Bruck, W. F., Untersuchungen über den Einfluß von Außenbedingungen auf die Orientierung der Seitenwurzeln. Zeitschr. f. allg. Physiol. 3. 1904.

1905. Mc Callum, W. B., Regeneration in plants. I. II. Bot. Gaz. 11. 1905.

1872. Ciesielski, Untersuchungen über die Abwärtskrümmungen der Wurzel. Beitr. z. Biol. d. Pfl. 1. 1872.

1899. Correns, C., Untersuchungen über die Vermehrung der Laubmoose. Jena 1899.

1860. Crüger, H., Westindische Fragmente. XII. Einiges über die Gewebsveränderungen bei der Fortpflanzung durch Stecklinge. Bot. Zeit. 18. 1860.

1901. Driesch, H., Die organischen Regulationen. Vorbereitungen zu einer Theorie des Lebens. Leipzig 1901.

1903. — Kritisches und Polemisches. IV. Zur Verständigung über die Entelechie. Biol. Zentralbl. 23. 1903.

1908. — Die Entwicklungsphysiologie 1905—1908. Ergebn. d. Anatomie u. Entwicklungsgesch. Anat. Hefte. II. Abt. 1908.

1904. Errera, L., Conflits de préséance et excitations inhibitoires chez les végétaux. Bull. soc. royale de bot. de Belgique. 42. 1904.

1906. Figdor, W., Über Regeneration der Blattspreite bei *Scolopendrium Scolopendrium*. Ber. d. D. bot. Ges. 24. 1906.

1907. — Über Restitutionserscheinungen an Blättern von Gesneriaceen. Jahrb. f. wiss.·Bot. 44. 1907.

1910. — Über Restitutionserscheinungen bei *Dasycladus clavaeformis*. Ber. d. D. bot. Ges. 28. 1910.

1907. Francé, R. H., Grundriß der Pflanzenpsychologie als einer neuen Disziplin induktiv forschender Naturwissenschaft. Zeitschr. f. d. Ausb. d. Entwicklungslehre. 1. 1907.

1909. — Pflanzenpsychologie als Arbeitshypothese der Pflanzenphysiologie. Stuttgart 1909.

1909. Freeman, L., Untersuchungen über die Stromabildung der *Xylaria hypoxylon* in künstlichen Kulturen. Ann. mycol. 8. 1909.

1880. Goebel, K., Beiträge zur Morphologie und Physiologie des Blattes. Bot. Zeit. 38. 1880.

1887. — Über künstliche Vergrünung von Farnsporophyllen. Ber. d. D. bot. Ges. 5. 1887.

1896. Goebel, K., Über Jugendformen von Pflanzen und deren künstliche Wiederhervorrufung. Sitzungsber. d. Kgl. bayr. Akad. d. Wiss., math.-phys. Kl. 1896.

1898. 1901. — Organographie der Pflanzen. Jena. I. Teil 1898. II. Teil 1901.

1902. — Über Regeneration im Pflanzenreich. Biol. Zentralbl. 22. 1902.

1903. — Morphologische und biologische Bemerkungen über Regeneration. 14. Weitere Studien über Regeneration. Flora. 92. 1903.

1905. — Allgemeine Regenerationsprobleme. Flora. 95. Ergbd. 1905.

1905 a. — Morphologische und biologische Bemerkungen. 16. Die Knollen der Dioscoreen und die Wurzelträger der Selaginellen usw. Flora. 95. Ergbd. 1905.

1907. — Experimentell-morphologische Mitteilungen. Sitzungsber. d. math.-phys. Kl. d. K. bayr. Akad. d. Wiss. zu München. 37. 1907.

1908. — Einleitung in die experimentelle Morphologie der Pflanzen. Leipzig u. Berlin 1908.

1877. Haberlandt, G., Die Schutzeinrichtungen in der Entwicklung der Keimpflanze. Eine biologische Studie. Wien 1877.

1881. Hansen, A., Vergleichende Untersuchungen über Adventivbildungen bei den Pflanzen. Abhandl. herausg. v. d. Senckenberg. Naturf. Ges. 12. 1881.

1872. Hanstein, J. v., Über die Lebensfähigkeit der *Vaucheria*-Zelle. Sitzungsber. der Niederrhein. Ges. Bonn 1872.

1880. — Reproduktion und Reduktion von *Vaucheria*-Zellen. Hansteins bot. Abhandl. 4. 1880.

1908. Harper, R. A., The organisation of certain coenobic plants. Bulletin of the Univ. of Wisconsin No. 207. Sc. s. 3. 1908.

1912. — The Structure and Development of the Colony in *Gonium*. Transactions of the Americ. Microscopical Society. 31. 1912.

1900. Hartig, R., Lehrbuch der Pflanzenkrankheiten. Berlin. 3 Aufl. 1900.

1878. Hartig, Th., Anatomie und Physiologie der Holzpflanzen. 1878.

1890. Heinricher, E., Über die Regenerationsfähigkeit der Adventivknospen von *Cystopteris bulbifera* Bernh. und der *Cystopteris*-Arten überhaupt. Sonderdr. a. d. Festschr. f. Schwendener. Berlin 1890.

1900. — Nachträge zu meiner Studie über die Regenerationsfähigkeit der der *Cystopteris*-Arten. Ber. d. D. bot. Ges. 18. 1900.

1899. Herbst, C., Über die Regeneration von antennenähnlichen Organen an Stelle von Augen. III u. IV. Arch. f. Entw.-Mech. 9. 1899.

1896. Hering, F., Über Wachstumskorrelationen infolge mechanischer Hemmung des Wachsens. Jahrb. f. wiss. Bot. 29. 1896.

1898. Hildebrand, Fr., Die Gattung *Cyclamen*. Jena 1898.

1885. Hoffmann, R., Untersuchungen über die Wirkung mechanischer Kräfte auf die Teilung, Anordnung und Ausbildung der Zellen usw. Dissert. Berlin 1885.

1906. Janse, J. M., Polarität und Organbildung bei *Caulerpa prolifera*. Jahrb. f. wiss. Bot. 42. 1906.

1908. — Über Organveränderung bei *Caulerpa prolifera*. Jahrb. f. wiss. Bot. 45. 1908.

1913. Jost, L., Vorlesungen über Pflanzenphysiologie. 3. Aufl. 1913.

1910. Kaßner, F., Untersuchungen über Regeneration der Epidermis. Zeitschr. f. Pflanzenkrankh. 20. 1910.

1911. Killian, K., Beiträge zur Kenntnis der Laminarien. Zeitschr. f. Bot. 3. 1911.

1888. Klebs, G., Beiträge zur Physiologie der Pflanzenzelle. Unters. a. d. bot. Inst. Tübingen. 2. H. 3. 1888.

1896. — Die Bedingungen der Fortpflanzung bei einigen Algen und Pilzen. Jena 1896.

1903. — Willkürliche Entwicklungsänderungen bei Pflanzen. Ein Beitrag zur Physiologie der Entwicklung. Jena 1903.

1904. — Über Probleme der Entwicklung. Biol. Zentralbl. 24. 1904.

1906. — Über künstliche Metamorphosen. Abh. d. Naturf. Ges. zu Halle a. S. 25. 1906.

1893. Klemm, P., Über *Caulerpa prolifera*. Flora. 77. 1893.

1894. — Über die Regenerationsvorgänge bei den Siphoneen. Flora. 78. 1894.

1907. Kniep, H., Beiträge zur Keimungsphysiologie und -biologie von *Fucus*. Jahrb. f. wiss. Bot. 44. 1907.

1806. Knight, T. A., Sechs pflanzenphysiologische Abhandlungen (1803 bis 1812). Ostwalds Klassiker. 62. Vgl. dazu auch: H. Vöchting, Zu T. A. Knights Versuchen über Knollenbildung. Bot. Zeit. 53. 1895.

1877. Kny, L., Künstliche Verdoppelung des Leitbündelkreises im Stamm der Dikotyledonen. Sitzungsber. d. Ges. naturf. Freunde zu Berlin 1877 und Bot. Zeit. 35. 1877.

1880. — Eigentümliche Durchwachsungen an den Wurzelhaaren zweier Marchantiaceen. Verh. d. Bot. Ver. d. Prov. Brandenburg. 21. 1880.

1905. — Über künstliche Spaltung der Blütenköpfe von *Helianthus annuus*. Naturw. Wochenschr. N. F. 4. 1905.

1907. Köhler, P., Beiträge zur Kenntnis der Reproduktions- und Regenerationsvorgänge bei Pilzen usw. Flora. 97. 1907.

1880. Kraus, K., Untersuchungen über künstliche Herbeiführung der Verlaubung von Bracteen der Körbchen von *Helianthus annuus*. Forsch. Agric. Wollng. III. 1880.

1909. Kreh, L., Über die Regeneration der Lebermoose. Nova Acta acad. Leop. Carol. Halle. 40. 1909.

1908. Krieg, A., Beiträge zur Kenntnis der Kallus- und Wundholzbildung geringelter Zweige und deren histologische Veränderungen. Würzburg 1908.

1899. Küster, E., Über Vernarbungs- und Prolifikationserscheinungen bei Meeralgen. Flora. 86. 1899.

1903. 1916. — Pathologische Pflanzenanatomie. Jena. 1. Aufl. 1903. 2. Aufl. 1916.

1916a. — Beiträge zur Kenntnis des Laubfalls. Ber. d. D. bot. Ges. 34. 1916.

1906. Kupper, W., Über Knospenbildung an Farnblättern. Flora. 96. 1906.

1915. Linsbauer, K., Studien über die Regeneration des Sproßvegetationspunktes. Denkschr. d. Kaiserl. Leop.-Akademie d. Wiss. in Wien, m.-n. Kl. 93. 1915.

1893. Löb, J., Über künstliche Umwandlung positiv heliotropischer Tiere in negativ heliotropische und umgekehrt. Pflügers Arch. 54. 1893.

1909. Löhr, Th., Notiz über einige Blattstielpfropfungen. Bot. Zeit. 67. 1909.

1892. Lopriore, G., Über die Regeneration gespaltener Wurzeln. Ber. d. D. bot. Ges. 10. 1892.

1895. — Vorläufige Mitteilung über die Regeneration gespaltener Stammspitzen. Ber. d. D. bot. Ges. 13. 1895.

1896. Lopriore, G., Über die Regeneration gespaltener Wurzeln. Nova Acta Acad. Leop. Carol. 66. 1896.

1906. — Regeneration von Wurzeln und Stämmen infolge traumatischer Einwirkungen. Internat. bot. Kongr. zu Wien. Jena 1906.

1895. Mäule, C., Der Faserverlauf im Wundholz. Bibl. bot. H, 33. 1895.

1906. Magnus, W., Über die Formbildung der Hutpilze. Arch. f. Biontologie. 1. Berlin 1906.

1906. Mann, Br., Untersuchungen über Zellhautbildung um plasmolysierte Protoplasten. Borna-Leipzig 1906.

1898. Massart, J., La cicatrisation chez les végétaux. Mém. cour. et autres mém. publ. Acad. Roy. d. sc. de Belgique. 57. 1898.

1906. Mathuse, O., Über abnormales sekundäres Wachstum von Laubblättern usw. Diss. Berlin 1906.

1905. Miehe, H., Wachstum, Regeneration und Polarität isolierter Zellen. Ber. d. D. bot. Ges. 23. 1905.

1856. Müller, K., Zur Kenntnis der Reorganisation im Pflanzenreiche. Bot. Zeit. 14. 1856.

1875. Necker, M. de, Physiologie des corps organisés. S. 41 ff. 1875.

1914. Neeff, Fr., Über Zellumlagerung. Ein Beitrag zur experimentellen Anatomie. Zeitschr. f. Bot. 6. 1914.

1903. Neger, F. W., Über Blätter mit der Funktion von Stützorganen. Flora. 92. 1903.

1905. Němec, Bog., Studien über die Regeneration. Berlin 1905.

1888. Noll, Fr., Über den Einfluß der Lage auf die morphologische Ausbildung einiger Siphoneen. Arb. d. bot. Inst. Würzburg. 3. 1888.

1892. — Über heterogene Induktion. Leipzig 1892.

1907. Nordhausen, M., Über Richtung und Wachstum der Seitenwurzeln unter dem Einfluß äußerer und innerer Faktoren. Jahrb. f. wiss. Bot. 44. 1907

1890. Palla, E., Beobachtungen über Zellhautbildung an des Zellkerns beraubten Protoplasten. Flora. 73. 1890.

1906. — Über Zellhautbildung kernloser Plasmateile. Ber. d. D. bot. Ges. 24. 1906.

1897. Peters, L., Beiträge zur Wundheilung bei *Helianthus annuus* und *Polygonatum cuspidatum*. Diss. Göttingen 1897.

1809. Du Petit Thouars, Essais sur la végétation. De la culture considérée dans la reproduction par bourgeons. 1809.

1904. Pfeffer, W., Pflanzenphysiologie. Bd. 2. Kraftwechsel. 2. Aufl. 1904.

1902. Pischinger, F., Über Bau und Regeneration des Assimilationsapparates von *Streptocarpus* und *Monophyllaea*. Sitzungsber. math.-nat. Kl. Kaiserl. Akad. d. Wiss. Wien. 111. Abt. I. 1902.

1874. Prantl, K., Untersuchungen über die Regeneration des Vegetationspunktes an Angiospermenwurzeln. Arb. d. bot. Inst. Würzburg. 1. 1874.

1877. Pringsheim, N., Über Sprossung der Moosfrüchte und den Generationswechsel der Thallophyten. Jahrb. f. wiss. Bot. 11. 1877.

1912. Pringsheim, E. G., Die Reizbewegungen der Pflanzen. (J. Springer, Berlin.) 326 S. 1912.

1901. Prowazek, S., Beiträge zur Protoplasmaphysiologie. Biol. Zentralbl. 21. 1901.

1907. — Zur Regeneration der Algen. Biol. Zentralbl. 27. 1907.

1900. Raciborski, M., Morphogenetische Versuche. II. III. Flora. 87. 1900.

1894. Rechinger, C., Untersuchungen über die Grenzen der Teilbarkeit im Pflanzenreich. Verhandl. zool.-bot. Ges. Wien. 43. 1894.

1876. Regel, F., Die Vermehrung der Begoniaceen aus ihren Blättern. Jenaische Zeitschr. f. Naturw. S. 477 ff. 1876.

1912. Reuber, A., Experimentelle und analytische Untersuchungen über die organisatorische Regulation von *Populus nigra* usw. Arch. f. Entw.-Mech. 34. 1912.

1894. Richter, S., Über die Reaktionen der Characeen auf äußere Einflüsse. Flora. 78. 1894.

1898. Ricome, Symétrie des ramaux floreaux. Annales des sciences natur. 8. Sér. 2. 1898.

1905. Riehm, E., Beobachtungen an isolierten Blättern. Zeitschr. f. Naturw. 77. 1905.

1874. Sachs, J., Lehrbuch der Botanik. S. 174. 1874.

1878. — Über die Anordnung der Zellen in jüngsten Pflanzenteilen. Arb. d. bot. Inst. Würzburg. 2. H. 1. S. 104. 1878.

1880. 1882. Sachs, J., Stoff und Form der Pflanzenorgane. I. II. Arb.
d. bot. Inst. Würzburg. 1880. 1882.

1913. Schlumberger, O., Über einen eigenartigen Fall abnormer Wurzelbildung an Kartoffelknollen. Ber d. D. bot. Ges. 31. 1913.

1894. Schostakowitsch, W., Über die Reproduktions- und Regenerationserscheinungen bei den Lebermoosen. Flora. 79. Ergbd.
1894.

1905. Setchell, W. A., Univ. Calif. Publ. Botany. 2. 1905. (Mir nicht
zugänglich.)

1911. Shoemaker, On the development of *Hamamelis virginiana*. Bot.
Gaz. 24. 1911.

1904. Simon, S., Untersuchungen über die Regeneration der Wurzelspitze.
Jahrb. f. wiss. Bot. 40. 1904.

1908. — Experimentelle Untersuchungen über die Differenzierungsvorgänge im Callusgewebe von Holzgewächsen. Jahrb. f. wiss. Bot.
45. 1908.

1909. Sorauer, P., Handbuch der Pflanzenkrankheiten. 3. Aufl. Berlin
1909. Bd. 1. Die nichtparasitären Krankheiten.

1876. Stahl, E., Über künstlich hervorgerufene Protonemabildung an
dem Sporogonium der Laubmoose. Bot. Zeit. 1876.

1909. Stingl, G., Über regenerative Neubildungen an isolierten Blättern
phanerogamer Pflanzen. Flora. 99. 1909.

1874. Stoll, R., Über die Bildung des Callus bei Stecklingen. Bot. Zeit.
32. 1874.

1895. Tittmann, H., Physiologische Untersuchungen über Callusbildung
an Stecklingen holziger Gewächse. Jahrb. f. wiss. Bot. 27.
1895.

1897. — Beobachtungen über Bildung und Regeneration des Periderms,
der Epidermis, des Wachsüberzuges und der Cuticula holziger
Gewächse. Jahrb. f. wiss. Bot. 30. 1897.

1902. Tobler, F., Zerfall und Reproduktionsvermögen des Thallus einer
Rhodomelacee. Ber. d. D. bot. Ges. 20. 1902.

1903. — Über Vernarbung und Wundreiz an Algenzellen. Ber. d. D. bot.
Ges. 21. 1903.

1904. — Über Eigenwachstum der Zelle und Pflanzenform. Jahrb. f. wiss.
Bot. 39. 1904.

1906. — Über Regeneration und Polarität sowie verwandte Wachstumsvorgänge bei *Polysiphonia* u. a. Algen. Jahrb. f. wiss. Bot. 42.
1906.

1908. — Über Regeneration bei *Myrionema*. Ber. d. D. bot. Ges. 26a.
1908.

1897. Townsend, Ch. O., Einfluß des Zellkerns auf die Bildung der Zell-
haut. Jahrb. f. wiss. Bot. 30. 1897.

1846. Trécul, Recherches sur l'origine des racines. Ann. des Sciences
nat. bot. 3. Sér. 6. 1846.

1878. 1884. Vöchting, H., Über Organbildung im Pflanzenreich. Bonn. Bd. 1. 1878. Bd. 2. 1884.

1885. — Über die Regeneration der Marchantien. Jahrb. f. wiss. Bot. 16. 1885.

1887. — Über die Bildung der Knollen. Physiologische Untersuchungen. Bibl. bot. H. 4. 1887.

1889. — Über eine abnorme Rhizombildung. Bot. Zeit. 47. 1889.

1892. — Über Transplantation am Pflanzenkörper. Untersuchungen zur Physiologie und Pathologie. Tübingen 1892.

1900. — Zur Physiologie der Knollengewächse. Studien über vikariierende Organe am Pflanzenkörper. Jahrb. f. wiss. Bot. 34. 1900.

1904. — Über die Regeneration der *Araucaria excelsa*. Jahrb. f. wiss Bot. 40. 1904.

1908. — Untersuchungen zur experimentellen Anatomie und Pathologie des Pflanzenkörpers. Tübingen 1908.

1904. Voß, W., Über Verkorkungserscheinungen an Querwunden bei *Vitis*-Arten. Ber. d. D. bot. Ges. 22. 1904.

1890. de Vries, H., Über abnorme Entstehung sekundärer Gewebe. Jahrb. f. wiss. Bot. 22. 1890.

1885. Wakker, J. H., Onderzoekingen over adventieve Knoppen. Akademisk. proefschrift. Amsterdam 1885.

1886. Wakker, J. H., Die Neubildungen an abgeschnittenen Blättern von *Caulerpa prolifera*. Versl. en Meled. d. Kon. Acad. Wetensch. te Amsterdam. 3. Reeks. Deel 2. 1886.

1911. Weir, J. R., Untersuchungen über die Gattung *Coprinus*. Flora. N. F. 3. 1911.

1906. Westerdijk, J., Zur Regeneration der Laubmoose. Rec. des travaux botan. néerland. 2. 1906.

1900. Winkler, H., Über Polarität, Regeneration und Heteromorphose bei *Bryopsis*. Jahrb. f. wiss. Bot. 35. 1900.

1902. — Über die Regeneration der Blattspreite bei einigen *Cyclamen*-Arten. Ber. d. D. bot. Ges. 20. 1902.

1903. — Über regenerative Sproßbildung auf den Blättern von *Torenia asiatica*. Ber. d. D. bot. Ges. 21. 1903.

1905. — Über regenerative Sproßbildung an den Ranken, Blättern und Internodien von *Passiflora coerulea*. Ber. d. D. bot. Ges. 23. 1905.

1908. — Über die Umwandlung des Blattstiels zum Stengel. Jahrb. f. wiss. Bot. 45. 1908.

1913. — Entwicklungsmechanik oder Entwicklungsphysiologie der Pflanzen. Handwörterb. d. Naturwiss. Bd. 3. Jena 1913.

1910. Wulff, E., Über Heteromorphose bei *Dasycladus clavaeformis*. Ber. d. D. bot. Ges. 28. 1910.

2. Die Funktionsregulationen oder Anpassungen.

Die Bezeichnung »Anpassung« für teleologisch beurteilte Erscheinungen hat seit den Tagen des Darwinismus eine solche Unbestimmtheit und Vieldeutigkeit, daß es notwendig ist, sie in scharfer Definition auf eine besondere Gruppe ganzheiterhaltender Vorgänge zu beschränken. Am sinngemäßesten wendet man diesen Ausdruck als gleichbedeutend mit dem der Funktionsregulation an, d. h. der Wiederherstellung gestörter Funktionsganzheit nach Ausschluß der Form- und Bewegungsregulationen. Eine »Anpassung« in diesem Sinn ist also niemals eine »Einrichtung« des Organismus, eine »zweckmäßige« Baueigentümlichkeit, sondern wie die »Restitution« ein Vorgang, ein ganzheitbezogenes Geschehen am Organismus.

Den Einteilungsgrund für die erste Gliederung der Anpassungen gibt wie bei den Restitutionen am ungezwungensten die Art der Mittel der Regulation ab; sie entspricht genau der Einteilung der Funktionsharmonien. Wenn formbildende Vorgänge im Dienste der Funktionsganzheit stehen, soll von morphologischen Anpassungen gesprochen werden; für diese Gruppe von Funktionsregulationen mag auch das Wort »Adaptation« vorbehalten bleiben, um nicht allzu viele gleichbedeutende Ausdrücke bestehen zu lassen. Sind die ganzheitwiederherstellenden Vorgänge ausschließlich als Stoffwechseländerungen gekennzeichnet, so heißen sie physiologische Anpassungen, während Bewegungsvorgänge als Erhalter gestörter Funktionsganzheit als kinetische Anpassungen bezeichnet werden.

a) Morphologische Anpassungen oder Adaptationen.

Den Adaptationen entsprechen im »normalen« Geschehen die morphologischen Funktionsharmonien, die oben in Konstellations- und Kausalharmonien eingeteilt wurden. Den ersten, welche ein Ausdruck des »Zusammenpassens« relativ selbständig entstandener Organisationsbestandteile sind, läßt sich ein regulatorisches Gegenstück nicht zur Seite stellen, wie sich aus dem Wesen der Regulation ohne weiteres ergibt. Die Gliederung der Adaptationen erfolgt daher aus demselben Gesichtspunkt wie die der morphologischen Kausalharmonien.

Wenn eine Außenbedingung als »Störung« in den Verband der Innenbedingungen so eingreift, daß der dadurch hervorgerufene Formbildungsvorgang der Erhaltung der Funktionsganzheit dient, so soll von »induzierter Adaptation« gesprochen werden. In einer Reihe von Fällen steht nicht die veränderte Außenbedingung selbst, sondern eine durch sie geänderte Innenbedingung in engerer teleologischer Beziehung zu dem Erfolgsvorgang. Die Änderung äußerer Bedingungen kann etwa eine derartige Steigerung einer normalen Funktion hervorrufen, daß diese als Störung angesehen werden kann; das Formbildungsgeschehen, das diese anormal gesteigerte Funktion ohne Schaden für die Funktionsganzheit ermöglicht, heißt »funktionelle Adaptation«. Wenn die in einem Teil der Pflanze gestörte Funktion durch Änderungen der harmonischen Funktion eines anderen Teils des Organismus wiederhergestellt wird, so soll das »korrelative Adaptation« genannt werden; in der Änderung der Funktionsbeziehungen zweier Organisationsbezirke liegt das wesentliche Merkmal dieser Form der Regulation. Die beiden letzten Gruppen könnten von einer streng kausalen Betrachtungsweise vielleicht der ersten eingerechnet werden, da ja auch bei ihnen ein Außenfaktor vorhanden ist, den man — als Ursache der herausgehobenen Innenbedingung — ebenso gut wie diese als »Störung« bezeichnen könnte. Die Tatsache jedoch, daß hier in der besonderen Art der Änderung der Innenbedingungen die Aufhebung der Ordnung der Funktionen des Organismus erst deutlich zum Ausdruck kommt, rechtfertigt ihre Sonderstellung. Der Einteilungsgrund liegt eben nicht in der Ursachensondern in der Ganzheitsbeziehung des Geschehens.

α) Induzierte Adaptation.

Nach zwei Seiten hin bedarf die induzierte Adaptation einer scharfen Abgrenzung: gegenüber den morphologischen Kausalharmonien — insbesondere den induzierten Morphosen — und gegenüber den Restitutionen.

Wenn amphibische Pflanzen, die normalerweise in Luft und Wasser leben, beim Wechsel des Mediums ihre Struktur ändern, so liegt Ganzheiterhaltung im Rahmen normaler Bedingungen, also eine Harmonie, und zwar eine induzierte Morphose vor; für eine unter Wasser kultivierte

Landpflanze stellt das neue Medium aber ohne Zweifel eine so erhebliche Änderung wichtiger Funktionen, des Gaswechsels, der Stoffleitung usw. dar, daß man von einer »Störung« sehr wohl sprechen kann. Der Ausgleich des durch die anormalen Außenbedingungen gesetzten Zustandes erfolgt bei einer Reihe von Landpflanzen (*Cardamine pratensis, Nummularia, Ranunculus repens* u. a.), wie Schenck (1884) gezeigt hat, in der Weise, daß eine erhebliche relative Vermehrung des Parenchyms in Sproß, Blatt und Wurzel erfolgt, daß die entbehrlich gewordenen Wandverdickungen und damit ein besonderes Sklerenchym schwinden, daß eine Verminderung und Vereinfachung des Gefäßbündels erfolgt, die Differenzierung des Mesophylls in Schwamm- und Palissadenparenchym unterbleibt und eine Vergrößerung des Interzellularensystems im Innern der ganzen Pflanze stattfindet. Wie schon häufig hervorgehoben wurde, handelt es sich also nicht um formative Neubildungen, sondern in der Hauptsache um Reduktionen. Diese Reduktionen sind aber regulativ, da sie — wie der Vergleich mit Wasserpflanzen zeigt — den Zustand des Organismus darstellen, welcher der neuen Umgebung am meisten entspricht.

Auch der von Holtermann (1902) beschriebene Fall der zwei Standortsvarietäten von *Cyanotis zeylanica* mag in diesem Zusammenhang erwähnt werden. Der »natürliche« Standort dieser Pflanze ist schattig, mit feuchtem Boden; bringt man eine hier erwachsene Pflanze in trockenen Boden, so werden die neu ausgebildeten Blätter viel kürzer, dicker und infolge Neuausbildung eines Wassergewebes fleischiger, während die alten sich nicht mehr verändern und nach einiger Zeit abfallen. Das neu entstandene Wassergewebe versorgt während der hohen Transpiration der Mittagszeit das Assimilationsgewebe mit Wasser, so daß diese Pflanzen in der Sonne ziemlich frisch bleiben, während Exemplare aus feuchtem Boden, die man zum Vergleich denselben Transpirationsversuchen unterzog, in der Sonne zwar dieselbe Transpirationsgröße zeigten wie die »angepaßten« Blätter, aber stets erheblich erschlafften und schon nach dem dritten Versuch zugrunde gegangen waren. Die Umwandlung in die neue Standortsvarietät, die keine bloße Reduktion darstellt, sondern vor allem in dem Wassergewebe eine sehr nützliche Neubildung aufweist, läßt sich durch Kultur an feuchtem, schattigem

Ort rückgängig machen. Diese letztere Umbildung zu langen dünnen Schattenblättern läßt sich auch wieder als Reduktion bezeichnen. Wenn sie, wie das von Holtermann gezeigt wurde, bei Exemplaren der *Cyanotis* stattfindet, die auf trockenem Boden erwachsen waren und von Pflanzen der Trockenstandortsvarietät abstammen, so könnte in diesem Fall von einer regulatorischen Reduktion adaptativer Art gesprochen werden. Daß der Wechsel der zwei Bedingungskomplexe nicht den normalen Lebensumständen der Pflanze entspricht, ist beide Male für die Auffassung als Adaptation entscheidend. Die Ausbildung jeder der zwei Standortsvarietäten entspricht dem abgeschlossenen Kreis von Bedingungen, die bei beiden durchaus entgegengesetzt sind. Diese Tatsache des Entsprechens von Formbildung der Pflanze und den Außenbedingungen, unter denen sie erzeugt und erwachsen ist, muß als Harmonie bezeichnet werden; daß ein völliger Wechsel der Bedingungen auch eine nachträgliche Änderung der Formbildung in ganzheiterhaltendem Sinne erfolgen läßt, wird als Regulation, als Anpassung bezeichnet.

Bei einer anderen Gruppe von Regulationen ist die Einordnung insofern schwierig, als die Meinungen darüber geteilt sein können, ob die veranlassende »Störung« als Formstörung oder nur als Funktionsstörung aufzufassen ist. Im Kapitel der Restitutionen wurde häufig auf diese Schwierigkeit hingewiesen. Wer etwa nicht geneigt ist, den in Wasser eingetauchten Teil von Weidenzweigen in den Versuchen von Klebs (1903) und Vöchting (1906) als vom übrigen Teil der Pflanze »abgespalten« und darum der Ergänzung bedürftig anzuerkennen — und so dürften wohl die meisten Botaniker urteilen —, wird in der Wurzelbildung keine Adventivrestitution sehen, sondern eine induzierte Adaptation. Dasselbe gilt für das Austreiben von Wurzeln an dem mit feuchtem Moos umwickelten Epikotyl von *Phaseolus* bei stark abgekühltem oder in trockenem Boden wachsendem oder kränklichem Wurzelsystem (Goebel 1907); wer darin keine »Inaktivierung«, keine Ausschaltung des Wurzelsystems sehen will, kann nicht von Restitutionen sprechen, sondern muß auch diese Vorgänge hier einordnen. Ebenso steht es mit der Präventivrestitution an *Bryophyllum*-Blättern (Wakker 1885, Goebel 1902) nach durchschnittenen Blattnerven und bei zahllosen ähnlichen Fällen. Die Ausschaltung von Vegetationspunkten durch Eingipsen in zahlreichen Versuchen, die ja zweifellos ein Einstellen der Wachstumstätigkeit zur Folge hat, wird man wohl allgemein auch als Formstörung gelten lassen. Auf derselben Grenzlinie stehen auch Vorgänge wie die Ausbildung von Luftwurzeln an einem an der Mutterpflanze festsitzenden Seitensproß von *Dendrobium Dalhousianum* beim Absterben des Hauptsprosses (Goebel 1908, S. 177); wie Goebel selbst hervorhebt, verhält sich der Seitensproß ebenso, wie wenn er abgetrennt worden wäre. Je nach der Beurteilung der Störung — des Absterbens des tragenden Hauptsprosses — wird man sich entweder für Einreihung der Regulation unter die Organadventivbildung oder unter die induzierte Adaptation entscheiden.

Vorgänge, die sich mit Sicherheit als induzierte Adaptationen ansprechen lassen, sind im Pflanzenreich in großer Fülle vorhanden.

Eine große Gruppe von morphologischen Anpassungen stimmt mit den Restitutionen darin überein, daß eine zweifellose Formstörung, eine Entnahme sie veranlaßt, unterscheidet sich aber dadurch von ihnen, daß keine Wiederherstellung der Form erfolgt, sondern nur eine solche der durch die Verwundung gestörten Funktion.

Bei zwei noch nicht völlig geklärten Fällen dieser Art handelt es sich um Organe, die durch Wasserausscheidung die Transpiration erhöhen sollen. Der eine Fall ist die Ausbildung von wasserabsondernden Epidermiswucherungen anstelle der durch Giftwirkung zerstörten Hydathoden bei *Conocephalus ovatus* (Haberlandt 1899); das andere Beispiel bietet die Entstehung großer Haare an Stengel und Blattstielen von *Tropaeolum peregrinum* nach Entnahme der Blattspreite oder von Teilen derselben, ein Vorgang, der um so auffallender ist, als es sich um eine sonst völlig unbehaarte Art handelt (Hill 1912). Die Deutung der Neubildungen als Ersatzhydathoden ist in beiden Fällen strittig. Wenn sie zu Recht besteht, so liegen induzierte Adaptationen vor, da der regulative Gestaltungsvorgang die entfernten Organe nur ihrer Funktion, nicht ihrer Form nach wieder herstellt. Es ist aber bei dem Fehlen genauer physiologischer Untersuchungen auch durchaus nicht ausgeschlossen, daß den Neubildungen überhaupt keine teleologische Bedeutung zukommt.

Vielfach aber besteht die Funktionswiederherstellung nach vorangegangener Formstörung nur in einem bloßen Abschluß nach außen, der die Funktionsganzheit gewährleistet. Diese letzten Vorgänge bezeichnen wir als Vernarbung, ganz in Übereinstimmung mit der von Tobler (1903) gegebenen Definition.

Die einfachsten Vernarbungsvorgänge bestehen in einer entsprechenden Veränderung oder auch Neubildung der Zellwand. Wenn *Mucor stolonifer* den verletzten Teil einer vegetativen Hyphe durch eine Vernarbungsmembran von dem lebenden Plasmakörper abschließt (Köhler 1907), wenn in ähnlicher Weise verletzte Algen Außenwände bilden oder Zellen höherer Pflanzen einwachsende Pilzhyphen mit Zellulosemassen umschließen (für beides viele Literaturangaben bei Küster 1903 bzw. 1916), so liegt der letztgenannte Fall einer Wandneubildung vor. Beispiele einfachster Vernarbung durch Zellwandveränderung bieten die Ausbildung einer Kutikula an der durch Verletzung zur Querwand gewordenen Seitenwand von *Cladophora glomerata* (Tittmann 1897), die »Regeneration« des Wachsüberzuges bei *Ricinus*, *Rubus* und *Macleya* oder der abgeschabten Kutikula bei *Agave americana* und bei *Aloe*-Arten (Tittmann 1897), der allbekannte Abschluß von Baumwunden durch Harzausfluß aus dem Splintholze der Nadelhölzer und durch Gummiabscheidung im »Wundholze« der Laubbäume, die Vernarbung durch einfache Wandverkorkung im Blatt von *Hoya carnosa* (Massart 1898, S. 48) und am Sproßgipfel von *Helianthus* (Peters 1897), die Einlagerung eines braunen Schutzstoffes (»Vagin«) in die bloßgelegten Zellwände bei verletzten Farnen (Literatur bei Küster 1916), die Vernarbung durch Verdickung der Zellwände am Thallus von *Pallavicinia Lyellii*, einer anakrogynen Jungermanniacee, an den Prothallien der Pteridinee *Vittaria*, sowie an Blättern von Hymenophyllaceen (Massart 1898) und schließlich die Ausfüllung von bloßgelegten Hohlräumen bei verletzten Wasserpflanzen durch Zellwandverdickung (daselbst S. 44). Wie weit die Ausbildung von Raphidenbündeln bei *Tradescantia virginica* im Bereich der an die entfernte Epidermis angrenzenden Zellen, nach Kassner (1910), als »Ersatz« der Epidermis bezeichnet werden darf, kann dahingestellt bleiben.

Die nächste Stufe der Vernarbungsvorgänge ist durch einfache Zellwachstumsvorgänge ohne Zellteilung gekennzeichnet; es sind dies hauptsächlich »Kallushypertrophien« in der Sprache Küsters

(1903). Hierher gehört die stärkere Wachstums- und Verzweigungstätigkeit der Nachbarfäden verletzter Zellen bei scheibenbildenden Fadenalgen wie *Phycopeltis, Coleochaete scutata, Melobesia Lejolisii* (Massart 1898); die Bildung einer Art von »Wundgewebe« durch Aussprossen, geringe Verzweigung und Verflechtung der Hyphen an der Wundfläche älterer, nicht mehr regenerationsfähiger Fruchtkörper von *Agaricus campestris* (Magnus 1906), das Auswachsen von Zellen der Alge *Padina pavonia*, die durch Schnittwunden bloßgelegt wurden, zu großen ungeteilten Blasen (Küster 1916); der Wundverschluß bei Epidermisverletzungen von *Tradescantia virginica* durch das Wachstum der Nachbarzellen, welche die entstandene Lücke ausfüllen (Miehe 1901); schließlich jene hypertrophischen Zellwucherungen an der Wundfläche von Rinde und Holzparenchym der Sprosse und des Mesophylls bei einer Reihe von Monokotylen und Dikotylen, in seltenen Fällen mit netzförmigen Wandverdickungen verbunden, wie bei der Orchidee *Cattleya* (Küster 1903). In diesen Zusammenhang läßt sich auch der Verschluß von Gefäßen in der Umgebung von Wunden bei Phanerogamen durch Thyllenbildung einordnen, d. h. durch Auswachsen begrenzter Stellen (Tüpfel) der Zellwand der an die Gefäße angrenzenden Parenchymzellen, welche den Hohlraum der Gefäße völlig ausfüllen können. Solche Thyllenbildung ist auch an jungen Pflanzen, z. B. einem einjährigen Zweig von *Robinia pseudacacia* und bei ganz jungen Internodien von *Cucurbita ficifolia* (Massart 1898) nach Verwundung festgestellt.

Die höchste Entwicklung weisen die mit Zellteilung einhergehenden Vernarbungserscheinungen auf; sie bilden einen Teil der »heteroplastischen Hyperplasien« Küsters (1903). Das Aussprossen von Zellen an bloßgelegten Wänden der Runkelrübe zu einem lockeren, später geschlossenen Gewebe (Vöchting 1892), die Bildung netzfaserartig verdickter Zellen in Blattnarben bei einer Reihe von Orchideen (v. Bretfeld 1879/81) ist hier zu erwähnen; der bei weitem verbreitetste Fall ist aber die Wundkorkbildung. Bei diesem letzten Vorgang entsteht durch Querteilung von etwa parallel zum Wundrand gelagerten Zellen ein sekundäres Meristem, und dieses Phellogen erzeugt dann das mehrschichtige Periderm, dessen Wandungen verkorken. Diese überaus häufige Wundheilungserscheinung ist von v. Bretfeld (1879/81),

Beinling (1883), Kny (1889), Vöchting (1892, 1908), Tittmann (1897), Peters (1897), Massart (1898) und vielen anderen eingehend beschrieben worden. Daß diese Verkorkung der abschließenden Zellschichten einer Wunde einen wirklichen Schutz gewährleistet, beweisen die Versuche Appels (1906), welcher zeigte, daß eine Bakterieninfektion schon nach einer in zwölf Stunden entstandenen Korkeinlagerung nicht mehr möglich war. Daneben ist eine Herabsetzung der Transpiration durch die Verkorkung nachgewiesen. Um Fremdkörper, die in den Organismus eindringen, so um eingestoßene Holzstäbchen beim Kohlrabi (Vöchting 1908), um Wurzeln fremder Pflanzen, die das Innere krautiger oder fleischiger Gewächse durchdringen (Vöchting 1892, Massart 1898), an der Grenze der Gewebe von verwachsenden Pfropflingen (Figdor 1891, Vöchting 1892, Buder 1911), hier wahrscheinlich wegen des Absterbens verletzter Zellen und weiterhin ganz allgemein um in Zersetzung übergehende Gewebeteile im Innern der Pflanzen (Vöchting 1892) können sich solche abschließenden »Korkmäntel« bilden. Der Korkbildung kommt möglicherweise eine weitere Bedeutung zu. Von verschiedenen Untersuchern wurde hervorgehoben, daß der Kork einerseits ein Mittel der Herabsetzung der Transpiration darstellt, anderseits auch gerade durch gesteigerte Transpiration bedingt wird (Massart 1898, Küster 1903); unter Wasser findet jedenfalls Korkbildung an verletzten Kartoffelknollen nicht statt, die Berührung der Wundfläche mit der Luft und zwar mit dem Sauerstoff (Kny 1889, Kabus 1912) ist dazu notwendig. Diese Ergebnisse, die in der Notwendigkeit des Sauerstoffs für die Erneuerung der entfernten dunklen Oberhaut (»Rinde«) der Sklerotien von *Coprinus stercorarius* (Magnus 1906) ein Gegenstück finden, stehen einigermaßen im Widerspruch zu älteren, Küster (1903) entlehnten Angaben, nach denen z. B. beim Aufenthalt höherer Pflanzen im Wasser eine Verkorkung der oberflächlichen Gewebe einträte (Constantin 1883, 1884) oder nach Füllung der Interzellularen mit Wasser bei *Potamogeton* u. a. eine Verkorkung der Zellwände dieser Luftgänge (Sauvageau 1891). Vielleicht erklärt sich dies aber aus der Schwierigkeit der Feststellung echter Verkorkung besonders in älterer Zeit. Freilich versagt sowohl die Annahme gesteigerter Transpiration als die der Notwendigkeit des freien Sauerstoffs für

die Korkbildung bei den inneren, um zersetzte Gewebe gebildeten Kork-
auskleidungen. Die Ganzheitsbeziehung ist in allen diesen Fällen dagegen klar: Die Korkbildung ist eine Anpassung an Gewebezerstörungen
(durch Verletzung oder sonstige Ursachen), möglicherweise auch an die
damit einhergehende anormal gesteigerte Transpiration.

Alle bisher dargestellten Vorgänge des Schutzes gegen die Wirkung
von Verletzungen waren formbildender, gewissermaßen positiver Natur.
Andere Hilfsmittel der Pflanze, die derselben Störung der Funktionsganzheit begegnen, tragen negativen Charakter; sie sind selbst Zerstörungen, Reduktionen. Die einfachste derartige Form der Vernarbung besteht im bloßen Eintrocknen der zerstörten Zellen der Wundfläche, wie es bei einigen Orchideen als einziges Schutzmittel vorkommt
(v. Bretfeld 1879/81). Ein Eintrocknen verletzter Stiele bis zum nächsten Knoten ist bei vielen Pflanzen eine alltägliche Erscheinung, bei
Rosen z. B. läßt sie sich in jedem Garten beobachten. Von diesen gewissermaßen passiven Vorgängen ist das aktive Abwerfen von verletzten
Teilen einer Pflanze zu unterscheiden. Vöchting (1878) beschreibt
z. B., daß bei *Heterocentron diversifolium* und bei *Begonia discolor* ein
Internodialstück, das beim Abschneiden des apikalen Teils der Pflanze
stehen blieb, über dem nächsten Knoten bzw. über der nächsten Knospe
mit glatter Rißfläche abgeworfen wird, ferner (1892), daß Blattstiele,
die ihrer Fläche beraubt werden, bei genügend guter Ernährung durch
einen Wachstumsvorgang abgeworfen werden und zwar auch dann, wenn
sie mit einer Achselknospe zusammen einer anderen Pflanze eingepfropft
wurden. Das Abwerfen entspreiteter Blattstiele untersuchte bei einer
Reihe von Pflanzen, in ausführlichen Versuchen bei *Coleus hybridus*
Küster (1916a). Auch die Beobachtung, daß von *Pemphigus*-Arten
befallene Pappeln und von *Tetraneura* befallene Ulmen die gallentra-
genden Laubblätter frühzeitig grün schütten (Küster 1911), muß in
diesem Zusammenhang erwähnt werden. Ein Internodialstück von
Impatiens Sultani wird nach Durchschneiden unter Ausbildung eines
Vernarbungsgewebes im nächsten Knoten abgeworfen; ebenso wird
ein Blatt abgestoßen, dessen Mittelnerv nahe dem Grunde der Spreite
durchschnitten oder angesengt wird (Massart 1898). Bei der »interkalaren« Regeneration einer Wurzelspitze nach seitlichen Einschnitten

wird der alte Vegetationspunkt durch Einstellung der Teilungstätigkeit und Entleerung der wesentlichsten Inhaltsstoffe rückgebildet und dann abgestoßen, wobei zuweilen eine besondere Trennungsschicht ausgebildet wird (Němec 1905). Alle diese Vorgänge haben ihr Gegenstück in dem Abwerfen verletzter Glieder bei Tieren, z. B. verletzter Beine bei Krabben und Heuschrecken an vorgebildeter Stelle des zweiten Beingliedes, Erscheinungen, welche die Zoologen als Autotomie bezeichnen.

Eine solche Abstoßung von Teilen kann außer bei Verletzungen auch bei ungünstigen äußeren Bedingungen stattfinden. Im Dunkeln aufgehängte beblätterte Zweige von *Heterocentron diversifolium* werfen alle oder wenigstens die größeren Blätter ab, wobei der Zweig selbst völlig gesund bleibt (Vöchting 1878); im Licht findet der Vorgang nicht statt. Vielleicht läßt auch er sich adaptativ deuten, sofern ja die Blätter ihrer Hauptfunktion, der Assimilation, beraubt sind, und in ihnen darum auch wohl die Störung sich am stärksten äußert. So werfen auch beim Eintrocknen viele Pflanzen ihre Blätter ab, wodurch die verdunstende Oberfläche wesentlich herabgesetzt wird (Pringsheim 1906); weitere Angaben über Blattfall nach schädigenden Eingriffen der verschiedensten Art, durch Hitze oder Verdunkelung, durch Trockenheit wie übergroße Feuchtigkeit finden sich bei Wiesner (1906). Fitting (1911), welcher das Abwerfen von Blumenblättern, besonders bei *Geranium*-Arten, auf die verschiedensten Änderungen äußerer Bedingungen hin untersuchte, hat für diese Gruppe von Abtrennungsvorgängen, deren Natur als Reizerscheinungen er dargetan hat, den Ausdruck »Chorismen« vorgeschlagen. Es ist schwer zu entscheiden, wie weit hier nur die Folge von Schädigungen, also ganzheitauflösende, pathologische Vorgänge gegeben sind oder wie weit etwa durch die Entfernung eines besonders empfindlichen Organs der Schädigung des ganzen Organismus entgegengewirkt wird.

Soweit die letzte, teleologische Deutung dieser Vorgänge berechtigt ist, lassen sie sich in eine Reihe gleichartiger Erscheinungen einordnen, deren wesentliches Merkmal das Auftreten von Rückbildungen, von Reduktionen bei ungünstigen Außenbedingungen — z. B. mangelnder Ernährung oder beiden Extremen der Wasserzufuhr, Wärme, Beleuchtung usw. — darstellt, und deren Ganzheitbeziehung in der Erhaltung der Funktionsganzheit durch Einschränkung der normalen Formbildung liegt. Unter diesem Gesichtspunkt wird auch die Verwundung nur eine unter den vielen Funktionsstörungen, da ja eine Wiederherstellung der mitgestörten Formganzheit nicht stattfindet. Die weiteren Beispiele geben **regulatorische Reduktionen**, die wie die zuletzt besprochenen **auf bloße Funktionsstörungen hin** erfolgen.

So bilden *Chara fragilis* und *Ch. hispida* unter ungünstigen Lebensbedingungen unberindete Zweige (Richter 1894); Codiaceen vereinfachen ihre Organisation dadurch, daß die Ausbildung der kurzen, verzweigten Seitenäste bei *Udotea Desfontainii*, der »Trichomschläuche« bei *Codium tomentosum* unterbleibt oder verwischt wird (Küster 1903); das charakteristische Assimilationsgewebe der Marchantien verschwindet bei Kultur in schwachem Licht oder dampfgesättigten Raum und macht einem gleichmäßig gebauten einfachen Thallus Platz (Stahl 1880, Ruge 1893, Goebel 1901); in den Nadeln von *Pinus austriaca* entstehen bei ununterbrochener künstlicher Beleuchtung einfach gebaute Parenchymzellen an Stelle der gegliederten Armpalisaden (Bonnier 1895). Eine Reihe häufig erörterter Rückbildungen im Bau des Blattes schließen sich an: die Verminderung der Schließzellen bei Herabsetzung der Transpiration durch Kultur in feuchter Luft oder Berührung mit Wasser und bei geringer Beleuchtung, die Vereinfachung des Mesophylls bei allen möglichen Schädigungen der Ernährung oder der Transpiration; hier sind auch die schon erwähnten negativen Anpassungen untergetauchter Landpflanzen einzureihen. Die wichtigsten Literaturangaben sind bei Küster (1903, 1916) zusammengestellt. Oberirdische Organe lassen bei Kultur in der Erde eine Reduktion des Gefäßteils eintreten (Thomas 1900); in Wurzeln erfolgt unter ungünstigen Ernährungsbedingungen, z. B. bei Dunkelkultur der ganzen Pflanze oder beim Abschneiden der Blätter eine Rückbildung der Zahl der Gefäße und Sklerenchymfasern, bei *Vicia faba* sogar der Gefäßstrahlen (Flaskämper 1910). Es muß auch hier wieder hervorgehoben werden, daß solche Reduktionen natürlich nicht unter allen Umständen regulatorischer Art zu sein brauchen, vielfach wird es sich um bloße Äußerungen der Schädigung handeln. Nur insofern stellen sie Anpassungen dar, als sie durch Vereinfachung

der Organisation ein Weitergedeihen ermöglichen, das bei voller Ausbildung unter den gegebenen Bedingungen unmöglich wäre. Ähnlich
wie viele Tiere zeigen auch die Pflanzen beim Fehlen der zureichenden
Menge eines unentbehrlichen Nährstoffes ein »Wachstum im Hunger-
zustand«, bei dem eine erhebliche Minderausbildung der Gewebe, vor
allem der sekundären Meristeme wie gewisser Elemente der Leitbündel
erfolgt (vgl. Gauchery 1899 über die Anatomie von Zwergformen,
ferner Pethybridge 1899). Dabei kommt das Regulatorische dieser
Rückbildungsvorgänge darin deutlich zum Ausdruck, daß es selbst
solchen Kummerformen höherer Pflanzen noch möglich ist, Fortpflanzungsorgane zu bilden. In der erheblichen Beschleunigung der Ausbildung dieser Fortpflanzungsorgane liegt wiederum eine offenkundige
Anpassung. So bildet Jost (1908) einen Rosenkeimling ab, der nach
Ausbildung weniger Blätter im ersten Jahr zur Blütenbildung überging
und erwähnt eine Angabe von Heinricher (1906), der bei Dichtsaat auf
schlechtem Boden 18 mm hohe Pflanzen von *Sinapis nigra* beobachtete,
die eine Blüte erzeugten und sogar bis zur Ausbildung eines Schötchens
gelangten. Alle als »Notreife« zu kennzeichnenden Vorgänge gehören
hierher; die von der Pflanze mit großer Beschleunigung gebildeten
Vermehrungsorgane haben mehr Aussicht als die Pflanze selbst, die ungünstigen Bedingungen zu überstehen. So spannen vom Substrat losgelöste oder unter ungünstigen Bedingungen, etwa zu großer Trockenheit von Substrat oder Luft wachsende Fruchtkörper von *Agaricus campestris* den Hut längst vor Erreichung der gewöhnlichen Größe auf und
bilden frühzeitig Basidien und Sporen aus, sodaß Fruchtkörper von
nur 2 cm Höhe vorkommen (W. Magnus 1906). Wenn bei *Vaucheria
repens* (Klebs 1904) nach Verdunkelung sofort, nach Verminderung der
Temperatur bis nahe dem Minimum oder nach Steigerung des Salzge-
haltes bis nahe dem Maximum nach einigen Tagen Zoosporenbildung
eintritt, die wochenlang, bis zur völligen Erschöpfung der wachsenden
Fäden andauern kann, so wird in der beweglichen Schwärmspore eine
Form des Organismus erzeugt, die viel eher als der fädige Thallus die
Möglichkeit hat, den Schädigungen zu entgehen. *Mucor racemosus*
gliedert — wie eine Reihe anderer Pilze — bei unzureichender organischer
oder anorganischer Ernährung am Myzelium oder an Sporangienträgern

angeschwollene Zellen mit fettreichem Inhalt und derber Membran ab, die »Gemmen«, welche die ungünstigen Bedingungen überdauern können. Mit dem vollständigen Zerfall in solche Dauerzellen ist der Übergang zur Totalrestitution gegeben.

Ein den »Notreife«-Erscheinungen verwandter Vorgang ist es wohl auch, wenn vorgekeimte Kartoffeln, die nach Abschneiden der oberen Teile des »Vortriebes« so tief in den Boden verpflanzt worden waren, daß keine Knospe mehr zum Laubtrieb werden konnte, aus den Stolonen Tochterknollen hervorgehen lassen, in die alle Bildungsstoffe der Mutterknolle einwandern (Vöchting 1887). Die dem sicheren Absterben geweihte einjährige Mutterknolle »rettet« gewissermaßen wie der Pilz bei der Gemmenbildung die lebende Substanz· bis zum Eintreten günstigerer Bedingungen.

β) Funktionelle Adaptation.

Die Bezeichnung »funktionelle Anpassung« wird meist in einem recht weiten und unbestimmten Sinne angewandt. Zahlreiche Fälle dieser sogenannten funktionellen Anpassung geschehen durchaus im Rahmen »normaler« Lebensvorgänge, sind also gar keine Regulationen, sondern Harmonien; sie sind oben als »funktionelle Morphosen« kurz gekennzeichnet worden. Doch bleibt noch eine recht beträchtliche Reihe von Beispielen, in denen die Steigerung einer Funktion eine so deutliche Störung darstellt, daß die Verstärkung des funktionierenden Organs als zweifellose Anpassung aufgefaßt werden muß.

Ein häufig experimentell in Angriff genommenes Problem betrifft die Frage, ob durch erhebliche mechanische Einwirkung als Druck oder Zug eine Verstärkung des beanspruchten mechanischen Gewebes hervorgerufen werden könne.

Durch Heglers Arbeit (1893) schien sie in bejahendem Sinne erledigt. Seine Angaben stellten sich aber als irrtümlich heraus und die Untersuchungen der folgenden Jahre schienen bündig das Gegenteil zu beweisen. Vöchting (1902, 1908) stellte in sorgfältigen Untersuchungen fest, daß ein unmittelbarer Einfluß von hohem Druck und Zug auf die Ausbildung mechanischen Gewebes bei aufrecht stehenden Pflanzenorganen nicht wahrnehmbar sei. Wiedersheim (1903) erzielte (mit

einer einzigen Ausnahme) bei seinen Belastungsversuchen an Trauerbäumen gleichfalls keinen Erfolg. Keller (1904) konnte an Fruchtstielen, deren mechanisches Gewebe normalerweise mit der Ausbildung
(und Gewichtsvermehrung) der Früchte sich steigert, keinerlei Wirkung
verhältnismäßig großer Belastung feststellen. Ball (1904) widerlegte
einwandfrei Heglers Ergebnisse an dessen eigenen Versuchsobjekten.
Diesen negativen Angaben stehen aber auch wieder positive gegenüber.
Bei *Corylus avellana* var. *pendula* stellte Wiedersheim (1903) eine Verstärkung der Bastzellen nach Belastung fest. Wildt (1906) erzielte
durch Zugwirkung eine Umwandlung von »Ernährungswurzeln« ohne
mechanische Elemente mit mehr oder weniger großem Mark zu »Be-
festigungswurzeln«, sofern in ihnen möglichst zugfeste Konstruktionen
mit zentripetaler Tendenz« entstehen sollen. Es tritt dabei eine Verminderung des Markes und eine Zusammenhäufung der Bündel in der
Mitte der Wurzel auf. Flaskämper (1910) will dies freilich nicht als
Anpassungserscheinung gelten lassen, weil der anatomische Bau der
umgewandelten Wurzeln weder theoretisch noch praktisch eine zug-
festere Konstruktion als der normale darstelle; sein anderes Argument,
daß es sich um »Hemmungserscheinungen« handle, die ähnlich durch
verschiedenartige ungünstige Kulturbedingungen zu erzielen seien, hat
für sich keine Bedeutung für die teleologische Beurteilung. Hibbard
(1907) behauptet bei *Helianthus annuus, Ricinus comunis* u. a. Pflanzen
eine Vermehrung des mechanischen Gewebes in Stamm und Wurzeln
nach Druck- und eine schwache Verstärkung der mechanischen Zellen
im Stengel von *Vinca major* durch Zugwirkung. Prein (1908) will Ausbildung radialer Versteifungen bei unter Druck gewachsenen Wurzeln
beobachtet haben. Schuster (1908) gibt als Erfolg von Spannungs-
versuchen an Dikotylenblättern an, daß die vom Druck am stärksten
getroffenen Sekundärnerven sich in die Richtung des Druckes einstellen,
und daß gleichzeitig »zur Erhöhung der Festigkeit« die Sekundär- und
Tertiärnerven vermehrt und das Maschennetz in Gegenden stärkster
Spannung verengert werden kann. Die zuverlässigste Angabe stammt
von Vöchting (1902, 1908). Dabei ist abzusehen von seiner Feststellung, daß bei Druckversuchen an *Helianthus annuus* sich außer einer
Verdickung der Achse eine Verstärkung der mechanischen Elemente

des Holzkörpers einstellte, da diese von Vöchting selbst nicht als eine direkte Folge des Druckes, sondern als die der dadurch bedingten Hemmung des Längenwachstums des Sprosses betrachtet wird. Von größerer Bedeutung ist die an horizontal gelegten hypertrophischen Achsen von Wirsing und Kohlrabi durch monatelange Zugbelastung erzielte schwache Zunahme der mechanischen Gewebe auf der Oberseite (Zugseite) und Unterseite (Druckseite) der Sprosse, die als die Anfänge zur Ausbildung der Gurtungen eines I förmigen Trägers aufgefaßt werden können.

Vielleicht kommt hier als wesentlich in Betracht, daß die Wirkung der Spannungen in dem Pflanzenorgan keine gleichmäßige war und weiterhin, daß der geotropische Reizerfolg des Aufrichtens aus der anormalen Stellung unterdrückt wurde. Denn so zweifelhaft alle Angaben sind, die von einer funktionellen Anpassung an gleichmäßigen Zug oder Druck in der Längsrichtung eines Organs berichten, so überzeugend sind die Versuchsergebnisse über die Wirkung von Spannungsunterschieden, wie sie entweder durch Verhinderung tropistischer Krümmungen oder durch gewaltsame mechanische Krümmung erzielt wurden. Schon bei Wortmann (1887) und Elfving (1888) findet sich die Angabe, daß in Epidermis und Rinde von Organen, an denen die Ausführung von Reizkrümmungen unterdrückt oder eine gewaltsame Biegung herbeigeführt wurde, z. B. im Epikotyl des Bohnenkeimlings, starke kollenchymatische Wandverdickungen auftraten; bei mechanischer Krümmung fanden sie sich auf der Konvexseite (Zugseite), bei der Verhinderung negativ geotropischer oder positiv phototropischer Krümmungen auf der Oberseite bzw. der beleuchteten Seite des Organs. Auch Pfeffer (1893) beobachtete einseitige Verdickung an Grasknoten, welche an der Ausführung geotropischer Krümmungen verhindert wurden. Ball (1904) bestätigte und erweiterte diese Ergebnisse bei *Phaseolus, Ricinus* u. a. Pflanzen, indem er neben der Verstärkung der kollenchymatischen Elemente auch das Auftreten erheblicher Mengen verdickter Bastfasern nachwies. Eine ausführliche Darstellung der Ausbildung stärkerer Zellwandverdickungen unter Verkleinerung des Zellinnenraumes bei Kollenchym-, Bast- und Holzzellen der Konvexseite gewaltsam gekrümmter, noch wachstumsfähiger Krautsprosse gab dann Bücher (1906), welcher diese Erscheinung Kamptotrophismus nannte. Auf der Konkavseite tritt eine geringere Ausbildung der Wandverdickungen dieser Zellen bei größerer Zellweite als normal ein, worauf auch Ball schon hingewiesen hatte. Wurden geotropische oder phototropische Krümmungen auf mechanischem Wege verhindert, so traten dieselben Verstärkungen der mechanischen Zellen an der Oberseite auf, die bei Ausführung der Aufrichtung zur Konkavseite geworden wäre, und die wie die Konvexseite beim Kamptotrophismus unter erhöhter Zugwirkung stand; hier spricht Bücher von Geotrophismus bzw. Heliotrophismus. Eine Vereinigung von Zwangskrümmung und verhinderter Reizkrümmung ergab eine verstärkte Wirkung. Neubert (1911) wies seither dieselbe Erscheinung an Blattstielen nach, und Trülzsch (1914) beschrieb kamptotrophische Wachstumsverstärkungen der sekundären Gewebe von *Ficus pumila*, die auf der Konkavseite der Krümmung zahlreichere und größere Holz- und Bastzellen ausbildeten.

Wie man sich auch die ursächliche Vermittlung des Geschehens zu denken habe, außer Zweifel steht jedenfalls, daß die durch die Störung gesetzte vermehrte Inanspruchnahme der mechanischen Gewebe durch eine Verstärkung dieser Gewebe an den jeweils am meisten betroffenen Stellen beantwortet wird. Man hat daher das Recht, von einer funktionellen Adaptation zu sprechen.

Eine andere Gruppe funktioneller Anpassungen betrifft die Organe der Ernährung, insbesondere Stoffleitung. Das Tatsachenmaterial fließt hier reichlicher, sodaß es genügt, einige der wesentlichsten Beispiele herauszugreifen.

Auf verschiedene Arten ist es möglich, den Leitbündeln erheblich höhere Leistungen zu übertragen, als sie ihnen sonst zukommen. Einen Weg hierzu fand Vöchting (1887, 1900) in der Einschaltung einer Knolle in den Grundstock der Pflanze, die er bei Sproßknollen von *Oxalis crassicaulis* und der Kartoffel, sowie mit der Wurzelknolle von *Dahlia variabilis* ausführte. Durch die Wurzelbildung kommt die Knolle an einen ungewöhnlichen Ort innerhalb des Organismus. Sie hat jetzt die gesamte Stoffleitung der Pflanze mit zu übernehmen; sowohl der Wasserstrom von der Wurzel zu den übrigen Teilen, als der Zufluß plastischer Stoffe von den Laubtrieben zum Wurzelsystem und den jungen Knollen geht durch ihre Leitungsbahnen. Als Erfolg ergab sich eine durch

Kambiumtätigkeit vermittelte erhebliche sekundäre Vermehrung der Bündel, bei welcher in der *Oxalis*-Knolle auch Elemente auftraten, die ihr sonst fremd sind; außerdem zeigte *Oxalis* auch Zellteilungen im primären Holzteil. Eine Bestätigung und Erweiterung der Erfahrungen an der Kartoffel gab Schlumberger (1913), welcher beobachtete, daß eine durch Entstehung von Wurzeln an einem Kallus des basalen Endes eingeschaltete Knolle sich neben Vermehrung der sekundären Elemente des Holz- und Siebteils auch durch Ausbildung eines Interfaszikularkambiums und dessen Tätigkeit verstärkte. Bei Kohlrabiknollen gelang es Vöchting (1908), durch Wurzelbildung des Markes den Wasserstrom eine Strecke weit durch die konzentrischen Bündel des Markes statt durch die mächtigeren kollateralen Bündel des Holzteils zu leiten und auch hier ein ungewöhnliches Wachstum der Markstränge festzustellen.

Beim Kohlrabi wandte Vöchting (1908) auch ein anderes Mittel der Funktionssteigerung des Leitungssystems an, nämlich die Pfropfung. Durch Einpfropfen unbewurzelter Knollen in das Mark bewirkte die den Markbündeln zugemutete erhebliche Steigerung der Leistungen eine durch das Kambium vermittelte Vergrößerung der Bündel auf das Doppelte ihres Umfangs, wobei auch dem Mark sonst fremde Zellelemente auftraten. Dieselben Ergebnisse hatte Vöchting schon früher (1892) an der Runkelrübe erzielt, wenn etwa die abgeschnittene untere Hälfte der Rübe unter eingepfropften Reisern ein örtlich beschränktes nachträgliches Dickenwachstum erfuhr, oder wenn ein solcher sekundärer Zuwachs an der Seite einer Wurzel auftrat, an der man ihr ein Blatt eingepfropft hatte.

Ein ausgezeichnetes Beispiel für denselben Typus der Regulation bietet Winklers Arbeit (1908) über die Umwandlung des Blattstiels von *Torenia asiatica* zum Stengel. In dem durch Adventivrestitution eines losgelösten, an der Stielbasis bewurzelten Blattes eingeschalteten Blattstiel bewirkte die stärkere Inanspruchnahme der Gefäße ein Wiederauftreten des Gefäßkambiums, welches Holzteil und Siebteil verstärkte, sowie eine Umwandlung bereits ausgebildeter Parenchymzellen zu einem neuen Kambium, das seinerseits eine starke Teilungstätigkeit aufwies. Die Verstärkung der Gefäßbildung durch das Kambium in bewurzelten Blattstecklingen muß hier gleichfalls erwähnt werden, die soweit gehen

kann, daß wie beim Blattstiel von *Torenia* durch Schließung des Holzkörpers geradezu Stammstruktur auftritt, wie das Löhr (1908) an sproßlosen Blattstecklingen von *Achyranthes Verschaffeltii* nachgewiesen hat;
Blattstielpfropfungen an isolierten Blättern von *Achyranthes* (Löhr
1909) hatten dasselbe Ergebnis der anatomischen Umbildung zum
Stengel· wie der Winklersche Versuch (s. a. o. S. 159f.).

Das Seltsame aller bisher beschriebenen Fälle liegt darin, daß nicht
die von der Funktionssteigerung unmittelbar betroffenen Gewebe sich
verstärken oder durch Teilung vermehren, sondern daß ihre Vermehrung durch ein besonderes Teilungsgewebe vermittelt wird, das zudem
in einigen Fällen (Kartoffel nach Schlumberger, *Torenia* nach Winkler) aus anderen Geweben erst neu erzeugt wird. Winkler spricht bei
dieser Vermittlung der funktionellen Anpassung durch eine Art von
Reizleitung von einer »Aktivitätshyperplasie in weiterem Sinn« (mit
indirektem funktionellem Reiz).

Eine Reihe von Erscheinungen dieser Art lassen sich unmittelbar
als funktionelle Kompensation auffassen: nach Entfernung eines
bestimmten Organs übernimmt ein anderes seine Tätigkeit. Die verstärkte Ausbildung der Markbündel beim Kohlrabi erzielte Vöchting
(1908) auch durch Ringelung, d. h. durch Wegschneiden von Rinde und
Holzteil. Ähnliche Vorgänge finden sich in derselben Arbeit auch bei
Phyllocactus und bei *Mammillaria rhodanta* beschrieben. Wenn an einem
Sproßstück von *Phyllocactus* die Mittelrippe mit dem Holzkörper am
basalen Ende auf etwa 3 cm entfernt und außerdem die Präventiv-
knospenherde des Blattachselgewebes abgetragen wurden, so bildeten
unter geeigneten Bedingungen die »Flügel«enden Wurzeln, und es entstand in einem Flügel (oder auch in beiden) ein aus 3 bis 5 Strängen zu-
sammengesetzter Holzkörper, der die kürzeste Verbindung zwischen
dem oberen Teil der Mittelrippe und den Wurzeln darstellte. Durch
Abschneiden und Kultivieren eines einzelnen Flügels konnte dasselbe
Ergebnis erzielt werden. Bei *Mammillaria* entwickelten sich nach Unterbrechung des um das Mark geordneten Bündelringes der Blattspur-
stränge durch ein eingeschobenes scharfes Holzplättchen die von den
Mammillen kommenden kleinen rindenständigen Bündel in sehr erheblicher Weise weiter; ein Teil der Neubildungen entstand vielleicht sogar

unabhängig von den vorhandenen Gefäßkambien. Eine kompensatorische funktionelle Anpassung an vermehrte Stoffleitung unter solcher Neuausbildung eines Bildungsgewebes durch Umdifferenzierung fertiger Gewebe beschreibt Schilberszky (1892). Wenn er aus dem Epikotyl von *Phaseolus multiflorus* oder aus dem Hypokotyl von *Phaseolus vulgaris* erhebliche Teilstücke herausschnitt, so daß weniger als die Hälfte des Querschnitts für die Stoffleitung erhalten blieb, so kamen die Pflanzen den erheblich erhöhten Ansprüchen an die Leitungsgewebe nach vorübergehender Verlangsamung des Wachstums bald völlig nach und wuchsen normal weiter. Die innersten Schichten des primären Rindenparenchyms, besonders die Stärkescheide, hatten sich zu einem Folgemeristem umgestaltet, das erhebliche Mengen von Xylem und Phloem lieferte, sodaß neben einem mächtig entwickelten extrafaszikulären Holzkörper typischer Weichbast samt seinen charakteristischen Gerbstoffbehältern und später auch Hartbast in dickwandigen Schichten entstand.

Von einer mittelbaren funktionellen Adaptation kann man wohl auch sprechen, wenn bei quer, schief oder schraubig geführten Einschnitten in die Rinde von Bäumen, welche das Kambium anschneiden, eine starke Wundholzbildung eintritt, und zwar unter einer derartigen Umlagerung der Kambiumzellen, daß die neu entstehenden Bündelelemente die Wunde bogenförmig umgehen und die normalen Leitungsverhältnisse wieder herstellen. Das Kambium zerfällt dabei in kurze parenchymatische Teilzellen, die in geänderter Richtung derart auswachsen, daß die oberhalb und die unterhalb der Wunde sich ausbildenden Gefäße um die Wunde herum aufeinander zu wachsen und zu geschlossenen, den Wundrand umkreisenden Bündelzügen werden, während schon zuvor quere Gefäßstränge den Anschluß an die zu beiden Seiten der Wunde verlaufenden normalen längsgestreckten Leitungsbahnen hergestellt haben (Neeff 1914). Die Einordnung dieser Gestaltungsvorgänge an dieser Stelle beruht auf der Voraussetzung, daß der sie bedingende Reiz in der durch Unterbrechung des Nährstoffstromes geschaffenen Störung der Leitungsverhältnisse zu sehen sei; daß er nicht die einzige Bedingung des Geschehens ist, zeigt freilich die Notwendigkeit der Verletzung des Kambiums für seine Auslösung.

Bei einer Reihe der zuletzt genannten Beispiele handelt es sich wie bei manchen induzierten Adaptationen um einen Ausgleich von durch Verwundung bzw. Entnahme gesetzten Störungen, der aber deshalb nicht als Restitution bezeichnet wird, weil das Entnommene durch die eintretenden Gestaltungsvorgänge nur seiner Funktion nach wiederhergestellt wird. Natürlich ließen sich vielfache Übergänge, z. B. zu Strukturkallusbildungen, aufzeigen.

Während es sich bei fast allen bisher erwähnten Beispielen um eine »mittelbare« funktionelle Adaptation handelt, bei der vorhandenes Bildungsgewebe die über das Normalmaß beanspruchten Gewebe vermehrt, oder benachbarte Gewebe sich zu einem solchen Bildungsgewebe umgestalten, kennt man auch einzelne Fälle, wo wie bei der Ausbildung der »queren Gefäßverbindungen« in dem zuletzt erwähnten Beispiel möglicherweise außerdem oder auch ausschließlich »unmittelbare« Anpassung durch direkte Umdifferenzierung vorkommt. So beschreibt Schuster (1908), daß beim Ausgleich der Folgen des Durchschneidens von Blattmittelnerven Parenchymzellen zu Tracheiden werden können. Simon (1908) schnitt bei *Iresine Lindeni*, *Achyranthes Verschaffeltii*, *Coleus hybridus*, *Impatiens Sultani* und *Impatiens Holstii* die Gefäßstränge der einen Seite der Internodien durch, verhinderte die Verwachsung der Wundflächen durch ein eingestecktes Glimmerplättchen und untersuchte die Ausdifferenzierung der Gefäßanschlüsse, durch die der übrig gebliebene Teil des Internodiums den gesteigerten Ansprüchen an die Stoffleitung gerecht wurde. Er fand, daß stets von den basalen Bündelenden eine Neubildung von Bündelsträngen ausging, die zu Anschlußbahnen an die apikalen Enden der durchschnittenen oder an unverletzte Bündel wurden. War das Zwischenbündelkambium bereits ausgebildet, so übernahm dieses durch Wundholzbildung den Ersatz; war es noch nicht vorhanden, so trat neben mehreren Arten mittelbarer Umwandlung auch direkte Umdifferenzierung von Markzellen der Randpartien des Markes zu Tracheiden auf. Bei der mittelbaren Umwandlung konnten der Umbildung einer Markzelle zu Tracheiden mehrere Teilungen vorhergehen. Ob es sich hier freilich um eine funktionelle Adaptation handelt, ist insofern zweifelhaft, als die Umdifferenzierung stets vom basalen Ende der durchschnittenen Bündel ausgeht; wenn

die Vermutung Simons zu Recht besteht, daß hier ein dem Hydrotropismus verwandter Reizvorgang vorliege, der einem Wassermangel
der nicht genügend versorgten apikalen Bündelenden zuzuschreiben sei,
dann müßte dieser Vorgang zu den korrelativen Adaptationen gestellt
werden. Ähnliche Überlegungen gelten übrigens auch für die von Neeff
in dem oben erwähnten Beispiel festgestellten direkten und indirekten
Umdifferenzierungen und Differenzierungen von Gefäß- bzw. Kambiumzellen, die ja auch unter dem Einfluß eines »Richtungsreizes« stehen
sollen. Annähernd dieselben Vorgänge wie Simon fand H. F. Freundlich (1909) nach Durchschneiden von Gefäßbündeln in Blattgebilden
von *Ginkgo* und Dikotylen, auch hier nur von den basalen Bündelenden
ausgehend; er stellte eine direkte Umdifferenzierung von Schwammparenchymzellen zu Tracheiden fest (bei *Ginkgo, Mirabilis, Colutea*),
eine mittelbare Umbildung von Schwammparenchymzellen nach vorangegangener Teilung in Tochterzellen und eine Ausbildung echter Gefäße nach vorangegangener Umgestaltung von Teilen des Schwamm-
parenchyms zu typischen Prokambiumsträngen. In diesen Zusammenhang gehört wohl auch die von Doposcheg-Uhlár (1911) beschriebene
Ausbildung Tracheiden-führender »wulstiger Kalluszüge«, welche bei
Gesnera graciosa nach entgegengesetzt geführten, ein Internodium
isolierenden Schnitten auftraten, und welche vom oberen nach dem
unteren Schnittrand hin ziehend die gestörte Stoffleitung wieder her-
stellten. Hier läßt sich ferner, worauf Küster (1911) hingewiesen hat,
die Angabe v. Guttenbergs (1905) anschließen, daß am Rande der
Gallen von *Ustilago maydis* sich besonders xylemreiche Bündel finden,
welche die über den Gallen gelegenen Blatteile mit Wasser versorgen.
Die sonst bei Gallen häufige Verstärkung der Leitungsgewebe der Pflanze
infolge des verstärkten Stoffstroms, wie sie z. B. bei *Rhodites rosae*
(Küster 1911) vorliegt, ist nur dann als funktionelle Anpassung zu
deuten, wenn man geneigt ist, den Stofftransport selbst als ganzheiterhaltend anzusehen.

Bei den Beispielen funktioneller Adaptation an vermehrte Stoffleitung haben wir als sicher erwiesen nur mittelbare Umbildung —
mittels eines vorhandenen oder durch Umdifferenzierung aus anderen
fertigen Geweben entstehenden Meristems — kennen gelernt; die Bei-

spiele einer direkten Umdifferenzierung bei Schuster (1908), Simon (1908), Freundlich (1909) und Neeff (1914) bedürfen einer weitergehenden kausalen Aufhellung, da es möglich ist, daß es sich hier gar nicht um die Wirkung einer Mehrleistung, sondern um andersartige Beziehungen zwischen verschiedenen Teilen des Organismus handelt, also um korrelative Adaptationen.

Eine andere Gruppe funktioneller Anpassungen bezieht sich auf die Vorgänge, die eine Aufspeicherung von angehäuften übernormalen Stoffmengen ermöglichen. Hier ist in erster Linie die von Vöchting untersuchte Ausbildung »vikariierender« Knollen zu nennen. Durch Entfernung der normalen Knollen und Verhinderung ihrer Entstehung wird die Knollenbildung Organen »aufgezwungen«, die sie sonst nicht liefern. Das erste beschriebene Beispiel sind die »stärkekranken Kartoffelpflanzen« (Vöchting 1887). In den oberirdischen Teilen einer Kartoffelpflanze, bei der die Knolle von dem Vortrieb mit seinen Wurzeln und Laubsprossen abgetrennt und durch Entfernen der unterirdischen Ausläufer die Knollenbildung im Boden verhindert wurde, zeigt sich eine ungewöhnliche Stärkeanhäufung in allen Parenchymzellen von Mark, Rinde und Bündeln, die ein erhebliches Dickenwachstum dieser Teile zur Folge hat. Weiterhin bilden sich aus oberirdischen Ausläufern oder nach deren Entfernung aus Laubsprossen oberirdische Knollen, durch gelegentliche Blattbildung den Laubsprossen ähnlich, in welche die Stärke nun (vollständig freilich nur im Dunkeln) einwandert. Entsprechend verhält es sich mit der Entstehung der verschiedenen Ausläuferinternodialknollen und der erstmals beobachteten Blattknolle von *Oxalis crassicaulis* (Vöchting 1900), wo die neuen Knollen vorwiegend durch Volumvergrößerung von Parenchymzellen infolge der durch die Entfernung der eigentlichen Knollen bedingten Stärkeanhäufung entstanden; in den aus umgewandelten Blattstielen hervorgegangenen Knollen vermehrte sich außerdem die Zahl der Elemente des Siebteils der Bündel — es kann sogar das kollaterale Bündel zum bikollateralen werden —, während zugleich die Ausbildung der angelegten Kollenchymzellen an der Außenseite der Leitbündel, die keine Leistung mehr zu erfüllen gehabt hätten, unterblieb (funktionelle regulatorische Reduktion). Die regulative Ausbildung der Ersatzknollen in Sproß,

Sproßknospen und Wurzel von *Helianthus tuberosus* und in Sproß und Wurzel von *Boussingaultia baselloides,* bei welcher dieselbe Funktionsregulation vorliegt, wurde des höheren Grades der organisatorischen Vorgänge wegen als Restitution und zwar als kompensatorische Hypertypie gekennzeichnet (vgl. S. 160).

Der regulatorische Ausgleich einer anormalen Stoffanhäufung kann aber auch durch andere Ursachen als die Entfernung von Knollen bedingt sein. Wo immer eine Pflanze lebenskräftiger Organe beraubt wird, die einen starken Stoffverbrauch hatten, können Gewebe, ja Organe neu gebildet werden, die eine Aufspeicherung der überschüssigen Stoffe ermöglichen. So treten bei andauernder Unterdrückung der Geschlechtstätigkeit bei einigen Pflanzen, wie dem Kohlrabi, dem Wirsing, der Sonnenblume usw. (Vöchting 1908) hypertrophische Bildungen, gleichmäßige oder ungleichmäßige Anschwellungen auf, in denen die Holzbildung unterbleibt, dagegen die Entstehung von Weichbast und Parenchymzellen erheblich gefördert wird, sodaß ein kohlehydrat- und eiweißreiches Gewebe entsteht. Das zahlreiche Auftreten von Idioblasten — bei den besonders interessanten »Blattkissen« des Kohlrabi sogar artfremder Idioblasten —, von anormaler Anordnung der Bündelbestandteile usw. spricht für die Störung, die zu diesen regulatorischen Bildungen führte, gab freilich auch Anlaß, sie als »Tumoren«, als bösartige Geschwülste zu deuten. Das abnorme Dickenwachstum wird hervorgerufen durch Neuanlage von Kambiumfalten, -platten und -ringen, die zum Teil im Anschluß an das alte Kambium entstehen, zum Teil wahrscheinlich durch Umdifferenzierung davon unabhängiger Gewebeteile. Sofern diese neugebildeten Speicherorgane die Stoffe aufnehmen, die sonst den Blütenständen zugeflossen wären, läßt ihre Entstehung sich zweifellos als funktionelle Adaptation auffassen. Das Dickenwachstum dekapitierter Blütenstengel von *Allium Cepa* (Lakon 1913) durch Vermehrung des Grundparenchyms, mit dem zugleich auch eine erhebliche Verstärkung des Blattgrüns verbunden ist, gehört wohl gleichfalls hierher.

Auch die Entfernung wachsender Vegetationspunkte vegetativer Organe, die ja gleichfalls Orte erhöhten Stoffverbrauchs darstellen, kann zur regulatorischen Ausbildung von Speicherorganen führen. So gestaltet sich bei frühzeitiger Entfernung des Scheitels von Achselknospen hypertrophischer Wirsingpflanzen, die normal keine Knollen bilden, der Sproßgrund zu einem Knöllchen, das keinen primären Vegetationspunkt besitzt und Bau und Inhalt eines Speicherorgans hat (Vöchting 1908). Ähnlich tritt an entknospten *Torenia*-Pflanzen (Winkler 1908) unter dem Einfluß der verstärkten Stoffzufuhr eine Vermehrung der Parenchymzellen des Grundgewebes ein, das zu einem Speichergewebe wird.

Als Adaptationen an vermehrte Stoffleitung und Stoffspeicherung sind wohl auch die regulatorsichen Vorgänge an isolierten, bewurzelten Blättern aufzufassen. Daß solche Blattstecklinge noch ein beträchtliches Flächenwachstum aufweisen können, hatte schon Riehm (1905) beschrieben; in seiner eingehenden Arbeit hat Mathuse (1906) dies, z. B. bei *Coleus hybridus* und *Iresine Lindeni*, bestätigt, weiterhin aber auch gezeigt, daß noch eine erhebliche Verdickung der Spreite durch Zellstreckung, so vor allem bei dem Wassergewebe von *Peperomia* eintreten, daß ferner das Gefäßkambium seine Tätigkeit wieder aufnehmen kann und eine Vermehrung der sekundären Elemente der Bündel (z. B. bei *Vitis*) herbeiführen. Die Neubildung von Gefäßen bei Blattstecklingen wurde auch von Schuster (1908) festgestellt; von Löhrs (1908) Ergebnissen wurde bereits oben (S. 206) gesprochen. Den Zusammenhang des erneuten sekundären Dickenwachstums im Leitungssystem gesteckter Blätter mit der Wurzelbildung und damit der gesteigerten Funktion hat Winkler (1908) bei *Torenia asiatica* besonders hervorgehoben. Wenn die vermehrte Ansammlung von Assimilationsprodukten und die starke Wasserzufuhr die beobachteten Erscheinungen ausschließlich bedingt, und keine anderen Folgen der Aufhebung des Zusammenhangs mit der Mutterpflanze vorliegen, so wären alle diese Vorgänge als funktionelle Anpassungen zu bezeichnen (s. o. S. 205).

Zum Schluß mag noch erwähnt werden, daß auch die morphologische Umwandlung von Seitenzweigen, die durch eine kinetische Restitution die Hauptachse ersetzen, zum Teil zu den funktionellen Morphosen gerechnet werden kann, soweit es sich nicht um eine völlige Änderung der Organisation handelt, wie beim Radiärwerden dorsiventraler Sprosse, die als restitutive Kompensation anzusehen ist, sondern nur die erforderliche Mehrleistung in ihr zum Ausdruck kommt. Boirivant (1898) beschreibt, wie in solchen aufgerichteten Seitensprossen eine erhöhte

Tätigkeit der Meristeme eintritt, die zu stärkerer Verlängerung und erheblichem Dickenwachstum führt und weiterhin zu einer Vermehrung der leitenden Gewebe und des Markparenchyms, verbunden mit einer Vergrößerung der Zellweite besonders bei den Gefäßen, sowie zu einer Verstärkung der Festigungsgewebe.

γ) Korrelative Adaptation.

Als Wiederherstellung gestörter Funktionsganzheit des Organismus durch Formbildungsvorgänge, bei denen Beziehungen zwischen verschiedenen Teilen der Organisation im Vordergrund des Geschehens stehen, wurde die korrelative Adaptation oben definiert.

Es kann sich dabei entweder um die Übernahme der Funktion eines ausgeschalteten Organs durch Verstärkung der Funktion eines anderen handeln, ohne daß von der Verbesserung einer Funktion durch ihre Steigerung selbst gesprochen werden könnte, um Funktionskompensationen also, welche keine funktionellen Adaptationen sind. Oder der Eingriff in die Beziehungen der Teile des Organismus kann neuartige Anforderungen an ein Organ stellen, denen es durch den regulatorischen Vorgang gerecht wird.

Beispiele korrelativer Adaptationen der letzten Art sollen vorangestellt werden.

In Vöchtings Versuchen bildeten die in den Grundstock der Pflanze eingeschalteten Knollen der Kartoffel (1887, 1900) und von *Oxalis crassicaulis* (1900) neben den funktionellen Anpassungen an die geänderten Leitungsverhältnisse eine große Menge mechanischer Zellen, die ihnen sonst völlig fehlen, die aber den Ansprüchen des gesteigerten Druckes durchaus entsprechen; ebenso bildete die den Sproß teilweise ersetzende Wurzel von *Dahlia* (1900) Libriformfasern auch in den sonst fleischigen inneren Teilen aus. Mit diesen Ergebnissen stellt Vöchting späterhin (1908) die Tatsache zusammen, daß nach Einfügung eines scheitelständigen Reises in die hypertrophischen Unterlagen von Wirsing oder von *Phyllocactus*, die vorwiegend parenchymatischen Unterlagen neben Gefäßen erneut Holzzellen in großer Menge ausbilden. Da nun künstliche Belastung nur in den obenbeschriebenen Sonderfällen eine schwache Verstärkung der mechanischen Gewebe bedingt, für gewöhnlich aber auch ein noch so starker Druck gar keine Wirkung in dieser Richtung auslöste, so machte Vöchting »Korrelationen«, Wechselbeziehungen zwischen den (belastenden und belasteten) Teilen desselben Organismus, das »Eigengewicht« hierfür verantwortlich. Wenn Flaskämper (1910) versucht, diese »korrelativ« bedingte Entstehung mechanischen Gewebes auf schlechte Ernährungsbedingungen, vor allem starke Transpiration zurückzuführen — Vöchting selbst erklärt in anderen Fällen die vermehrte Ausbildung mechanischer Zellen im Gegensatz dazu durch zu reichliche Ernährung! —, so hebt das die Tatsache nicht auf, daß die neuen Bedingungen, unter die das Organ versetzt wurde, eine höhere Druckbeanspruchung herbeiführten, und daß die durch dieselben störenden Bedingungen ausgelösten Formbildungsvorgänge das Organ in Stand setzten, diesen Ansprüchen zu genügen. Da es sich nicht um bloße Wirkung des Druckes handeln kann, sondern offenbar um eine von dem belastenden Teil ausgehende Wirkung, so ist die Bezeichnung »korrelative Adaptation« wohl gerechtfertigt.

Ein ganz ähnlicher Fall liegt vor bei der schon oben erwähnten, von Neger (1903) bei *Geranium Robertianum* beschriebenen kinetischen Restitution. Die Grundblätter der ihrer »Stützblätter« beraubten *Geranium*-Pflanze senken sich herab und treten für jene ein. Hierbei vermehren sich nun die mechanischen Gewebe der Blattstiele außerordentlich, sowohl der periphere Kollenchymring als die Sklerenchymstränge der Gefäßbündel. Auch hier handelt es sich offenbar um eine weniger durch die neue Beanspruchung als um eine durch innere Verhältnisse der Pflanze bedingte, man möchte sagen »für« die neue Beanspruchung geschaffene Regulation.

Wie das Festigungsgewebe, so kann auch das Leitungsgewebe korrelative Adaptationen aufweisen, indem es entweder an ungewöhnlicher Stelle dem Bedarf entsprechend neu entsteht oder aber sich regulativ umlagert.

Ein Beispiel der ersten Art findet sich in der Untersuchung von Krieg (1908) über Wundholzbildung. Bei *Vitis* traten nach Ringelung im unverletzten Mark parenchymatische Zellnester auf, welche sich mit Kambien umgaben, von denen das eine nach innen Holz-, nach außen Siebteil bildete, das andere, der Markkrone näher gelegene, dieselben

Bündelteile in umgekehrter Richtung; da diese Neubildungen sich mit den entsprechenden Geweben der Überwallungswülste beider Wundränder weiterhin vereinigten, so hatte das Mark durch Neubildung von Leitungsgewebe die normale Stoffleitung wieder hergestellt. Bei den Versuchen von Simon (1908) über die Ausdifferenzierung von Gefäßanschlüssen nach einseitigen Rindeneinschnitten bei *Iresine, Achyranthes, Coleus* und *Impatiens*, bei deren Besprechung es oben schon (S. 208 f.) offen gelassen werden mußte, ob die Vorgänge zu den funktionellen oder zu den korrelativen gezählt werden sollen, ist ein Teilgeschehen jedenfalls diesen letzten zuzurechnen und dem vorhergehenden Fall unmittelbar anzuschließen. Es bilden sich nämlich nach der dauernden Unterbrechung der Leitbündel Zellen des inneren Markes zu Prokambiumsträngen um, aus denen dann Gefäße und andere Bündelbestandteile hervorgehen, die den Anschluß an die oberen und unteren normalen Bündel des Sprosses herstellen.

Eine andere Art korrelativer Adaptation der Leitungsgewebe zeigt sehr anschaulich die Umordnung der Leitgewebe an Verzweigungsstellen nach dem Abschneiden des Haupttriebs. Neeff (1914) hat diese Vorgänge der Umschaltung der leitenden Elemente aus dem abgeschnittenen Sproß in seinen Seitenzweig ausführlich histologisch untersucht bei *Tilia*, aber auch bei anderen Bäumen (*Aesculus Hippocastanum, Acer, Populus, Ricinus, Picea*) nachgewiesen. Wird der Hauptsproß in größerer oder kleinerer Entfernung über einer Verzweigungsstelle abgeschnitten, so treten im Kambium des Wundbereichs und weiterhin der Verzweigungsstelle Zellteilungen auf, welche die langgestreckten Elemente in kurzgliedrige Kambiumteilzellen zerlegen. An diesem Vorgang der Parenchymbildung nehmen auch die jüngsten Holz- und Bastzellen teil. An der Verzweigungsstelle rundet sich ein Teil dieser isodiametrischen Kambiumteilzellen ab, die Wände verschieben sich gegeneinander, spitzen sich — meist an den bisherigen Zellenden — zu und erfahren eine gleichsinnige Richtungsänderung mit dem Sproßpol nach dem Seitenzweig zu, wobei die bisherigen Querwände sich in die Richtung der Längswände aufrichten können. Nunmehr erfahren die Zellen ein erhebliches Spitzenwachstum, wobei sie sich gleitend zwischen die Wände der Nachbarzellen einschieben und diese spalten können. Gleichzeitig setzt auch ein Längenwachstum der sich umordnenden Zellen ein, wobei diese auseinandergedrängt, die im Wege stehenden Markstrahlen von den Kambiumzellen durchwachsen, einreihige sogar völlig in ihre Zellen aufgelöst werden können. Die Richtungsänderung ist am geringsten am unteren Ende der Verzweigungsstelle ($10°$ bis $45°$), in der Mitte erreicht sie einen rechten Winkel, über derselben kann sie, besonders bei größerem Stumpf des Haupttriebs, $180°$ betragen, also zu einer völligen Umkehrung der wachsenden Zellen führen. Nach vollendeter Umkehrung mit allen Verschiebungen und Durchwachsungen liegen die Kambiumzellen merkwürdigerweise wieder regelmäßig palisadenförmig in derselben Höhe nebeneinander. Aus den kurz gebliebenen Kambiumteilzellen entstehen im Anschluß an das vorhandene Markstrahlgewebe neue sekundäre Markstrahlen, während aus dem verlagerten Kambium sich schließlich ein neuer Holz- und Siebteil bildet, alles nunmehr in normaler Lage zum Seitenzweig gerichtet; auch hier ließ sich in beiden Bündelteilen gleitendes Wachstum, durch Tüpfelspaltung besonders anschaulich belegt, feststellen. Vor Ausbildung dieser neuen Holz- und Siebteile wird die Stoffleitung in den Seitentrieb quer zur Richtung des bestehenden Bündelkörpers in ganz anderer Weise durch »provisorische Leitungsröhren« vermittelt; im Holzteil entstehen aus kurzgliedrigen Kambiumteilzellen quere Gefäßverbindungen unter Auflösung der Längswände (statt wie sonst der Querwände) und im Siebteil entsprechend quere Brücken von Siebröhren mit in die Längswände eingeschalteten Siebplatten, unter Einbeziehung von Markstrahlzellen. Für die Leitungsgewebe des Hauptsprosses handelt es sich bei diesen Anpassungsvorgängen nicht um vermehrte Anforderungen an die Funktion der Stoffleitung, sondern vielmehr um einen von dem Seitensproß ausgehenden »richtenden« Reiz. Und zwar wird diese korrelative, d. h. durch die Beziehung zu einem andern Organ und seiner Funktion bedingte Adaptation sowohl durch unmittelbare (quere provisorische Leitungsbrücken!) als durch kambial vermittelte Umdifferenzierungsvorgänge herbeigeführt, begleitet von einer Richtungsänderung der Zellen, die sich als kinetische Anpassung auffassen ließe.

Hier lassen sich Regulationsvorgänge anschließen, welche die Verbindung der Leitungsgewebe zweier getrennter Teile desselben Organismus wieder herstellen, die durch anormal angeordnetes Gewebe getrennt sind, sodaß man auch hier nicht von einer Wirkung verstärkter Stoffleitung, nicht von einer funktionellen, sondern nur von einer korrelativen Adaption reden kann. Vöchting (1892) beschreibt, wie beim Okulieren verkehrt eingesetzter Knospen, beim Pfropfen und Ablaktieren in umgekehrter Richtung, was er mit der Runkelrübe und mit einigen Holzgewächsen ausführte, die Wiederherstellung örtlich normaler Leitung, von der das Gedeihen der Verbindung abhängt, durch Änderungen der Richtung des Faserverlaufs stattfindet. »Entgegengesetzt« polarisierte Gefäße im Sinne Vöchtings weichen sich in großem Bogen aus, gleichnamige legen sich aneinander an. Am deutlichsten treten diese Verhältnisse hervor in einem bei *Cydonia japonica* beschriebenen Fall. In der Geschwulst, die als Ausdruck der Schädigungen infolge eines verkehrt eingesetzten Geweberinges entstand, bildete sich zuweilen als Heilungsvorgang ein Streifen gesunden Gewebes, der dadurch normale Leitungsverhältnisse, und mit ihnen die Funktionsganzheit der zusammengefügten Organisationsteile herstellte. Dieser Gewebestreifen, der an der oberen Wundlippe beginnend sich nach unten hin bildete, entstand nicht durch Auswachsen normalen Gewebes, sondern durch Verlagerung der Kambiumzellen während ihrer Teilungstätigkeit. Der allmähliche Teilungsvorgang ließ sich an drei aufeinanderfolgenden Jahresringen feststellen. Die Gestaltungsvorgänge, auf denen diese Funktionsregulation beruht, werden von dem Richtungsverhältnis der Teile beherrscht, das als »Polarität« der einzelnen Elemente bezeichnet wird.

Mit einer gewissen Berechtigung ließen sich hier auch die im vorigen Abschnitt beschriebenen Wiederherstellungen unterbrochener Bündel in den Versuchen von Simon (1908) und Freundlich (1909) anreihen, bei denen die Umdifferenzierungen gleichfalls am basalen Wundrand einsetzten.

Ein vortreffliches Beispiel für die als korrelative Adaptationen gekennzeichneten Funktionskompensationen liefern die Untersuchungen Boirivants (1897) über das Eintreten des Stengels bzw. Blattstiels zahlreicher Pflanzen für die Blätter bzw. Blattspreiten bezüglich der Assimilationsfunktion. Er konnte feststellen, daß nach Entnahme der Blätter bei *Vicia faba, Sarothamnus scoparius, Lathyrus odoratus* und einer Reihe anderer Pflanzen oder der Blattspreiten bei *Robinia pseudacacia* u. a. eine erhebliche Vermehrung der Blattgrünkörner in den bisherigen Assimilationsgeweben der Stengel bzw. Blattstiele auftrat, sowie eine Neubildung von Chloroplasten in den darunterliegenden Zellschichten; dabei verlängerten sich die Zellen des Assimilationsgewebes in radialer Richtung, es entstand ein Palissadengewebe oder nahm zu, sofern es schon vorhanden war, die Zahl der Spaltöffnungen vergrößerte sich erheblich. Die hierdurch bedingte Erhöhung der Assimilation und Transpiration wurde experimentell nachgewiesen. Eine Bestätigung fanden diese Ergebnisse in der Untersuchung von B r a u n (1899), der bei *Aconitum Stoerkianum, Syringa vulgaris, Rosa centifolia* u. a. Pflanzen eine Vermehrung des Assimilationsgewebes beobachten konnte, das zuweilen zweischichtig wurde, bei verschiedenen Pflanzen auch eine erhebliche Vermehrung der Chlorophyllkörner.

Eine gewisse Art von Ersatz der Laubblätter durch wachsende Sprosse ergibt sich aus den Untersuchungen D o s t á l s über die Beziehung von Tragblatt und Achselknospe. Zunächst hatte er gezeigt (1909), daß bei vielen Pflanzen, wie am deutlichsten bei *Calamintha*, das Abschneiden eines Tragblattes ein beträchtliches Wachstum der zugehörigen Achselknospe verursachte. Später (1911) arbeitete er mit isolierten Blattpaaren, an denen die Achselknospen belassen wurden. Es zeigte sich bei *Circaea* (und ähnlich bei *Scrophularia nodosa* und *Sedum telephium*), daß Achselknospen aus der unteren Sproßregion, aus denen normalerweise Ausläufer geworden wären, ebenso wie solche der oberen Sproßgegend, die Blütensprosse geliefert hätten, beim Verdunkeln oder Abschneiden der Tragblätter zu vegetativen Laubsprossen auswuchsen. In kausaler Hinsicht liegen die Verhältnisse nach der Deutung D o s t á l s, die sich hier mit einer Arbeitshypothese von K l e b s berührt, in der Hauptsache so, daß ein starkes Überwiegen von Wasser und Mineralsalzen Laubsproßbildung, von Assimilationsprodukten Ausläufer und (bei noch ausgeprägterem Überschuß der »plastischen« Stoffe) Blütenbildung bedingt. Es entsteht also bei den beschriebenen Versuchen eben das, was für die Ganzheit der Pflanze am wesentlichsten ist: nach Ausschaltung der Assimilationsorgane werden neue Assimilationsorgane geschaffen. Statt Blüten- und Ausläuferbildung, die infolge des Nahrungsmangels doch nicht zum Ziel führen könnten, entstehen Laubsprosse, die neue Assimilationsorgane schaffen, so daß aus ihnen weiterhin noch Ausläufer werden können.

Eine Funktionskompensation im Rahmen restitutiven Geschehens beschreibt Němec (1905) in seinen Untersuchungen über die Regeneration der Wurzelspitze. Wenn die Restitution des neuen Vegetationspunktes nach bloßem Anschneiden der ehemaligen Wurzelspitze erfolgt, so pflegen aus dieser, trotzdem sie noch in genügend starker Verbindung mit dem Wurzelkörper stehen kann, die Bildungsstoffe auszuwandern, sie wird plasmaarm und stellt ihre Teilungen ein, wobei sie sich häufig aktiv zur Seite krümmt, um späterhin meist abgestoßen zu werden. Wurde nun innerhalb einer bestimmten Zeit die neugebildete Wurzelspitze abgeschnitten, so nahm die alte, sonst dem Untergang geweihte, ihr Wachstum erneut auf. Auch in diesem Fall erfolgte ein Eintreten eines Teils des Organismus für einen andern auf Grund der Wechselbeziehungen zwischen beiden Teilen.

Bei all diesen korrelativen »Funktionskompensationen« wird die ausgeschaltete Tätigkeit durch ein Organ übernommen, das dieselbe Funktion, wenn auch in wesentlich geringerem Grade, schon erfüllte oder noch erfüllt hätte. Die Kompensation ist also eine bloße Verstärkung einer vorhandenen Funktion im Gegensatz zu den zuerst behandelten Fällen, in denen die Gestaltungsvorgänge entweder eine völlig neue Funktion ermöglichten oder die Funktion doch in ganz anderer Weise nach der Regulation vor sich ging (wie z. B. bei der Umordnung der Leitgewebe). Da Funktionskompensationen sowohl bei den funktionellen als bei den korrelativen Adaptationen vorkommen, so eignen sie sich vielleicht als Glied einer künftigen schärferen Untergliederung beider Regulationsformen.

b) Physiologische Anpassungen.

Wenn der Begriff der physiologischen Anpassung nicht in der oben durchgeführten Art eingeschränkt wird, so würde er alle Regulationen überhaupt umfassen. Denn alle Regulationen, auch die durch Gestaltungs- und Bewegungsvorgänge vermittelten, auch alle Erhaltungen der Form- und Bewegungsganzheit, sind Wiederherstellungen gestörter

Funktionen durch Stoffwechselprozesse. Aber nur diejenigen Funktionsregulationen, welche ausschließlich als solche des Stoffwechsels zu kennzeichnen sind, sollen diese Bezeichnung führen.

Dieses Gebiet ist noch reichlich groß, und so ist es verwunderlich, daß nur verhältnismäßig wenig sichere Beispiele solcher physiologischer Anpassungen sich feststellen lassen. Dies liegt vor allem an der Schwierigkeit, die dem Begriff des »Normalen« und damit dem Begriff der »Störung« anhaftet. Bei niederen Organismen, vor allem den Pilzen, die man wegen der leichteren Beherrschung der Versuchsbedingungen mit Vorliebe zur Untersuchung der Stoffwechselverhältnisse verwendet hat, ist häufig in der Natur schon eine derartige Fülle der verschiedenartigsten Lebensbedingungen gegeben, daß es schwer ist, »normale« Bedingungen zu scheiden und sicherzustellen, ob »Störungen« vorliegen. Aber auch bei höheren Pflanzen gibt es Schwierigkeiten genug. Oft greifen die Versuchsbedingungen so sehr in die inneren Verhältnisse des Organismus ein, daß nicht mit Sicherheit angegeben werden kann, wieweit die erhaltene Reaktion eine normale ist oder regulatorischen Charakter trägt.

Wenn etwa im Stoffwechsel der von Wehmer (1891) untersuchten Pilze (besonders von *Aspergillus*) die Herstellung von Oxalsäure als Zwischenprodukt der Atmung nachgewiesen wird, das der Organismus je nach der Menge der vorhandenen Basen nach außen abscheidet, wodurch eine schwach saure Reaktion des Mediums aufrechterhalten wird, so ist das offenbar ein im Leben dieser Pilze durchaus normaler Vorgang, eine Harmonie von der Form der physiologischen Kausalharmonien. Sofern diese Reaktion in den Versuchen Wehmers aber unter durchaus unnormalen Bedingungen erfolgt, so würde dies auch dazu berechtigen, von Regulationen zu sprechen. Denn Nährlösungen, in denen einmal die Neutralsalze der Apfelsäure, Weinsäure, Zitronensäure usw. als einzige Kohlenstoffquelle auftreten, das andere Mal diese Säuren selbst, sind wohl ebensogut »anormal« wie die Ernährung in einer Zucker-Ammonnitratlösung mit reichlichen Mengen kohlensauren Kalks. Wenngleich die Pilze die genannten Stoffe auch in der Natur gelegentlich verarbeiten, so gehören doch die Versuchsbedingungen der Wehmerschen Experimente ebensowenig in den normalen Entwicklungsgang eines

Aspergillus wie diejenigen Butkewitschs (1903), der gleichfalls eine Reihe hierher gehöriger Regulationen aufgezeigt hat. In einer Pepton-Zuckerlösung veratmet *Aspergillus* den Zucker und verwendet den Stickstoff des Peptons zum Körperaufbau; ähnlich wirkt eine Peptonnährlösung mit Glyzerin- oder Chinasäurezusatz. Bringt man den Pilz aber in eine Nährlösung, die Pepton als einzige Kohlenstoffquelle enthält, so tritt eine völlige Änderung der Stoffwechselvorgänge ein; das Pepton muß auch als Atmungsmaterial dienen, und der dadurch überschüssig werdende Teil des Stickstoffgehalts wird in Form von Ammoniak in großen Mengen in die Nährlösung abgeschieden. Verhindert man nun die Oxalsäurebildung, welche durch Neutralisierung die Abscheidung des Ammoniaks ermöglicht, mittels eines Zusatzes von Kalziumkarbonat zur Nährlösung, so schlägt der Stoffwechsel wiederum neue Wege ein, indem jetzt ein unvollständiger Abbau des Peptons stattfindet, sodaß als Endprodukt organische Stickstoffverbindungen, vor allem Aminosäuren (Leucin und Tyrosin), auftreten. Umgekehrt konnte Butkewitsch bei *Penicillium* und *Mucor*, die infolge geringen Neutralisationsvermögens normalerweise bei der Peptonverarbeitung keinen Ammoniak abscheiden, sondern wie *Aspergillus* im letzterwähnten Versuch die stickstoffhaltigen Abbauprodukte des Peptons spalten und unvollkommen oxydieren, durch Zusatz von Phosphorsäure eine vollständigere Veratmung und darum Ammoniakabscheidung hervorrufen.

Wie bei den Pilzen, so läßt sich auch bei höheren grünen Pflanzen die bei Sauerstoffentzug an die Stelle der normalen Sauerstoffatmung tretende »intramolekulare« Atmung als Regulation auffassen, wenn man beide (z. B. im Sinne Godlewskis [1882]) als zwei verschiedene Prozesse ansieht, wenn man also annimmt, daß statt durch Oxydation mittels des Luftsauerstoffs der Betriebsstoffwechsel durch Spaltungsvorgänge unter Bildung reduzierter oder doch sauerstoffarmer Körper, wie z. B. des Alkohols, aufrechterhalten werde. Etwas anderes wären diese Vorgänge auf Grund der von Pfeffer (1904) u. a. vertretenen Anschauung vom Wesen der Atmung zu beurteilen, nach der auch normalerweise schon jene Spaltung aufträte, der die Oxydation als zweiter (durch Sauerstoffentzug unterdrückbarer) Teilprozeß folge. Wenn man hervorhebt, daß auch bei dieser Auffassung der weitere Verlauf der Spaltungsvorgänge nach Sauerstoffentzug jedenfalls ein anderer ist als der normale, der Erfolg aber, die Energiegewinnung, noch eine Zeitlang aufrechterhalten wird, so könnte man vielleicht auch hier von einer Regulation sprechen, andernfalls nur vom Weiterbestehen einer Funktionalharmonie unter anormalen Verhältnissen.

Daß jedenfalls Regulationen der Atmungsintensität vorkommen, zeigen die Untersuchungen von Puriewitsch (1900) und Kosinski (1901). Der erste wies bei *Aspergillus* nach, daß eine weitgehende Unabhängigkeit der Sauerstoffaufnahme von der Qualität und besonders Quantität des Atmungsmaterials besteht, während freilich die Kohlensäureabgabe (und damit der Respirationsquotient $\frac{CO_2}{O_2}$) in weiten Grenzen (von 28%—120%) schwankt. Die durch die Sauerstoffaufnahme in erster Linie bedingte Atmungsintensität bleibt also ziemlich konstant, während zugleich der Stoffwechsel je nach dem gebotenen Atmungsmaterial die verschiedensten Wege geht, so daß neben Kohlensäure und Wasser, den normalen Endprodukten der Verbrennung, in vielen Fällen offenbar noch organische Verbindungen entstehen. Da somit die Reaktionsgeschwindigkeit bei der Atmung nicht einfach eine Folge der Konzentration oder der absoluten Menge der zur Verfügung stehenden Stoffe ist, so muß die Herabsetzung der Atmungsintensität im Hungerzustande (gemessen an der CO_2-Abscheidung), wie sie Myzelien von *Aspergillus* beim Entzug der organischen Nährstoffe durch Auswaschen mit Leitungswasser oder mit isotonischen Kochsalzlösungen erst in raschem Abfall auf die Hälfte ihres Betrags und dann längere Zeit nur allmählich fortschreitend aufweisen, bis der Organismus stirbt oder nach erneuter Zufuhr frischer Atmungsmaterialien die frühere Atmungsintensität wieder aufnimmt (Kosinski), gleichfalls als eine ausgesprochene Regulationserscheinung betrachtet werden. Bei normal fortdauernder Atmungsintensität, wie sie die relative Unabhängigkeit von der Menge des Ausgangsmaterials ja nicht ausschließen würde, müßte der Tod durch Erschöpfung der Vorräte viel früher eintreten.

Zu diesen Regulationen des Betriebsstoffwechsels gesellt sich als zweite, kaum minder interessante Gruppe die der Turgorregulationen. Die grundlegende Arbeit ist diejenige Eschenhagens (1889), der nachweisen konnte, daß Schimmelpilze (*Aspergillus, Penicillium* und *Botrytis*) sich an außerordentlich hohe Konzentrationen der Lösungen von Rohrzucker, Glyzerin, Natriumnitrat, -chlorid (bis 17%) und -sulfat und von Chlorkalzium anzupassen imstande sind. Richter (1892) fand Entsprechendes für Süßwasseralgen (Cyanophyceen, Diatomeen und Chlorophyceen) bei Kochsalzlösungen bis zu 16% (*Tetraspora*), Raciborski (1905 nach Jost, 1908) konnte bei einem auf konzentriertem Kochsalz wachsenden *Aspergillus* und bei einer auf konzentriertem Chlorlithium wachsenden *Torula* noch Wachstum beobachten, sodaß der osmotische Druck in den Zellen dieser Pilze auf mehr als 300 Atmosphären gestiegen sein mußte. Auch Klebs (1896, 1900) konnte eine solche hohe Anpassungsfähigkeit von Schimmelpilzen an konzentrierte Lösungen beobachten; so wuchs vor allem *Eurotium repens* (zu dem *Aspergillus* als Konidienform gehört) außer auf 35% Natronsalpeter in verdünntem Pflaumensaft mit 55—57% Glyzerin bzw. 90—95% Traubenzucker, in Traubensaft (oder auf Brot) mit 100% Rohrzucker. Das Regulatorische in diesen Anpassungen zeigt sich besonders darin, daß diese hohen Innendrucke nicht durch ein Eindringen von Stoffen aus der konzentrierten Außenlösung erreicht werden, sondern daß bei Steigerung der Außenkonzentration in der Zelle selbst Stoffe von hoher osmotischer Wirksamkeit entstehen. Schon Eschenhagen hatte festgestellt, daß nur Glyzerin in die Pilzzellen eingedrungen war, die anderen verwendeten Außenstoffe sich aber nicht in nennenswerter Menge in den Zellen nachweisen ließen. Heinzius von Mayenburg (1901) zeigte allgemein, daß bei der Turgorregulation der Schimmelpilze der Organismus »mit Hilfe der in der Kulturlösung enthaltenen Nährstoffe in regulatorischer Weise hoch osmotisch wirksame Stoffe organischer Natur selbst produziert« (S. 419), konnte aber die Natur dieser Stoffe nicht ermitteln, sondern nur als möglich hinstellen, daß es sich um leicht zerfallende Kohlehydrate handeln möge. Daß auch der entgegengesetzte Fall möglich sei, daß nämlich Pflanzen mit normalerweise hohem Innendruck sich an geringere Nährsalzkonzentrationen anpassen, geht aus den Befunden von Fabers (1913) an Mangrovepflanzen hervor. Er konnte feststellen, daß *Rhizophora mucronata* ohne dauernde Schädigung sich aus dem Meer unmittelbar in Süßwasser verpflanzen ließ, womit eine erhebliche Verringerung des osmotischen Drucks verbunden war, der in den marin wachsenden Mangrovepflanzen durch beträchtliche Salzspeicherung sowie durch andere stark osmotisch wirksame Stoffe, vermutlich Gerbstoffe, erzielt wird. Regulationen des osmotischen Drucks bei Phanerogamen durch Produktion besonderer Stoffe in den Zellen hat auch Pringsheim (1906) aufgezeigt; er konnte nachweisen, daß der Turgor sogar bei verhungernden etiolierten Pflanzen kaum unter den Normalwert sank, bei ohne Kohlensäure wachsenden überhaupt nicht. Eine Erhöhung des Turgors hat für die Pflanze besonders dann Bedeutung, wenn sie unter Wassermangel leidet, also Gefahr läuft, zu verdursten; auch diese Form der Regulation, bei der die Drucksteigerung im Dienste der Wasseraufnahme steht, hat Pringsheim aufgezeigt. Bei allmähliger Austrocknung des Bodens trat in Rüben ein allgemeines Ansteigen des osmotischen Druckes auf, das in den jungen noch wachsenden Pflanzenteilen am stärksten war, sodaß die größeren Blätter abstarben, die jüngeren sich aber noch langsam weiter entwickelten. Durch das so hergertellte Konzentrationsgefälle war also noch während des Welkens eine Wasserbewegung nach den jungen Trieben hin ermöglicht. Noch auffälliger tritt dieselbe Erscheinung in Fittings Untersuchungen an Wüstenpflanzen (1911a) auf, die erhebliche Druckschwankungen je nach der Feuchtigkeit des Bodens aufweisen. So konnten mehrjährige Pflanzen auf extrem trockenen Standorten außerordentliche osmotische Drucke (bis über 100 Atm.) und damit erhebliche Saugkräfte entwickeln. Die Druckregulation wird bei manchen Formen durch Kochsalzspeicherung durchgeführt, die auf extrem trockenem, relativ salzarmen Boden der Felsenwüste stärker sein kann als in Salzsümpfen; doch gibt es umgekehrt auch Pflanzen, die in Salzsümpfen wachsen und ihre osmotische Regulation ohne Salzspeicherung bewerkstelligen. Übrigens zeigt hier der Begriff des »Normalen« wieder seine Schwierigkeiten, sofern es sehr schwer ist zu sagen, wieweit man diese Bedingungen (Trockenheit, Salzreichtum des Bodens) bei jenen Pflanzenarten als »normale« bezeichnen, und darum auch, ob man die Vorgänge als harmonische oder als regulatorische bezeichnen soll.

Noch nicht einwandfrei festgestellt sind jene Turgorregulationen, welche bei der Aufnahme gelöster Stoffe stattfinden sollen. Nathan-

sohn (1902, 1903, 1904) glaubte festgestellt zu haben, daß z. B. die Proto-
plasten eines in gleichmäßige Stücke geschnittenen Gewebekörpers einer
Dahliaknolle aus Salzlösungen die darin enthaltenen Stoffe nicht bis zum
Konzentrationsgleichgewicht, sondern nur bis zu einem bestimmten
Verhältnis der Innen- zur Außenkonzentration aufnehmen und dieses
Verhältnis bei Rückversetzung in niedrigere Konzentrationen — nötigen-
falls gegen das wirkliche Konzentrationsgefälle, also unter Arbeitsleistung — wieder herstelle. Meurer (1909) hatte diese Angaben bei
Beta vulgaris und bei *Daucus carota* bestätigt, Ruhland (1909) dagegen
fand, daß die angeblichen Regulationen bei möglichst dünnen Schnitten
überhaupt nicht eintreten 'und führte sie hauptsächlich auf die Verzögerung der Salzaufnahme infolge der Dicke der Schnitte zurück.
Nathansohn (1910) hält demgegenüber seine Auffassung aufrecht,
wenngleich er das Tatsächliche in den Untersuchungen Ruhlands zu-
gibt; seine Deutung dieser Ergebnisse aber, nach der die oberflächlichen
Schichten der dünnen Schnitte sich nur infolge der Schädigung oder
nach dem Absterben mit Salz anreichern sollen, klingt einigermaßen ge-
sucht. Eine andere Angabe Nathansohns (1904), nach der die Kat-
ionen und Anionen der Salzlösungen in ganz verschiedenem Verhältnis
aufgenommen werden, daß sogar eine Ausscheidung gewisser Ionen, z. B.
des Mg stattfinde, wurde von Meurer bestätigt und dahin erweitert,
daß Mg und Ca an manche Salzlösungen in stärkerem Maße abgegeben
werden als in destilliertes Wasser, und zwar stets in der Weise, daß die
Außenlösung trotz der erheblichen Unterschiede in der Kationen- und
Anionenaufnahme neutral bleibt. Diese Feststellung, welche auch durch
Ergebnisse von Niklewski (1909), Maschhaupt (1911), True und
Bartlett (1912) unterstützt wird, scheint durch die Auffassung Ruhlands ‚daß dieser Ionenaustritt auf einer Schädigung der Zellen beruhe,
nicht widerlegt zu werden, da Nathansohn (1910) darauf hinweisen
kann, daß die benützten Salzlösungen viel weniger schädlich für das
Gewebe seien als destilliertes Wasser, in dem bei Zimmertemperatur der
rote Farbstoff schon nach einem Tage aus den Zellen austrete. Auch
die beiden neuesten eingehenden Untersuchungen über die Frage des
Stoffaustausches, welche in der Pfeffer-Festschrift der Jahrb. f. wiss. Bot.
(1915) erschienen sind, die Arbeiten von Fitting und Pantanelli,

bringen keine endgültige Klärung des Problems der Turgorregulation. Sie stehen sich zugleich als Vertreter der beiden Hauptmethoden zur Erforschung der fraglichen Probleme gegenüber, wobei in beiden Arbeiten auf eine genaue Bestimmung des zeitlichen Verlaufs der Vorgänge, besonders auch in den Anfangsstadien, großes Gewicht gelegt wird. Fitting findet in der Epidermis von *Rhoeo discolor* eine Gewebeschicht von genügender Gleichmäßigkeit des osmotischen Drucks und sonstiger Eignung zur Anwendung der von ihm zu großer Vollendung und Feinheit der Differenzierung ausgebildeten plasmolytischen Methode, als deren Maßstab ihm vor allem die Geschwindigkeit des Rückgangs der Plasmolyse dient, während Pantanelli, mit unverletzten ganzen Pflanzen (Süßwasserpflanzen: *Elodea*, *Azolla*; Keimpflanzen: Gartenbohne, Lupine, Kichererbse, Feldbohne; Hefezellen; Meeresalgen: *Ulva, Valonia, Cystosira, Dictyota, Phyllophora, Gigartina, Cryptonemia*) arbeitend, die Salzlösungen vor und nach der Kultur der Organismen chemisch analysiert, also das auch von Nathansohn (1904) und Meurer bevorzugte Verfahren anwendet. Die Fittingsche Arbeit, deren Hauptergebnis in dem Nachweis liegt, daß die Berührung mit einem Salz eine Herabsetzung der Permeabilität der Plasmahaut für eben dieses Salz herbeiführt, enthält keinen Anhaltspunkt für die Richtigkeit der Angaben Nathansohns über die Einstellung der Salzaufnahme vor Erreichung des Konzentrationsgleichgewichts von Außen- und Innenlösung, vermag aber Grundlagen für ihre Erklärung zu liefern. Während ein dargebotenes Salz bei ihm gewissermaßen als Einheit erscheint, deren Aufnahmegeschwindigkeit untersucht wird, sieht Pantanelli sein wichtigstes Ergebnis in der Feststellung einer verschiedenen Aufnahme und Abgabe der Ionen in Salzlösungen, sodaß die Geschwindigkeit der Ionenaufnahme und der mit einer Salzaufnahme häufig verbundene Ionenaustausch zwischen Außen- und Innenlösung im Mittelpunkt der Untersuchung stehen; in dieser Hinsicht scheint Nathansohn also Recht zu behalten. Eine Reihe von Untersuchungen Pantanellis und seiner Mitarbeiter (Sella, Severini), besonders in italienischen Fachorganen veröffentlicht, hatten dasselbe Ergebnis, das hier durch erhebliche Erweiterung der experimentellen Unterlagen und den Versuch einer Erklärung der Mechanik der Salzaufnahme durch Adsorption ergänzt wird. In dem Nachweis, daß der zeitliche Verlauf der Aufnahme eines Ions häufig »nach Art einer gehemmten Schwingung«, pendelförmig verläuft, d. h. daß einer raschen Speicherung (z. B. bei Mg innerhalb der ersten Viertelstunde) Wiederausscheidung des Ions, dann erneute Aufnahme usw. folgt, tritt die Notwendigkeit einer genauen zeitlichen Bestimmung besonders deutlich zutage,. weil das Ergebnis der Versuche offenbar sehr stark durch den Zeitpunkt der Messungen bedingt wird; die widerspruchsreichen Angaben der Literatur finden wohl großenteils in der Nichtbeachtung des Zeitfaktors eine Erklärung. Aber alle diese Ergebnisse, so sehr sie eine Reihe von Angaben Nathansohns bestätigen oder wahrscheinlich machen, auch die Feststellung einer gesonderten Permeabilität für Eintritt und Austritt desselben Salzes bei einer Pflanze, scheinen mir keine Regulationen in der hier definierten Bedeutung, sondern »normale« Vorgänge, Harmonien, aufzudecken. Daß solche offenbar bestehen, zeigt vor allem die Feststellung Pantanellis, daß nach Schädigung der Zellen durch leichte Narkotisierung mit Chloralhydrat nur die ernährenden oder sonstwie nützlichen Salze betroffen werden, während die von der normal tätigen Pflanze nicht oder nur in geringer Menge und Geschwindigkeit aufgenommenen Salze dann leichter eindringen. Bei ihrer Aufhebung durch die Störung tritt die vorher bestehende Harmonie deutlich hervor. Eine vollkommene Übereinstimmung der mit den beiden verschiedenen Methoden erzielten Ergebnisse steht noch aus und zugleich auch das endgültige Urteil über die Grenzen ihrer Anwendbarkeit; vielleicht wird einmal eine Vereinigung beider Verfahren an geeignetem Versuchsmaterial ein eindeutiges Ergebnis bringen. Immerhin besteht eine beträchtliche Wahrscheinlichkeit für das Bestehen von Turgorregulationen durch verschiedene Aufnahme und Abscheidung von Ionen der gelösten Salze.

Bei einer Reihe von Stoffwechselregulationen liegt ein Rückgängigmachen normaler Funktionen, also eine regulatorische Reduktion vor, welche sich dem Abwerfen von Blattstielstümpfen u. a. unter den induzierten Adaptationen besprochenen Zerstörungsvorgängen an die Seite stellen läßt. So fassen Magnus und Schindler (1912, 1913) die schon von Gaidukov (1903, 1906) beobachtete, aber anders gedeutete Farbenänderung von Oscillarien von grün nach gelb in nährsalzarmen

Kulturen als eine durch den Phycocyanmangel bedingte Herabsetzung der Assimilation und damit als eine Verminderung des Nährsalzbedürfnisses auf, die das Leben des Organismus verlängere, indem sie ihn in eine Art von »Dauerzustand« versetze. In der Auswanderung von Stoffen aus Organen oder Zellen, die dem Untergang geweiht sind, liegt eine andere Gruppe von Stoffwechselregulationen reduktiver Art vor. Das Auswandern von Stoffen aus Laubblättern der Bäume vor dem herbstlichen Laubfall, das Wehmer (1892) durch den Hinweis darauf stark angezweifelt hatte, daß die auf das Aschengewicht berechnete Gewichtsabnahme einiger Stoffe nichts bezüglich ihrer wirklichen Abnahme beweise, wurde von Stahl neuerdings (1909) vor allem bezüglich des Chlorophylls bzw. seiner Derivate wieder behauptet. Schon Ramann(1898) hat für Waldbäume (Buche, Eiche, Hainbuche) und Fruhwirth und Zielstorff (1901) haben für den Hopfen angegeben, daß N, H_3PO_4 und K im Herbst aus den Blättern abwandern, und nun zeigte neuerdings auch Swart (1914) nach der Stahlschen Methode durch sorgfältigen Vergleich ausgestanzter Blattstücke, daß tatsächlich eine Abnahme von N und P stattfindet, die er mit Stahl der Auswanderung der N-haltigen Chlorophyllderivate zuschreibt; durch Versuche mit Indigokarmin stellt er zugleich die Wegsamkeit der Leitungsbahnen zu der in Betracht kommenden Zeit fest. Für diese letzte Deutung spricht es auch, daß nach Stahl (1909) die rechtzeitige Unterbrechung der Leitungsbahnen in den Blattspreiten die Chlorophyllzerlegung und damit das herbstliche Verbleichen unterdrückt.

Beim Ausgleich der durch Verwundung gesetzten Störungen, bei Restitutionen sowohl wie bei Adaptationen, findet häufig eine Entdifferenzierung der der Wunde benachbarten Dauerzellen statt, die sich in einer Auflösung der Wandverdickungen sowie in einem Verbrauch der Stärke und anderer Speicherstoffe äußert. Dies hat bereits Crüger (1860) gesehen, und Massart (1898) beschreibt dieselben Erscheinungen. Ebenso ergibt sich aus den Untersuchungen von Olufsen (1913), Appel (1906) und Kabus (1912), daß bei Verletzungen an der Kartoffelknolle die Stärke der äußersten Schichten verzuckert wird und zum Teil bei der Verkorkung der unter der Wundfläche liegenden Schichten verwendet, zum Teil durch die Gefäßbündel ins Innere der Knolle abgeführt wird. Hier ist auch die Auflösung nekrotischer Zellen oder Gewebe zu erwähnen, die durch Infektion oder Verwundung entstanden sind, und die, wie es die Schilderung Mäules (1895) über die Auflösung der Korkschichten beim Verwachsen zweier Wundränder besonders anschaulich zeigt, in weitgehendem Maße resorbiert werden können.

Schließlich müssen als physiologische Anpassungen noch die Erscheinungen der Gewöhnung angeführt werden, deren Wesen darin liegt, daß der Organismus durch stufenweis ansteigende Schädigungen bestimmter Art in einen Zustand versetzt wird, in dem er Schädigungsgrade noch erträgt, die sonst tödlich gewirkt hätten. Dies galt in gewissem Sinn schon von der oben besprochenen Gewöhnung an ungewöhnlich hohe Konzentrationen. Eine stufenweise Anpassung an hohe Temperaturen hat Dieudonné (1894, nach Detto 1904) bei Bakterien erzielt. Das Temperaturoptimum des *Bacillus fluorescens putridus* liegt bei 22°, bei 35° zeigt er noch kräftiges Wachstum, jedoch ohne die sonstige Fähigkeit der Pigment- und Trimethylaminbildung, bei 37,5° liegt die Wachstumsgrenze. Es gelang, eine Rasse zu züchten, deren Optimum bei 35° lag, und die bei 37,5° ohne Pigmentbildung noch kräftig wuchs, und schließlich eine solche, die bei 41,5° noch kräftiges Wachstum zeigte. Es ist freilich schwer zu beurteilen, ob die Möglichkeit einer Selektion von reinen Linien mit besonders hoch liegenden Kardinalpunkten völlig ausgeschlossen war. Eine ähnliche Gewöhnung liegt in der Steigerungsfähigkeit der Kälteresistenz der Bäume; A. Winkler (1913) hat festgestellt, daß sich durch wiederholtes Abkühlen die Todestemperatur der Zweige und Blätter stark herabsetzen läßt. Nach Pulst (1902) passen sich Schimmelpilze, teils in derselben, teils in aufeinander folgenden Generationen an immer stärkere Dosen von Metallgiften an. Am besten reagierte *Penicillium glaucum*, bei dem übrigens gezeigt werden konnte, daß die giftigen Kupfersalze überhaupt nicht aufgenommen wurden, oder doch nur in unbedeutender Menge, so daß es sich augenscheinlich um eine steigende Anpassung der Plasmahaut handelt, ihre Impermeabilität aufrecht zu erhalten.

In diesen Zusammenhang mag auch ein durch Hiltner (1904—06) bekannt gewordener Fall von pflanzlicher Immunität gestellt werden, weil es sich hier offenbar nicht um eine echte Überproduktion von Antikörpern, sondern um eine andersartige stoffliche Wirkung handelt, durch die eine einmal eingetretene Schädigung vor künftiger Schädigung von gleicher Stärke schützt. Hiltner konnte nämlich feststellen, daß die Wurzeln der Leguminosenpflanzen, welche lebenstätige Rhizobiumknöllchen besaßen, durch Bakterien mit geringerem Virulenzgrad nicht mehr infiziert werden konnten, sondern nur von solchen mit höherer Virulenz.

c) Kinetische Anpassungen.

Die Abgrenzung der durch ein Bewegungsgeschehen vermittelten Funktionsregulationen gegen die kinetischen Funktionsharmonien ist dadurch gegeben, daß der die Reaktion bedingende Reiz eine Schädigung des Organismus darstellt, die Trennung von den kinetischen Restitutionen liegt darin, daß es sich nur um eine Wiederherstellung gestörter Funktion, nicht auch gestörter Form handelt. Auch hier mag wieder einmal hervorgehoben werden, daß Vorgänge von dieser verschiedenen teleologischen Wertigkeit in kausaler Hinsicht durchaus in dieselbe Gruppe von Erscheinungen eingereiht werden können. In bezug auf die Ganzheiterhaltung des Organismus wird verschiedenartiges geleistet, aber die Mittel dieser Ganzheiterhaltung ,wie sie etwa in der Verkettung bestimmter Reizerscheinungen gegeben sind, können ähnliche sein.

Wie die normal erfolgenden Plasmaströmungen in den Zellen möglicherweise bei manchen Pflanzen den Stofftransport unterstützen (vgl. z. B. Bierberg 1909), so können die auf Wundreiz hin einsetzenden Plasma- und Kernbewegungen, wie sie zuerst Tangl (1884) an der Epidermis der Zwiebelschuppe beschrieben, dann Nestler (1898) bei vielen Phanerogamen und Prowazĕk (1907) bei *Ulva lactuca* festgestellt haben, und welche Němec (1901) nach den Einzelheiten des zeitlichen Verlaufs eingehend untersuchte, sehr wohl einen Einfluß auf die beginnenden Wundheilungsvorgänge haben. Es handelt sich bei dieser Traumatotaxis in der Hauptsache darum, daß starke Plasmaansammlungen an den der Wundstelle zugekehrten Wänden entstehen, an die sich auch der Zellkern (und bei *Ulva lactuca* das Chromatophor) anlegt. Auch die nächstfolgenden Zellreihen können sich an dieser Reaktion beteiligen.

Während die bei der Traumatotaxis auftretenden Vorgänge die Wiederherstellungsprozesse unterstützen, handelt es sich bei den hierhergehörigen Fällen von Traumatotropismus, wie er zuerst von Darwin (1881) an Wurzeln beschrieben wurde, um eine Art Abwehr oder Vermeidung der Störung selbst. So werden nach einseitiger Schädigung des Wurzelvegetationspunktes durch chemische oder Hitzeeinflüsse die Wurzelspitzen durch Krümmung in der Wachstumszone von dem einwirkenden Reize weggekrümmt (Spalding 1894). Beim »Galvanotropismus« (Brunchorst 1884, Gaßner 1906) handelt es sich offenbar gleichfalls um solche nach einseitiger Schädigung erfolgende Krümmungen, wobei die »positive« Wurzelseite die geschädigte ist; nach Gaßner sind die auf starke Ströme hin erfolgenden Krümmungen auf die Störung zu reine Schädigungskrümmungen, die zunächst auf Turgorschwankungen und weiterhin auf einer Wachstumshemmung beruhen, während die bei geringerer Stromstärke erfolgenden Krümmungen von der Störung weg regulatorische traumatotrope Reizkrümmungen darstellen. Ebenso krümmt sich, wie Nemec (1905) gezeigt und Nordhausen (1907) bestätigt hat, bei seitlich schrägen Einschnitten an Wurzelspitzen, welche die Regeneration eines neuen Vegetationspunktes auslösen, die alte Wurzelspitze aktiv zur Seite. In all diesen Fällen handelt es sich also um »negative« Krümmungen, um ein Abwenden von dem Ort der Schädigung; die zahlreichen Fälle von »positivem« Traumatotropismus, wie sie z. B. Stark (1916, 1916a) an oberirdischen Organen, Sprossen und Blättern aufgezeigt hat, erlauben zurzeit keine teleologische Deutung.

Man könnte nun im Sinne der üblichen Bekämpfung teleologischer Betrachtungsweise fragen: Was soll denn die Wegkrümmung von der Wundstelle für einen »Vorteil« bringen, da ja die Zellen der alten Wurzelspitze ohnedies den größten Teil ihres Inhalts abgeben und ihre Teilungstätigkeit einstellen, die Wurzelspitze sogar häufig abgestoßen wird? Dabei setzt man aber wieder die Behauptung einer Fähigkeit der Pflanze voraus, in allen Fällen »das Zweckmäßigste« zu tun (d. h. dasjenige, was der betrachtende Forscher für das Zweckmäßigste hält): dies freilich bekämpft man mit Recht. Niemand aber kann die Berechtigung bestreiten, diese Bewegung mit all jenen tropistischen, taktischen und »Reflex«bewegungen in eine Reihe zu stellen, die als ein Ausweichen oder Abwenden vor einer Störung, als eine »Fluchtreaktion« im weitesten Sinn gekennzeichnet werden können, bis herauf zum Zurückzucken unserer Hand bei Berührung eines heißen Gegenstandes. Dabei werden keinerlei »seelische« Qualitäten bei der Pflanze vorausgesetzt, sondern eine Anzahl von Vorgängen, welche dieselbe Ganzheitbeziehung haben, um derentwillen zusammengestellt. Daß diese Reaktionen die durch sie eingeleitete Ganzheiterhaltung in vielen Fällen nicht erreichen, entweder weil sie unzulänglich sind, nicht ausreichen, oder weil sie von anderen ganzheiterhaltenden Vorgängen durchkreuzt werden — wie im vorerwähnten Fall durch die Regeneration einer neuen Wurzelspitze —, das ändert gar nichts an ihrer teleologischen Kennzeichnung.

Die traumatotropen Krümmungen sind also teleologisch einzuordnen jener Gruppe von »phobischen« Richtungsbewegungen, die den Organismus oder ein Organ von irgend einem störenden Reize, wie er in jeder zu hohen Intensität eines Außenfaktors gegeben sein kann, wegbewegen, die wir daher als »Abkehrbewegungen« und zwar als regulatorische Abkehrbewegungen bezeichnen können.

Wenn die Chloroplasten in den Blättern von Phanerogamen oder in Algenzellen, wie dies seit Stahl (1880) vielfach beschrieben worden ist, bei zu starker Besonnung »Profilstellung« annehmen, d. h. sich an den Wänden parallel der Strahlenrichtung sammeln, so läßt sich diese Form von »Phototaxis« als Abkehrbewegung teleologisch kennzeichnen, auch wenn das Zustandekommen der Bewegungen im einzelnen, also die kausalen Beziehungen, noch recht wenig aufgehellt sind (vgl. z. B. Senn (1908) und Linsbauer und Abramowicz [1909]). Die Chlorophyllplatte von *Mesocarpus* dreht sich bei zu großer Lichtstärke als Ganzes — oder bei nur teilweise angreifendem Reize in der betroffenen Hälfte — so, daß der Strahlenrichtung nur die schmale Kante zugekehrt ist (Stahl 1880, Senn 1908).

Die Erscheinung der »Phobotaxis« freischwimmender niederer Organismen ist ein wichtiger Teil dieser Abkehrbewegungen, bei der wieder die Abgrenzung harmonischer und regulatorischer Vorgänge nicht einfach ist. Es scheint sich auf den ersten Blick ja überall um eine »Fluchtreaktion«, eine »Schreckbewegung« zu handeln, auch wenn sie schließlich den Organismus der zuträglichsten Lichtstärke, der geeignetsten Nährstoffkonzentration, der optimalen Wärmemenge zuführt. Trotzdem wird man natürlich diese Vorgänge nicht als regulatorisch bezeichnen können.

Vielmehr wird sich unterscheiden lassen, ob die »Übergangsreaktion« oder »Abkehrbewegung« den Organismus verhindert, einen günstigen Reizzustand zu verlassen und mit einem nur weniger günstigen oder für seine Erhaltung gleichgültigen zu vertauschen, oder ob sie ihn vor einer offenkundigen Schädigung bewahrt. Nur im letzten Fall wird man von regulatorischen Abkehrbewegungen sprechen; die ersten, harmonischen, wurden bereits im Kapitel der Kausalharmonien behandelt. Daß trotzdem die Entscheidung über die Zugehörigkeit der einzelnen Bewegungserscheinung nicht einfach ist, dafür sorgen die Schwierigkeiten der Beurteilung des Schädigungsgrades der verschiedenen »Außenbedingungen«. Wenn positiv phototaktische Algenschwärmer (*Haematococcus*) bei Steigerung des Lichtstärke sich bei Erreichung einer bestimmten Lichtintensität abkehren, wie dies zuerst Strasburger (1878) beobachtet hat, wenn Purpurbakterien und Euglenen an der Grenze von hell zu dunkel zurückprallen, wie es Engelmann (1882) zuerst beschrieb und dann zahlreiche Beobachter für dieselben und für andere phototaktisch empfindliche Organismen feststellten, für *Chlamydomonas* und *Cryptomonas* (Jennings 1910, Ulehla 1911, Pringsheim 1912a), für *Phacus* und *Gymnodinium* (Pringsheim 1912), für *Thiospirillum* (Buder 1915), für Oscillarien (Nienburg 1916) usf., so wird man in diesen Fällen der Vermeidung eines extremen Reizzustandes, dessen kürzere oder längere Dauer Schädigungen bringen muß, wohl von regulatorischer Abkehrbewegung sprechen dürfen. Dies gilt auch für die von Pfeffer (1884) bei Farnspermatozoen gegenüber 5%iger Apfelsäure beobachtete negative Chemotaxis, für die zurückstoßende Wirkung freier H- und OH-Ionen, also freier Säuren und Alkalien sowie gewisser giftig wirkender Schwermetall-Ionen (Silber, Quecksilber, Kupfer usw.) und Alkaloide auf *Isoetes*-Spermatozoen (Shibata 1905, 1911), für die von Fechner (1915) festgestellten, ausschließlich negativ chemotaktischen »Fluchtreaktionen« bei Oscillarien, für die zuerst von Massart (1889) bei Bakterien (*Spirillum undula, Bacillus megatherium*) gegenüber bestimmten Konzentrationen isosmotischer Stoffe beschriebene negative Osmotaxis und für die von Wortmann (1885) für Fuligoplasmodien geschilderte, bei Temperatursteigerung über 36° hinaus erfolgende negative Thermotaxis.

Die Tropismen zeigen dieselbe Erscheinung. Bei *Vaucheria* hat Stahl (1880), bei *Anthithamnion cruciatum, Derbesia marina, Ectocarpus humilis* und anderen Meeresalgen Berthold (1882) und in eingehender Untersuchung bei *Phycomyces* Oltmanns (1892) gezeigt, wie die positiv phototropische Reaktion bei einer bestimmten Lichtstärke in die negative übergeht, wobei ein Indifferenzstadium eingeschaltet sein kann, in dem der Organismus keine positive Reaktion mehr und noch keine negative aufweist. Die Höhe der »Sinnesumkehr« des Phototropismus ist nicht ein für allemal dieselbe, sondern von der »Lichtstimmung« des Organismus abhängig. Diese »Lichtstimmung« ist, wie neben Oltmanns besonders Pringsheim (1909 I, II) an verschiedenen Objekten gezeigt hat, um so höher, je größere Lichtstärken vor der Reizung auf den Organismus eingewirkt haben. So verschob sich auch der »Umschlagspunkt« vom positiven zum negativen Phototropismus für die Sporangienträger von *Phycomyces* bei länger andauerner Beleuchtung immer mehr nach oben, sodaß bei den negativ reagierenden nach einiger Zeit Indifferenz und schließlich positive Reaktion eintritt; die Lichtstimmung ist eine höhere geworden, es hat eine »Anpassung«, eine »Gewöhnung« stattgefunden, sodaß erst bei stärkerer Lichtintensität der Umschlag zur Abkehr, zum negativen »Sinn« des Tropismus, eintritt. Diese »Gewöhnung«, die in der Erhöhung der Lichtstimmung liegt, muß als besondere Form der Funktionsregulation von der in der Abkehrbewegung auftretenden kinetischen Anpassung unterschieden werden.

Als Abkehrbewegung läßt es sich auch auffassen, wenn Blätter in »variabler Lichtlage« (Wiesner 1911) bei unmittelbarer Besonnung »panphotometrisch« reagieren, d. h. sich vom direkten Sonnenlicht möglichst abwenden und zwar in einer Weise, daß sie noch möglichst viel diffuses Licht erhalten. Der besonders von Oltmanns und Wiesner gebrauchte Ausdruck »Photometrie« für das Vermögen der Unterscheidung der Lichtintensitäten und der entsprechenden Regulierung der Bewegungen umschließt Harmonisches und Regulatorisches je nach dem Charakter des die Bewegung bedingenden Reizes.

Auch bei anderen Tropismen kommen Abkehrbewegungen vor. Hier sollen nur noch die von Miyoshi (1894) beim Chemotropismus beschriebenen Erscheinungen eine Stelle finden, der bei *Saprolegnia* und verschiedenen Schimmelpilzen die »Grenzkonzentration« für eine Reihe von Stoffen (Ammoniumsalzen, Zuckerarten, Fleischextrakt) bestimmte, bei der ein Umschlag von positivem in negativen Chemotropismus eintritt. Er konnte auch feststellen, daß bei verschiedenen Organismen infolge der schon früher eingetretenen Schädigung die Repulsionswirkung ausblieb, eine Erscheinung, die auch bei der Phobotaxis, sowohl bei zu starker Licht-, als bei chemischer oder thermischer Einwirkung mehrfach beobachtet wurde. Hier war eben der Grad der Störung zu hoch, um noch die sonst eintretende Regulation zu ermöglichen.

Von besonderem Interesse sind schließlich jene Fälle kinetischer Funktionsregulationen, bei denen die »Sinnesumkehr« einer tropistischen Bewegung nicht durch eine besonders hohe (oder niedere) Intensität desselben Reizes bedingt wird, der die Richtung des Organs zuvor bestimmte, sondern durch das Eingreifen einer andersartigen Außenbedingung in die gegebene Reizverkettung. Bei den durch Bewegungserscheinungen vermittelten Funktionsharmonien und Restitutionen waren bereits solche Fälle von »heterogener Induktion« (Noll 1892) zu erwähnen. Um Funktionsregulationen handelt es sich bei der von Stahl (1884) beobachteten Umschaltung des Geotropismus durch Lichtwirkung bei den Rhizomen von *Adoxa moschatellina, Circaea lutetiana* und *Trientalis europaea.* Die normalerweise im Dunkeln horizontal wachsenden, also diageotropisch induzierten Organe wachsen bei Lichtzutritt senkrecht oder schief abwärts zum Boden; die Lichtwirkung bedingt also eine »Sinnesumkehr« zu positivem Geotropismus. Ähnlich wirkte die Kultur unter Wasser bei den Ausläufern von *Glechoma hederacea* nach Klebs (1903). Die neu gebildeten Internodien eines unter Wasser geleiteten horizontal wachsenden Ausläufers krümmen sich darin allmählich nach oben, wachsen schließlich senkrecht aufwärts bis zur Erreichung der Wasseroberfläche, worauf sich die Ausläuferspitze wieder horizontal krümmt. Die Bedingungen der Wassertauche haben also eine Umschaltung von plagiotropem zu orthotropem und zwar negativ geotropischem Verhalten herbeigeführt. Daß beide Fälle regulatorisch genannt werden können, weil jeweils das von der Störung betroffene Organ seinem normalen Zustand wieder zugeführt wird, braucht nicht besonders betont zu werden.

An eine ganz andersartige Erscheinung muß zum Schlusse dieses Kapitels noch einmal erinnert werden, die ein Gegenstück zu gewissen Vorgängen darstellt, welche bei den kinetischen Restitutionen (s. S. 179) anhangsweise behandelt wurden. Es betrifft Richtungsänderungen von Zellen, welche das Formbildungsgeschehen bei verschiedenen funktionellen oder korrelativen Adaptationen bestimmen. Wenn in den Versuchen von Vöchting (1892; diese Arbeit S. 217), Simon (1908; s. o. S. 208f.) und Neeff (1914; s. o. S. 215f.) unter dem Einfluß der Verwundung die wachsenden Zellen, welche die Funktionsregulation ausführen, in typischer Weise ihre Richtung ändern, Drehungen zuweilen bis zur völligen Umkehr erfahren, so mag auch hier in gewissem Sinn von einer kinetischen Regulation gesprochen werden, die eng mit der morphologischen verbunden die Funktionsganzheit wieder herstellt und sich darin mit der oben schon besprochenen Traumatotaxis berührt.

3. Die Bewegungsregulationen.

Die dritte Form der Ganzheit, die Ganzheit eines geordneten Bewegungsgefüges, spielt im Pflanzenreich bei weitem nicht die Rolle wie die Form- und Funktionsganzheit und wie die Bewegungsganzheit bei den Tieren. Unter diesen Umständen wird man natürlich erst recht nicht viele Feststellungen über Regulationen von Bewegungsganzheit erwarten dürfen, über ihre Wiederherstellung nach Störungen, für die sogar das zoologische Tatsachenmaterial äußerst dünn fließt: die Frage der Regulation der »Instinktbewegungen« scheint noch durchaus in der Schwebe zu sein. Auf botanischem Gebiet hat man die Frage wohl überhaupt noch nicht gestellt, weil alles Tatsächliche nach der kausalen Seite hin erst im letzten Jahrzehnt einigermaßen verständlich geworden ist. Ein geordnetes Bewegungsgefüge ist in allen periodischen Bewegungen gegeben. In dem Kapitel von den Bewegungsharmonien wurde eine kurze Übersicht der wesentlichsten Erscheinungen zu geben versucht. Da die Frage nach dem Wesen der »autonomen« Bewegung und vor allem die Verknüpfung verschiedener »aitionomer« Bewegungen untereinander und mit etwaigen autonomen beim selben Organismus, wie sie in den Untersuchungen von Pfeffer (1907, 1908, 1911, 1915)

und Stoppel (1910, 1911, 1912, 1916, 1917) als Problem auftritt, noch
sehr der ursächlichen Aufhellung bedarf, so ist es zurzeit sehr schwer,
diese Vorgänge der Ganzheitbetrachtung zu unterziehen. Die Fragestellung würde lauten: Gibt es Fälle einer Wiederherstellung gestörter
periodischer Bewegungen durch den Organismus? In einer oder zwei
bisher bekannten Erscheinungen könnte man vielleicht Anhaltspunkte
für derartige Vorgänge finden. Die darauf hinzielenden Gedankengänge wurden freilich vor Veröffentlichung der neuesten Arbeit über
periodische Bewegungen durchgeführt, welche ihnen so viel Boden ent-
zog, daß sie nurmehr als Beispiele festgehalten wurden, wie solche Bewegungsregulationen möglicherweise beschaffen sein könnten. Betont
muß aber werden, daß durch eine derartige Auffassung für die kausale
Analyse natürlich nichts gewonnen wird. Es würde sich höchstens um den
Versuch handeln, ob sich die von den Tatsachen der Biologie überall geför-
derte teleologische Betrachtung auch auf diese Vorgänge ausdehnen läßt.

Vor der Aufdeckung der sehr wahrscheinlichen Beziehung der Bewegungen der *Phaseolus*-Blätter zu den periodischen Schwankungen der
Luftelektrizität durch R. Stoppel (1916) konnte man daran denken,
daß die nach Verbringung der Pflanze in vollkommene Dunkelheit unter
möglichstem Ausschluß von Wärmeschwankungen auftretenden, all-
mahlich schwächer werdenden »Nachschwingungen« auf regulatorische
Vorgänge hindeuteten, welche die ausgeschalteten rhythmischen Bewegungen noch eine Zeitlang in 12 : 12 stündigem Wechsel weiterführen,
bis dann die im Dunkeln sich einstellenden kurzrhythmischen autonomen
Oszillationen sich durchsetzen. Solche 12 : 12 stündigen Nachschwingungen können auch dann gelegentlich auftreten, wenn vor der Versetzung in dauernde Dunkelheit der Pflanze durch künstlichen Be-
leuchtungswechsel ein andersartiger, z. B. 18 : 18 stündiger Rhythmus
aufgezwungen worden war; dasselbe gilt für *Mimosa Spegazzinii* (Pfeffer
1907), welche nach einem durch abwechselnde Belichtung erzielten
6 : 6 stündigen Rhythmus in Dunkelheit gleichfalls 12 : 12 stündige
Nachschwingungen zeigt. Schon auf Grund der Pfefferschen Arbeiten
hätte aber die Vermutung nicht als ausreichend gestützt gelten dürfen;
die Wahrscheinlichkeit des Bestehens »elektronastischer« Bewegungen
läßt sie einstweilen als undiskutierbar erscheinen.

Ähnliches gilt auch für die Beurteilung der Tatsache, daß eine vom Wechsel des Tageslichts oder einem entsprechenden Wechsel künstlicher Beleuchtung in gleichmäßige Dauerbeleuchtung versetzte Bohnenpflanze dann imstande ist, den vorhergehenden Bewegungsrhythmus autonom fortzusetzen, wenn man das die Krümmungen ausführende Gelenk durch schwarzgefärbte Watte verdunkelt (Pfeffer 1911). Da eine Dauerbeleuchtung des ganzen Blattes, wie Pfeffer schon 1875 gezeigt hatte, genügt, um die Bewegungen vollkommen auszuschalten, so hätte man daran denken können, die Vorgänge, die bei Verdunklung des Blattgelenks zum Auftreten der 12:12 stündigen autonomen Bewegung führen, als regulatorische zu bezeichnen, da sie ja eine (durch die Dauerbeleuchtung ausgeschaltete) Bewegung wiederherstellen, für die eine besondere Grundlage in den Eigenschaften der Pflanze gegeben zu sein scheint. Da aber der Vorgang und seine Bedingungen noch zu wenig durchschaubar sind, und der Grad der Selbständigkeit der verschiedenen Arten von Bewegung sich noch in keiner Weise beurteilen läßt, muß eine Erörterung vom teleologischen Gesichtspunkt aus sich auf diese Andeutungen beschränken.

Schluß: Die teleologische Kennzeichnung des Organismus.

Ein zum Schlusse dieser Arbeit als eine Rückschau auf ihre wesentlichen Ergebnisse zusammenfassend entworfenes Bild von der teleologischen Kennzeichnung des Organismus soll zugleich Gelegenheit geben, noch einige jetzt erst aufzuwerfende Fragen zu erörtern.

Der bloßen Formbetrachtung scheint ein lebender Organismus als ein Ding, wie ein Messer, eine Uhr, ein Stein oder ein Kristall, und zwar als ein nicht künstlich gefertigtes wie die beiden ersten, sondern wie die beiden letzten Beispiele als ein seiner Gestalt nach gegebenes, in sehr vielen Exemplaren vorhandenes Naturding. Auf diesem Standpunkt tritt der bloßen Beschreibung der Eigenschaften und Teile dieses Naturdings die echte Zweckbetrachtung, durch die Besonderheit dieses Naturdings gefordert, zur Seite, genau so wie das bei einer menschlichen Maschine oder sonst einem künstlichen, zu bestimmten Zwecken gefertigten Gegenstand, einem Haus, einem Geräte oder Kleidungsstück der Fall ist. Die einzelnen Teile einer Maschine oder eines der anderen genannten Dinge sind nämlich so beschaffen, daß sie die Frage »wozu?« aufdrängen. Das Ventil, ein Riemen, Räder und Hebel dienen einem bestimmten »Zweck«, genau wie die Griffel oder Nektarien einer Blüte, die Gelenke der Grasknoten, das Gebiß eines Wirbeltieres oder das Tracheensystem eines Insekts. Der bloßen Beschreibung tritt diese Zweckbetrachtung als gleichwertige, eine neue Art von Kenntnis erzeugende Auffassungsweise zur Seite. Am Organismus ist also eine Reihe von »Einrichtungen«, »Vorrichtungen« vorhanden, die nicht anders als auf einen bestimmten »Zweck« bezogen beurteilt werden können. Dieser Zweck ist aber ebenso wie bei der besonderen »Einrichtung« an der Maschine oder dem Gebrauchsgegenstand ein bestimmter Vorgang, dem diese Einrichtung »dient«. Die Narbe dient der Pollenkornablage und -keimung, die Reißzähne dienen dem Zerkleinern der Fleischnahrung, die Mahlzähne dem der Pflanzennahrung, und ihrem Bau nach sind sie »zweckentsprechend«, »nützlich«. Die Lehre von dem Bau der Einrichtungen des Pflanzenorganismus fällt der »ökologischen Morphologie« und ihrem Tochterfach, der »physiologischen Anatomie« zu, aber jene bleibt Morphologie und diese Anatomie, d. h. sie behandeln den Bau der Pflanzen, — wenngleich im Hinblick auf bestimmte Vorgänge oder »Funktionen«, d. h. auf vorausgesetzte Zwecke. In den Lehrbüchern jener Disziplinen werden freilich zuweilen die Vorgänge um ihrer selbst willen mitbehandelt. Dies darf aber die Verschiedenheit der Probleme nicht verdecken. In dieser Arbeit ist alles »Einrichtungsmäßige«, alle echte »Zweckbetrachtung« ausgeschaltet worden. Hervorzuheben ist noch, daß es natürlich am Organismus so gut wie an Gebrauchsgegenständen und Maschinen Teile geben kann, von denen man keinen »Zweck« einsieht. Die besondere Form der Knöpfe an einem Rock, die Umrahmung einer Türe, Farbe und Gestalt der Zeiger oder Zahlen am Zifferblatt einer Uhr fordern die Frage nach einem besonderen Zweck nicht heraus, genau wie dies bezüglich der Zahl der Blumenblätter, der gezähnten oder gekerbten Form des Blattrandes, der Augenfarbe beim Menschen der Fall ist. Es besteht keinerlei Notwendigkeit, für jede Einzelheit des Baus einen Zweck anzunehmen.

An dem Naturding Organismus spielen sich nun zahlreiche Vorgänge
ab. Das heißt, daß der Organismus wie jedes Ding ein relativ beharrliches Beieinander von Eigenschaften darstellt, an denen sich Veränderungen im Werden vollziehen. Nach der notwendigen Folge dieser Veränderungen, nach all den mannigfachen Beziehungen der Folgever-
knüpfungen, die bei den Organismen wohl am verwickeltsten unter allen
Naturdingen sind, fragt die kausale Forschung. Zu jeder Werdefolge sucht
sie einen eindeutigen Grund des Werdens zu bestimmen; Ordnung in
der Veränderung ist für sie erst dann hergestellt, wenn alle Werdezustände
in eindeutiger Folge dieselbe Beziehung aufweisen, wie sie für die Ordnung
der Begriffe besteht: den Inhaltseinschluß, das Mitsetzungsverhältnis.
Den Vorgängen am Organismus (wie an allen Dingen) gegenüber entsteht un-
abweisbar die Denkforderung der ursächlichen Verknüpfung; mit der bloß
raum-zeitlich geordneten Beschreibung der Vorgänge, wie sie sich darbieten,
entsteht noch keine endgültige Ordnung für das Denken, keine Wissenschaft. Diese Form der Ordnung, wie die kausale Forschung sie herstellt,
scheint auch für weite Gebiete des Werdens die einzige zu sein. Bei einer
großen Zahl »chemischer« und »physikalischer« Veränderungen liegt
kein Grund vor, eine Ordnungsform zu vermuten, die außerhalb der kausalen bestände und durch sie nicht erfaßt würde. Beim Organismus
aber ist eben die Folge der Werdezustände eine besondere. Und diese
Besonderheit läßt sich nur dadurch erfassen, daß man sagt, daß die Vorgänge an den Teilen des Organismus überaus häufig eine Beziehung
zur Erhaltung der Ganzheit des Beharrlichen aufweisen, an dem sie
sich abspielen. In dieser Besonderheit der Ursachbeziehungen drückt
sich eine neue Form der Ordnung aus, die der kausalen gleichwertig zur
Seite steht, die Ganzheitbeziehung; um ihr Ausdruck zu geben, kann
man die von ihr getroffenen Vorgänge ganzheiterhaltende nennen. Auch
die Bezeichnung »teleologisch« bzw. »teloklin« läßt sich auf sie anwenden,
wenngleich es sich hier nicht um »Zwecke« handelt, sondern höchstens
bildlich von einem Zweck gesprochen werden könnte, der Erhaltung
der Ganzheit des Organismus. Sofern der einzelne Vorgang an einem
Teil des Organismus so beschaffen ist, daß das gesamte Getriebe der
Vorgänge sich auch weiterhin erhält, daß also auch weiterhin dieselbe
Ordnung der Vorgänge an diesem Beharrlichen bestehen bleibt, ist er

in fester Beziehung zur Funktionsganzheit des Organismus. Führt er überdies zur Herstellung der dem Organismus eigenen Form, so steht er im Dienste der Formganzheit. Außerdem zeigt auch ein Teil der Organismen geordnete Bewegungsfolgen, deren Ganzheit durch einen bestimmten Vorgang erhalten werden kann. Daß es diese drei Grundformen der Ganzheit gibt, liegt an der nicht weiter ableitbaren Tatsache, daß der Organismus eine ihm eigentümliche Form hat, daß sich (Stoffwechsel-)Vorgänge an ihm abspielen, und daß er als Ganzes oder in seinen Teilen einen Ortswechsel erfährt, ohne daß diese Eigenschaften sich aufeinander zurückführen ließen. Höchstens ließe sich die selbständige Stellung der Bewegungen den anderen Vorgängen, »Funktionen«, gegenüber und damit die der Bewegungsganzheit in Frage ziehen.

Von größter Bedeutung aber ist die Feststellung, daß durchaus nicht jeder Vorgang am Organismus diese Ganzheitbeziehung aufweist. Es gibt zahllose Vorgänge, in denen eine Zerstörung der Ganzheit zum Ausdruck kommt — alle mit Recht »pathologisch« genannten Veränderrungen, alle zum Tod, also zur Auflösung der Ganzheit führenden Vorgänge — und es gibt solche, denen wir überhaupt keine Beziehung zur Ganzheit des Organismus zuschreiben können. —

Diese Auffassung der teleologischen Methode ergab sich aus den Erörterungen der beiden ersten Teile dieser Arbeit. Es bleibt zunächst die Aufgabe, sie mit dem Ausgangspunkt jener Überlegungen, der Teleologie Kants, in Beziehung zu setzen. Dem Zweck einer geschichtlichen Einführung hatte dort eine gedrängte Darstellung der Kritik der teleologischen Urteilskraft genügt, welche die Kantische Lehre gewissermaßen in ihrer eigenen Sprache und Systematik wiedergab, um zugleich die Ansatzpunkte der Weiterentwicklung hervortreten zu lassen. Jetzt handelt es sich um die Beantwortung der Frage, welche Grundgedanken Kants in das Verfahren der Ganzheitbeurteilung eingegangen, in ihm erhalten geblieben sind, und wo etwa die Wege sich trennen. Maßgebend für den Standpunkt Kants ist vor allem der § 65 der Kritik der Urteilskraft, aus dem ich die wichtigsten Stellen ausführlich im Wortlaut hierher setze: »Zu einem Dinge als Naturzwecke wird nun erstlich erfordert, daß die Teile (ihrem Dasein und der Form nach) nur durch ihre Beziehung auf das Ganze möglich sind. Denn das Ding selbst ist ein Zweck, folglich unter einem Begriffe oder einer Idee befaßt, die alles, was in ihm enthalten sein soll, a priori bestimmen muß.« »Soll aber ein Ding, als Naturprodukt, in sich selbst und seiner inneren Möglichkeit doch eine Beziehung auf Zwecke enthalten, d. i. nur als Naturzweck und ohne die Kausalität der Begriffe von vernünftigen Wesen außer ihm möglich sein, so wird zweitens dazu erfordert: daß die Teile desselben sich dadurch zur Einheit eines Ganzen verbinden, daß sie voneinander wechselseitig Ursache und Wirkung ihrer Form sind; denn auf solche Weise ist es allein möglich, daß umgekehrt (wechselseitig) die Idee des Ganzen wiederum die Form und Verbindung aller Teile bestimme; nicht als Ursache — denn da wäre es ein Kunstprodukt — sondern als Erkenntnisgrund der systematischen Einheit der Form und Verbindung alles Mannigfaltigen, was in der gegebenen Materie enthalten ist, für den, der es beurteilt«. »In einem solchen Produkte der Natur wird ein jeder Teil, so, wie er nur durch alle übrigen da ist, auch als um der andern und des Ganzen willen existierend, d. i. als Werkzeug (Organ) gedacht, welches aber nicht genug ist (denn er könnte auch Werkzeug der Kunst sein und so nur als Zweck überhaupt möglich vorgestellt werden); sondern als ein die anderen Teile (folglich jeder den anderen wechselseitig) hervorbringendes Organ, dergleichen kein Werkzeug der Kunst, sondern nur der allen Stoff zu Werkzeugen (selbst denen der Kunst) liefernden Natur sein kann, und nur dann und darum wird ein solches Produkt als organisiertes und sich selbst organisierendes Wesen ein Naturzweck genannt werden können«. »Ein organisiertes Wesen ist also nicht bloß Maschine, denn die hat lediglich bewegende Kraft, sondern besitzt in sich bildende Kraft und zwar eine solche, die sie den Materien mitteilt, welche sie nicht haben (sie organisiert): also eine sich fortpflanzende bildende Kraft, welche durch das Bewegungsvermögen allein (den Mechanismus) nicht erklärt werden kann.« »Der Begriff eines Dinges, als an sich Naturzwecks, ist also kein konstitutiver Begriff des Verstandes oder der Vernunft, kann aber doch ein regulativer Begriff für die reflektierende Urteilskraft sein, nach einer entfernten Analogie mit unserer Kausalität nach Zwecken überhaupt die Nachforschung über Gegenstände dieser Art zu leiten und über ihren obersten Grund nachzudenken; das letztere zwar nicht zum Behuf der Kenntnis der Natur, oder jenes

Urgrundes derselben, als vielmehr ebendesselben praktischen Vernunftvermögens in uns, mit welchem wir die Ursache jener Zweckmäßigkeit in Analogie betrachteten. Organisierte Wesen sind also die einzigen in der Natur, welche, wenn man sie auch für sich und ohne ein Verhältnis auf andere Dinge betrachtet, doch nur als Zwecke derselben möglich gedacht werden müssen, und die also zuerst dem Begriff eines Zwecks, der nicht ein praktischer, sondern Zweck der Natur ist, objektive Realität, und dadurch für die Naturwissenschaften den Grund zu einer Teleologie, d. i. einer Beurteilungsart ihrer Objekte nach einem besonderen Prinzip, verschaffen, dergleichen man in sie einzuführen (weil man die Möglichkeit einer solchen Art Kausalität gar nicht a priori einsehen kann) sonst schlechterdings nicht berechtigt sein würde.«

In der Betrachtung eines Dinges als »Naturzweck« und in der ersten Kantischen Bedingung hierfür liegt die wichtige Erkenntnis, daß es sich bei der teleologischen Methode der Naturwissenschaft um das Verhältnis von Ganzem und Teil, um die Beziehung auf ein Ganzes handelt. Erst dann soll das Ding ein Naturzweck heißen, wenn seine Teile nur im Hinblick auf das Ganze möglich, wenn sie also nicht selbständige Dinge, sondern Werkzeuge im Dienst des Ganzen, »Organe« eines »Organismus« sind. Diese Fassung schließt freilich die echte Zweckbetrachtung der Morphologie ein, die nirgends scharf abgeschieden wird; es darf aber nicht übersehen werden, daß Kant keine »Zwecke in der Natur« kennt, sondern den Organismus als Naturzweck, so wie ja auch wir oben die Erhaltung des Organismus als (einzigen) Zweck bezeichnen konnten. Aber auch Kant beschränkt seine Naturzweckbeurteilung nicht auf Einrichtungen, sondern dehnt sie ausdrücklich auf Vorgänge aus, wenn er in der zweiten Bedingung fordert, daß die zur Einheit eines Ganzen verbundenen Teile wechselseitig Ursache und Wirkung ihrer Form seien. An ursächlichen Verknüpfungen also tritt der teleologische Charakter zutage; das scheide allein den Organismus von den Werken der Kunst, also von zweckmäßig gefertigten Gegenständen, den »Maschinen«. Ausdrücklich wird dabei das »Ganze« als wirkende Ursache abgelehnt: die Teile wirken aufeinander. Sie wirken so aufeinander, daß das Ganze »Erkenntnisgrund der systematischen Einheit der Form und Verbindung alles Mannigfaltigen« darstellt, d. h. so, als ob ihr Wirken der Erhaltung

dieses Ganzen diene. So wird die Teleologie unabhängig von der Kausal-
betrachtung, ohne ihr doch zu widerstreiten, eine Beurteilungsart der
Gegenstände der Naturwissenschaft nach einem besonderen Prinzip.
Das wesentliche Kennzeichen des Organismus — daß er nicht nur ein
organisiertes, sondern auch ein sich selbst organisierendes Wesen sei —
sieht Kant in zwei Sonderarten ganzheiterhaltenden Geschehens, in den
Formharmonien des Wachstums und der Zeugung (darüber besonders
noch § 64). Die bisher erörterten Bestimmungen der teleologischen
Methode Kants sind die Grundlagen jeder Ganzheitbeurteilung; um
so verwunderlicher erscheint es zunächst, daß eigentlich erst Driesch
sie aufgegriffen und folgerichtig weitergeführt hat. Dies liegt aber an
einem anderen Wesenszug der Kantischen Teleologie, der hier zunächst
absichtlich vernachlässigt wurde: der Ganzheitbeurteilung liegt für ihn
kein konstitutiver Verstandesbegriff, »zum Behuf der Kenntnis der
Natur«, sondern ein regulativer Begriff der reflektierenden Urteilskraft
zugrunde, ein heuristisches Prinzip, dessen letzte Absichten die recht-
mäßige Gewinnung metaphysischer Erkenntnisse ist, eine »Idee«. Das
ist auch im § 66 der Kr. d. U. deutlich ausgesprochen: »Denn dieser Begriff führt die Vernunft in eine ganz andere Ordnung der Dinge, als die
eines bloßen Mechanismus der Natur, der uns hier nicht mehr genug
tun will. Eine Idee soll der Möglichkeit des Naturprodukts zum Grunde
liegen.« Die ganze Kritik der Urteilskraft zeigt in ihrer Anlage und
Durchführung diesen letzten Grund seines teleologischen Verfahrens,
was bei ihrer Darstellung im ersten Kapitel der vorliegenden Arbeit
möglichst hervorgehoben wurde. Aber schon sechs Jahre vor ihrem
Erscheinen (1790) hat Kant seine teleologische Methode an einem wichtigen Problem erprobt, das auch in der Kritik selbst (in § 83 und 84) behandelt wird, nämlich an der Frage nach dem »Sinn der Geschichte«, in
der »Idee zu einer allgemeinen Geschichte in weltbürgerlicher Absicht«
(Berlinische Monatsschrift 1784). Sowie sein Verfahren nun im Bereiche
der Geisteswissenschaften angewandt wird, so gewinnt echte Zweckbetrachtung die Oberhand, und wenngleich diese wie alle Ideen nur
regulatives Prinzip ist, nur ein »Als ob« der beurteilenden Vernunft, so
tritt sie doch als eine anspruchsvolle Forderung auf, der die Natur entsprechen muß — wenn Vernunft in ihr zu finden sein soll. Das zeigt

gleich der erste unter den neun »Sätzen« jener Schrift: »Alle Natur-
anlagen eines Geschöpfes sind bestimmt, sich einmal vollständig und zweckmäßig auszuwickeln. Bei allen Tieren bestätigt dieses die äußere sowohl als innere oder zergliedernde Beobachtung. Ein Organ, das nicht gebraucht werden soll, eine Anordnung, die
ihren Zweck nicht erreicht, ist ein Widerspruch in der teleologischen
Naturlehre. Denn wenn wir von jenem Grundsatze abgehen, so haben
wir nicht mehr eine gesetzmäßige, sondern eine zwecklos spielende Natur;
und das trostlose Ungefähr tritt an die Stelle des Leitfadens der Vernunft.« Dieselbe »Allgemeinheit« und »Notwendigkeit« seines — wiewohl »regulativen« — Zweckmäßigkeitsprinzips spricht Kant in der
Maxime der Beurteilung der inneren Zweckmäßigkeit organisierter Wesen
im § 66 der Kr. d. U. aus: »Ein organisiertes Produkt der Natur
ist das, in welchem alles Zweck und wechselseitig auch
Mittel ist. Nichts in ihm ist umsonst, zwecklos, oder einem blinden
Naturmechanismus zuzuschreiben.« Dieses teleologische Verfahren der
Geisteswissenschaften, das nach Zwecken fragt und ebenfalls auf Vorgänge angewendet wird, verschmilzt mit der Ganzheitbeurteilung von
Naturvorgängen zu einer schwer lösbaren Einheit. Hier knüpfte die
unmittelbare Weiterentwicklung des teleologischen Problems im 19.
Jahrhundert an. Wurde jetzt die teleologische Methode der kausalen als
gleichberechtigt gegenüber gestellt, so beging man entweder einen Denk-
fehler, da ja jede echte Zweckbeurteilung kausaler Art ist, oder alles lief
schließlich auch in der Biologie auf die Gegenüberstellung seelischer und
körperlicher (materieller) Ursachen hinaus, an welchem Punkt denn auch
der Psycholamarckismus glücklich angekommen ist. Bei ihm deckt sich
Teleologie schon vollständig mit der Postulierung seelischer Wesenheiten,
wodurch aller teleologischen Beurteilung von vornherein der Charakter
einer voraussetzungslosen Kennzeichnung genommen wird. Dieser
Mangel an Reinlichkeit der begrifflichen Scheidung aber war es, der die
Teleologie so sehr in Verruf gebracht hat. Die metaphysische Absicht,
welche die Kr. d. U. letzten Endes verfolgte, der Wunsch, hier einen
berechtigten Weg zur Grundlegung aller sittlichen und religiösen Wahr-
heiten zu finden, hat die scharfe, unbefangene Kritik der teleologischen
Methode der Biologie schließlich doch nicht zu ihrem vollen Recht kom-

men lassen. So wurde Kants Werk nicht nur der Ausgangspunkt für die Lösung des Problems der Teleologie, sondern auch für alle Irrwege und Seitenpfade, die seither zu diesem Ziele eingeschlagen wurden. —

Die vorliegende Arbeit hat versucht, auf dem Gebiete der Botanik zunächst einmal das ganze Tatsachenmaterial der teleologischen Vorgänge übersichtlich darzustellen, dann aber zugleich die verschiedenen Formen des Ganzheitsgeschehens möglichst klar herauszuschälen und ins einzelne zu gliedern. Neben dem Hauptzweck der Eindeutigkeit der Begriffe und der scharfen Trennung verschiedener Sachverhalte wurden zwei Nebenzwecke verfolgt: Einmal sollte allen Kausalforschern erneut zum Bewußtsein gebracht werden, daß zahllose, täglich gebrauchte Ausdrücke wie Regeneration, Kompensation, Adaption, Pathologie nur als Ausdruck einer Ganzheitbeziehung überhaupt einen Sinn haben, und weiterhin sollte für eine Vereinheitlichung der Terminologie gewirkt werden. Hier liegt der Nachdruck nicht in der Beibehaltung der von mir in einem bestimmten Sinn gebrauchten Fachausdrücke, sondern darauf, die durch sie bezeichneten Sachverhalte klar zu sondern und auf alle Fälle eindeutig zu bezeichnen. Auch in der Ganzheitbeurteilung der einzelnen Tatsachen, d. h. in ihrer Einordnung in das System der Ganzheitsbegriffe wird noch mancher Irrtum unterlaufen sein, den schärfere Kritik oder erneute Tatsachendurchforschung aufklären mag.

Hervorgehoben soll nochmals werden, daß in der hier durchgeführten Trennung der Harmonien von den in dieser Arbeit ausführlicher behandelten Regulationen ein wunder Punkt der Begriffsscheidung liegt, weil der zugrunde liegende Begriff des »Normalen« sich zwar soweit festlegen ließ, daß die im Ganzen überschauten Gebiete der Harmonien und Regulationen wohl deutlich gesondert und unterscheidbar sind, daß aber in vielen Einzelfällen sich Zweifel über die Einordnung eines Vorgangs nicht völlig ausschalten ließen. Ob künftige sorgfältige Analyse diesen Mangel wird beheben können, oder ob hier eine ähnliche Grenze für unsere Begriffsscheidekunst liegt, wie die Wissenschaft sie bisher bei der Festlegung gefunden hat, was als »Zelle«, als »Pflanze« und »Tier« bezeichnet werden soll, läßt sich heute noch nicht sagen.

Die teleologische Betrachtungsweise in dem hier vertretenen Sinn ist völlig hypothesenfrei. Daß sie weder irgend etwas »Seelisches« voraussetzt, noch ein Gesetz der Zweckmäßigkeit der Reaktionen aufstellt oder gar behauptet, das Lebensgeschehen müßte in jedem Fall so verlaufen, daß der höchste Grad von Zweckmäßigkeit dadurch erreicht werde, kann nicht genug betont werden.

Das unterscheidet sie von der Zweckbetrachtung der Aristotelischen Metaphysik und des Darwinismus. Wenn es nach Aristoteles in der gottbestimmten Ordnung der Dinge liegt, daß jede Wesenheit der höchsten in ihr möglichen Vollendung zustrebt, und wenn eine ganze Stufenleiter solcher Zweckerfüllungen von der bloßen Möglichkeit der nichtseienden Materie bis zur vollkommensten Wirklichkeit der Gottheit führt, so zeigt gerade diese lang nachwirkende Vermengung verschiedener Kategorien und Einstellungen, wie gefährlich solche ungesonderten Begriffskomplexe sind: Denkmöglichkeit und Wirklichkeit, logischer Grund im Sinne des stufenweise Mitgesetzten, Ursache in der Bedeutung des Werdebestimmers, im Werden erhaltene Ganzheit, gewollter Zweck und sittlich-religiöse »Bestimmung« aus dem Reich der Werte durchdringen und kreuzen sich im System der »Entelechien« des Aristoteles in einer höchst sinnvollen, aber unanalysierten und unbegründeten Konstruktion. Für ihn lag in der Natur des Geschehens die Forderung seiner Zweckmäßigkeit. Eben dasselbe aber war eine stillschweigende Folgerung aus den Gedankengängen des eigentlichen Darwinismus, das heißt der Lehre von der durch natürliche Zuchtwahl bestimmten organischen Entwicklung. Das »mechanische« Prinzip der Selektion, mit dem man alle »Anpassungen« durch Ausscheidung alles Unzweckmäßigen »erklärt« hatte, und das erlaubte, sehr verächtlich auf die vorangegangene Teleologie der Schelling-Okenschen Naturphilosophie und des älteren Vitalismus herabzusehen, verleitete gerade dazu, in allen beobachteten Einrichtungen und Vorgängen Zweckmäßigkeiten zu postulieren. Man konnte sich nicht genug tun in der Entdeckung von Schutz- und Warnfarben, von Anpassungen an alle Bedingungen der Außenwelt, und eben dem Darwinismus ist das Verdienst der Schaffung der »Ökologie« als einer besonderen Zweckmäßigkeitsdisziplin zuzuschreiben — hatte man doch alles im Voraus erklärt. Man sündigte auf Vorrat nach vorangegangener Absolution. Man wurde mißtrauisch gegen alles Unzweckmäßige, denn wie hätte es sonst — nach so langer vorausgegangener

Entwicklung — erhaltungsfähig sein können; so mußte man sich schon daran machen, die Erhaltung des Unzweckmäßigen oder Nichtzweckmäßigen besonders zu erklären. Auf diese Weise führte gerade das gewollt mechanistische Streben dazu, in allen Lebensvorgängen im Kampf ums Dasein erworbene und erblich festgewordene Anpassungen zu suchen, sodaß die immer häufiger werdende Kritik besonnener Forscher (z. B. Klebs [1903] und Goebel [1905, 1908] in der Botanik) an der »Zweckmäßigkeit« der »Regenerationen« und Verwandtem sich viel mehr gegen darwinistischen Übereifer als gegen die Anerkennung der tatsächlichen Ganzheiterhaltung richtete. Auch hier hat eine Theorie den eigentlichen Sachverhalt verschleiert und war und ist heute noch einer nüchternen Beurteilung der Vorgänge im Wege. In dem Augenblick, in dem etwa nicht alle »Regenerationen« in ihrem Verlauf zweckmäßig zu sein brauchen, nicht mehr das beste, geeignetste Mittel sein sollen, das einem Organismus nach einem störenden Eingriff zur Verfügung steht, wird sich niemand mehr scheuen, anzuerkennen, daß vielen — den meisten — Vorgängen dieser Art eine Beziehung zur Erhaltung der Ganzheit des Organismus zugesprochen werden muß. An Stelle einer voreiligen Theorie, die Beispiele sucht für ihre im Voraus fertige Erklärung, ist eine kritische Methode getreten. Im übrigen brauche ich nicht besonders zu betonen, daß die geschichtliche Feststellung über die Wirkung der Überspannung des Ausleseprinzips nicht auf einer Verkennung der Selbstverständlichkeit beruht, daß Nichterhaltungsfähiges nicht erhaltungsfähig ist und darum ausgemerzt wird, und daß die negative Wirkung der Selektion zwar weder Entwicklung noch Zweckmäßigkeit schafft, aber besteht. —

Die Methode der Ganzheitbeurteilung ist durchaus nicht grundsätzlich auf Organismen beschränkt. Auch die einzelnen Vorgänge an der in Betrieb befindlichen Maschine können ganzheiterhaltend heißen inbezug auf die Einheit der »Funktion« der ganzen Maschine, die ja ein Ganzes, Beharrliches darstellt, sie sind Funktionsharmonien. Erhaltung der Formganzheit gibt es bei der Maschine freilich nicht, da sie sich nicht selbst baut — das hat schon Kant hervorgehoben —, und Regulationen gibt es, von seltenen Ausgleichsmöglichkeiten abgesehen, auch nicht. Dagegen kommen Formharmonien und Formregulationen in gewissem

Sinne offenbar bei Kristallindividuen vor — bei denen das im »Maschinellen« vom Erfinder her immer noch immanent steckende »Seelische«
ja völlig ausschaltet.

Da übrigens außer bei Kristallen ganzheiterhaltende Vorgänge an
Naturdingen überhaupt nicht vorzukommen scheinen und die Kristall-
bildung und -wiederherstellung außerordentlich einfache Veränderungen,
die Kristallindividuen (chemisch) homogene Gebilde oder doch solche von
verhältnismäßig geringem Mannigfaltigkeitsgrad sind trotz der Gesetzmäßigkeit ihres inneren Aufbaus, wie sie die neueren Forschungen über
die Raumstruktur ihrer Atomanordnung aufgedeckt haben, so ergibt
sich die Möglichkeit, den Begriff des Organismus durch den hohen Grad
der Mannigfaltigkeit seines Aufbaus und die Ganzheitbeziehung der an
ihm stattfindenden Vorgänge zu definieren. Man könnte also folgende
Definition des Organismus vorschlagen:

»Der Organismus ist ein Naturding von einem hohen Mannigfaltigkeitsgrad der es zusammensetzenden Stoffe, ihrer
Anordnung und der an ihm vor sich gehenden Veränderungen,
bei dem ein großer Teil der Vorgänge so verläuft, daß sie die
Erhaltung der Ganzheit dieses Naturdings bedingen, oder
zur Erzeugung und Erhaltung von Naturdingen derselben
Art führen.«

Diese Definition ist absichtlich möglichst formal gehalten. Auf
vollständige Angabe des Inhalts des Organismusbegriffs, auf eine Aufzählung der allen Organismen eigenen »Funktionen« oder sonstigen
»Merkmale« wurde ebensowenig Wert gelegt als auf eine Hervorhebung
der Umstände, unter denen einzelne von ihnen nicht feststellbar sind,
durch die eine solche inhaltliche Definition also eingeschränkt wird. Nur
auf Fortpflanzung und Vererbung wurde als auf besondere Formen der
Harmonie hingewiesen, weil es sich hier nicht um Erhaltung der Ganzheit
»desselben« Naturdinges handelt, sondern um die (in einfacherer Form
z. B. auch bei »flüssigen« Kristallen beobachtete) Eigentümlichkeit der
Lebewesen, aus sich neue Ganze der eigenen Art zu schaffen.

Als bemerkenswerter Versuch, eine formale und inhaltliche Definition
des Organismus aufzustellen, muß die Aufzählung der »Selbsttätigkeiten«
(Autoergasien) der Lebewesen bei W. Roux (1905, 1914) hervorgehoben

werden, welcher den neun typischen »Selbstleistungen« (Selbstveränderung, Selbstausscheidung, Selbstaufnahme, Selbstassimilation, Selbstwachstum, Selbstbewegung, Selbstvermehrung, Selbstübertragung der Eigenschaften [Vererbung], Selbstentwicklung), die der Selbstgestaltung und Selbsterhaltung der Organismen dienen, als sie zusammenfassende und durchdringende zehnte die »Selbstregulation« anfügt. Bis zu welchem Grad freilich diese Zusammenstellung der typischen harmonischen Grundfunktionen vollständig ist und wie weit etwa in ihr noch Begriffe von verschieden hohem Abstraktionsgrad unterschieden werden können, soll an dieser Stelle nicht untersucht werden.

Drieschs »analytische Definition des Organismus« in der »Philosophie des Organischen« Bd. II, S. 351/352) muß hier übergangen werden, weil sie das Bestehen ganzmachender Naturfaktoren (die »Entelechie«) einschließt, also die Entscheidung für den Vitalismus und gegen den Mechanismus voraussetzt.

Die teleologische Methode ist ein Mittel, den Organismus und das Lebensgeschehen nach einer Seite zu kennzeichnen, die durch die ursächliche Verknüpfung allein nicht getroffen wird, sie macht aber keine Voraussetzungen über die Ursachen dieses Geschehens selbst. Wohl aber entstehen durch die Zweckbetrachtung der Formen und die Ganzheitbetrachtung der Vorgänge am Organismus neue Probleme für die Ursachenforschung. Darum liegt auch nicht in ihrem »heuristischen Wert für die Aufsuchung von Ursachen« die wesentlichste Bedeutung der Teleologie für die kausale Forschung. Sie hilft ihr viel weniger Aufgaben lösen, als sie ihr selbst welche stellt. Wie ist die Entstehung jener Gebilde und die eigenartige Verknüpfung dieser Vorgänge kausal zu erklären? Bei den »Einrichtungen« hat man wegen ihres durch Generationen hin gleichen, häufig erblichen Charakters das Problem in die Geschichte der Organismen zurückgeschoben. Man fragt nicht mehr: warum hat dieser Organismus diesen Bau?, denn man beantwortet diese Frage damit: weil seine Vorfahren ihn hatten. Sondern man fragt: wie konnte in der Aufeinanderfolge der Generationen diese Baueigentümlichkeit entstehen? Ähnlich sucht man häufig auch den ganzheiterhaltenden Charakter der Vorgänge durch »allmähliche Anpassung« zu erklären, sodaß die Fragestellung lautet: wie konnte der Organismus im Laufe der Generationen die Fähigkeit erwerben, so zu reagieren? Das Material zur Beantwortung dieser Frage kann aber letzten Endes doch nur aus den Vorgängen an den lebenden Organismen erhalten werden. Andere Arten von Veränderung, als sie im heute beobachteten Lebensgeschehen auftreten, dürfen auch in dem der Vergangenheit nicht vorausgesetzt werden. Auch die Häufung gleichsinniger Wirkungen darf man nicht über den Bereich des experimentell Festgestellten oder sonst (z. B. in der Tier- und Pflanzenzucht) Beobachteten hinaus willkürlich postulieren. Bezüglich der Erklärung der Vorgänge darf so wenig eine Verschiebung des Problems in die Geschichte stattfinden, als in irgendeinem anderen Zweig der Naturwissenschaft. Hier bleibt das Problem bestehen: Erlaubt das ganzheitbezogene Geschehen am Organismus grundsätzlich eine vollständige und eindeutige Beziehung aller Einzelheiten der Werdefolge auf die Einzelheiten des Werdegrundes, oder erlaubt sie dies grundsätzlich nicht?

Hier erhebt sich die Frage des Vitalismus. Diese aber liegt jenseits dieses Buches.

Verzeichnis der in den Kapiteln über Anpassungen und Bewegungsregulationen sowie im Schluß angeführten Arbeiten.

1906. Appel, O., Zur Kenntnis des Wundverschlusses bei den Kartoffeln. Ber. d. D. bot. Ges. 24. 1906.

1904. Ball, O. M., Der Einfluß von Zug auf die Ausbildung von Festigungsgewebe. Jahrb. wiss. Bot. 39. 1904.

1883. Beinling, E., Untersuchungen über die Entstehung der adventiven Wurzeln und Laubknospen an Blattstecklingen von *Peperomia*. Cohns Beitr. z. Biol. d. Pfl. 3. 1883.

1897. Boirivant, M. A., Recherches sur les organes de remplacement chez les plantes. Annales d. sciences natur. 8. sér. Botan. VI. Paris 1897.

1882. Berthold, G., Beiträge zur Morphologie und Physiologie der Meeresalgen. Jahrb. wiss. Bot. 13. 1882.

1909. Bierberg, W., Die Bedeutung der Plasmarotation für den Stofftransport in der Pflanze. Flora. 99. 1909.

1895. Bonnier, Influence de la lumière électrique continue sur la forme et la structure des plantes. Rev. gén. de Botan. VII. 1895.

1899.   Braun, K., Über Veränderungen im Gewebe entlaubter Stengel
        und Zweige. Diss. Erlangen 1899.
1879/81.   v. Bretfeld, Über Vernarbung und Blattfall. Jahrb. wiss. Bot.
        12. 1879/81.
1884.   Brunchorst, J., Über die Funktion der Spitze bei den Richtungs-
        bewegungen der Wurzeln. Ber. d. D. bot. Ges. 2. 1884.
1911.   Buder, J., Studien an *Laburnum Adami*. II. Allgemeine anato-
        mische Analyse des Mischlings und seiner Stammpflanzen.
        Zeitschr. f. indukt. Abst.- u. Vererbl. 5. 1911.
1915.   — Zur Kenntnis des *Thiospirillum jenense* und seiner Reaktionen
        auf Lichtreize. Jahrb. wiss. Bot. 56. 1915.
1906.   Bücher, H., Anatomische Veränderungen bei gewaltsamer Krüm-
        mung und geotropischer Induktion. Jahrb. wiss. Bot. 43. 1906.
1903.   Butkewitsch, WI., Umwandlung der Eiweißstoffe durch die nie-
        deren Pilze im Zusammenhange mit einigen Bedingungen ihrer
        Entwicklung. Jahrb. wiss. Bot. 38. 1903.
1883.   Constantin, J., Étude comparée des tiges aëriennes et souterraines
        des Dicotyl. Ann. Scienc. Natur. Bot. 6. sér. 16. 1883.
1884.   — Recherches sur la structure de la tige des plantes aquatiques.
        Ann. Scienc. Natur. Bot. 6. sér. 19. 1884.
1860.   Crüger, H., Westindische Fragmente. XII. Einiges über die Ge-
        websveränderungen bei der Fortpflanzung durch Stecklinge.
        Bot. Zeitung. 18. 1860.
1881.   Darwin, Ch., Das Bewegungsvermögen der Pflanzen. (Deutsch
        von Carus.) Stuttgart 1881.
1904.   Detto, C., Die Theorie der direkten Anpassung und ihre Bedeutung
        für das Anpassungs- und Deszendenzproblem. — Versuch einer
        methodologischen Kritik des Erklärungsprinzips und der bota-
        nischen Tatsachen des Lamarckismus. Jena 1904.
1894.   Dieudonné, Beiträge zur Kenntnis der Anpassungsfähigkeit der
        Bakterien an ursprünglich ungünstige Temperaturverhältnisse.
        Arb. a. d. Kaiserl. Gesundheitsamt. Berlin. 9. 1894. (Nach
        Detto 1904.)
1911.   Doposcheg-Uhlar, J., Studien zur Regeneration und Polarität
        der Pflanzen. Flora. N. F. 2. 1911.
1909.   Dostál, R., Die Korrelationsbeziehung zwischen dem Blatt und
        seiner Axillarknospe. Ber. d. D. bot. Ges. 27. 1909.
1911.   — Zur experimentellen Morphogenesis bei *Circaea* und einigen an-
        deren Pflanzen. Flora. N. F. 3. 1911.
1888.   Elfving, Zur Kenntnis der Krümmungserscheinungen der Pflanzen.
        Ofversigt Finska. Vet. Soc. Förh. 30. 1888.
1882.   Engelmann, Th. W., Über Licht- und Farbenperzeption niederster
        Organismen. Pflügers Archiv. 29. 1882.
1889.   Eschenhagen, Über den Einfluß von Lösungen von verschiedener
        Konzentration auf das Wachstum von Schimmelpilzen. Dissert.
        Leipzig 1889.

1913. Faber, F. C. v., Über Transpiration und osmotischen Druck bei den Mangroven. Ber. d. D. bot. Ges. 31. 1913.

1915. Fechner, R., Die Chemotaxis der Oszillarien und ihre Bewegungserscheinungen überhaupt. Zeitschr. f. Bot. 7. 1915.

1891. Figdor, W., Experimentelle und histologische Studien über die Erscheinung der Verwachsung im Pflanzenreich. Sitzungsber. d. K. Akad. Wiss. Wien, math.-nat. Kl. 100. 1891.

1911. Fitting, H., Untersuchungen über die vorzeitige Entblätterung von Blüten. Jahrb. wiss. Bot. 49. 1911.

1911a. — Die Wasserversorgung und die osmotischen Druckverhältnisse der Wüstenpflanzen. Zeitschr. f. Bot. 3. 1911.

1915. — Untersuchungen über die Aufnahme von Salzen in die lebende Zelle. Jahrb. wiss. Bot. 56. 1915. (Pfeffer-Festschrift.)

1910. Flaskämper, P., Untersuchungen über die Abhängigkeit der Gefäß- und Sklerenchymbildung von äußeren Faktoren nebst einigen Bemerkungen über die angebliche Heterorhizie bei Dikotylen. Flora. N. F. 1. 1910.

1909. Freundlich, H. F., Entwicklung und Regeneration von Gefäßbündeln in Blattgebilden. Jahrb. wiss. Bot. 46. 1909.

1901. Fruhwirth, C., u. Zielstorff, W., Die herbstliche Rückwanderung von Stoffen bei der Hopfenpflanze. Die Landwirtschaftlichen Versuchsstationen. (Nobbe.) 55. 1901.

1903. Gaidukov, N., Die Farbenänderungen bei den Prozessen der komplementären chromatischen Adaptation. Ber. d. D. bot. Ges. 21. 1903.

1906. — Die komplementäre chromatische Adaptation bei *Porphyra* und *Phormidium*. Ber. d. D. bot. Ges. 24. 1906.

1906. Gaßner, G., Der Galvanotropismus der Wurzeln. Bot. Zeitung. 64. 1906. Abteil. I.

1899. Gauchery, Recherches sur le nanisme végétal. Ann. Sc. Nat. Bot. 8. sér. IX. 1899.

1882. Godlewski, E., Beiträge zur Kenntnis der Pflanzenatmung. Jahrb. wiss. Bot. 13. 1882.

1901. Goebel, K., Organographie der Pflanzen. 2. Teil. Spezielle Organographie. Jena 1901.

1902. — Über Regeneration im Pflanzenreich. Biol. Zentralbl. 22. 1902.

1905. — Allgemeine Regenerationsprobleme. Flora. 95. Ergb. zu 1905.

1907. — Experimentell-morphologische Mitteilungen. 2. Über die Bedingungen der Wurzelregeneration bei einigen Pflanzen. Sitzber. d. math.-phys. Kl. der Kgl. bayr. Akad. d. Wiss. München. 37. 1907.

1908. — Einleitung in die experimentelle Morphologie der Pflanzen. Leipzig u. Berlin 1908.

1905. v. Guttenberg, Beiträge zur physiologischen Anatomie der Pilzgallen. Leipzig 1905. (Nach Küster 1911.)

1899. Haberlandt, G., Über experimentelle Hervorrufung eines neuen Organs bei *Conocephalus ovatus* Tréc. Festschrift für Schwendener. 1899.

1893. Hegler, R., Über den Einfluß mechanischen Zuges auf das Wachstum der Pflanzen. Cohns Beiträge z. Biologie der Pflanzen. 6. 1893.

1906. Heinricher, E., Berichte des Naturw. Vereins Innsbruck. (Nach Jost 1908.)

1907. Hibbard, R. F., The Influence of Tension on the Formation of Mechanical Tissue in Plants. Botanical Gazette. 43. 1907.

1912. Hill, The Production of Hairs on the Stem and Petioles of *Tropaeolum peregrinum* L. Ann. of bot. 26. 1912.

1904—1906. Hiltner, L., Die Bindung von freiem Stickstoff durch das Zusammenwirken von Schizomyceten und von Eumyceten mit höheren Pflanzen. F. Lafars Handbuch der technischen Mykologie. 1904—1906. Bd. III.

1902. Holtermann, C., Anatomisch-physiologische Untersuchungen in den Tropen. Sitzungsber. d. Kgl. Preuß. Akad. d. Wissensch. Berlin 1902.

1910. Jennings, H. S., Das Verhalten niederer Organismen (1905). (E. Mangoldt.) Leipzig und Berlin 1910.

1908, 1913. Jost, L., Vorlesungen über Pflanzenphysiologie. Jena. 2. Aufl. 1908. 3. Aufl. 1913.

1912. Kabus, Br., Neue Untersuchungen über Regenerationsvorgänge bei Pflanzen. Beitr. z. Biol. d. Pfl. 11. 1912.

1910. Kaßner, P., Untersuchungen über Regeneration der Epidermis. Zeitschr. f. Pflanzenkrankh. 20. 1910.

1904. Keller, H., Über den Einfluß von Belastung und Lage auf die Ausbildung des Gewebes in Fruchtstielen. Kieler Inauguraldissertation. Kiel 1904.

1896. Klebs, G., Die Bedingungen der Fortpflanzung bei einigen Algen und Pilzen. Jena 1896.

1900. — Zur Physiologie der Fortpflanzung einiger Pilze. III. Allgemeine Betrachtungen. Jahrb. wiss. Bot. 35. 1900.

1903. — Willkürliche Entwicklungsänderungen der Pflanzen. Ein Beitrag zur Physiologie der Entwicklung. Jena 1903.

1904. — Über Probleme der Entwicklung. I—III. Biol. Zentralbl. 24. 1904.

1889. Kny, L., Über die Bildung des Wundperiderms an Knollen in ihrer Abhängigkeit von äußeren Einflüssen. Ber. d. D. bot. Ges. 7. 1889.

1907. Köhler, P., Beiträge zur Kenntnis der Reproduktions- und Regenerationsvorgänge bei Pilzen, und der Bedingungen des Absterbens myzelialer Zellen von *Aspergillus niger*. Flora. 97. 1907.

1901. Kosinski, Ign., Die Atmung bei Hungerzuständen und unter Einwirkung von mechanischen und chemischen Reizmitteln bei *Aspergillus niger*. Jahrb. wiss. Bot. 37. 1902.

1908.   Krieg, A., Beiträge zur Kenntnis der Kallus- und Wundholzbildung geringelter Zweige und deren histologische Veränderungen. Würzburg 1908.

1903, 1916.   Küster, E., Pathologische Pflanzenanatomie. Jena. 1. Aufl. 1903. 2. Aufl. 1916.

1911.   — Die Gallen der Pflanzen. Ein Lehrbuch für Botaniker und Entomologen. Leipzig 1911.

1916a.   — Beiträge zur Kenntnis des Laubfalls. Ber. d. D. bot. Ges. 34. 1916.

1913.   Lakon, G., Über eine Korrelationserscheinung bei *Allium cepa* L. Flora. N. F. 5. 1913.

1909.   Linsbauer, K., und Abramowicz, E., Untersuchungen über die Chloroplastenbewegungen. Sitzungsber. d. Wiener Akad. d. Wiss. Math.-nat. Kl. 118. 1909.

1908.   Löhr, Th., Beobachtungen und Untersuchungen an sproßlosen Blattstecklingen. Diss. Bonn 1908.

1909.   — Notiz über einige Blattstielpfropfungen. Bot. Zeitung. 67. 1909. II. Abteil.

1895.   Mäule, C., Der Faserverlauf im Wundholz. Bibl. bot. H. 33. 1895.

1906.   Magnus, W., Über die Formbildung der Hutpilze. Berlin. Archiv f. Biontologie. I. 1906.

1912.   — und Schindler, B., Über den Einfluß der Nährsalze auf die Färbung der Oszillarien. Ber. d. D. bot. Ges. 30. 1912.

1911.   Maschhaupt, Verslag landboukund. Onderz. Rijkslandpouwproefstat. (Nach Pantanelli 1915.)

1889.   Massart, J., Sensibilité et adaptation des organismes à la concentration des solutions salines. Archives de Biologie. 9. 1889.

1898.   — La cicatrisation chez les végétaux. Mém. cour. et autres mém. Publ. Acad. Roy. d. sc. de Belgique. 57. 1898.

1906.   Mathuse, O., Über abnormales sekundäres Wachstum von Laubblättern, insbesondere von Blattstecklingen dikotyler Pflanzen. Diss. Berlin 1906.

1901.   Mayenburg, O. Heinzius von, Lösungskonzentration und Turgorregulation bei den Schimmelpilzen. Jahrb. wiss. Bot. 36. 1901.

1909.   Meurer, R., Über die regulatorische Aufnahme anorganischer Stoffe durch die Wurzeln von *Beta vulgaris* und *Daucus carota*. Jahrb. wiss. Bot. 46. 1909.

1901.   Miehe, H., Über Wanderungen des pflanzlichen Zellkernes. Flora. 88. 1901.

1894.   Miyoshi, M., Über Chemotropismus der Pilze. Bot. Zeitung. 52. 1894.

1902.   Nathansohn, A., Über Regulationserscheinungen im Stoffaustausch. Jahrb. wiss. Bot. 38. 1902.

1903.   — Über die Regulation der Aufnahme anorganischer Salze durch die Knollen von *Dahlia*. Jahrb. wiss. Bot. 39. 1903.

1904. Nathansohn, A., Weitere Mitteilungen über die Regulation der Stoffaufnahme. Jahrb. wiss. Bot. 40. 1904.

1910. — Der Stoffwechsel der Pflanzen. Leipzig 1910.

1914. Neeff, Fr., Über Zellumlagerung. Ein Beitrag zur experimentellen Anatomie. Zeitschr. f. Bot. 6. 1914.

1903. Neger, F. W., Über Blätter mit der Funktion von Stützorganen. Flora. 92. 1903.

1901. Němec, B., Reizleitung und reizleitende Strukturen. Jena 1901.

1905. — Studien über die Regeneration. Berlin 1905.

1898. Nestler, A., Über die durch Wundreiz bewirkten Bewegungserscheinungen des Zellkerns und des Protoplasmas. Sitzungsber. Akad. Wiss. Wien. 107. Abt. I. 1898.

1911. Neubert, L., Geotrophismus und Kamptotrophismus bei Blattstielen. Beitr. z. Biol. d. Pflanzen. 10. 1911.

1916. Nienburg, W., Die Perzeption des Lichtreizes bei den Oszillarien und ihre Reaktionen auf Intensitätsschwankungen. Zeitschr. f. Bot. 8. 1916.

1909. Niklewski, Br., Über den Austritt von Calcium- und Magnesium-Ionen aus der Pflanzenzelle. Ber. d. D. bot. Ges. 27. 1909.

1892. Noll, Fr., Über heterogene Induktion. Versuch eines Beitrags zur Kenntnis der Reizerscheinungen der Pflanzen. Leipzig 1892.

1907. Nordhausen, M., Über Richtung und Wachstum der Seitenwurzeln unter dem Einfluß äußerer und innerer Faktoren. Jahrb. wiss. Bot. 44. 1907.

1892. Oltmanns, Fr., Über die photometrischen Bewegungen der Pflanzen. Flora. 75. 1892.

1903. Olufsen, L., Untersuchungen über die Wundperidermbildung an Kartoffelknollen. Beih. z. botan. Zentralbl. 15. 1903.

1915. Pantanelli, E., Über Ionenaufnahme. Jahrb. wiss. Bot. 56. 1915. (Pfeffer-Festschrift.)

1897. Peters, L., Beiträge zur Wundheilung bei *Helianthus annuus* und und *Polygonum cuspidatum*. Rostocker Dissertation. Göttingen 1897.

1899. Pethybridge, Beiträge zur Kenntnis der Einwirkung der anorganischen Salze auf die Entwicklung und den Bau der Pflanzen. Dissertation. Göttingen 1899.

1875. Pfeffer, W., Die periodischen Bewegungen der Blattorgane. Leipzig 1875.

1884. — Lokomotorische Richtungsbewegungen durch chemische Reize. Unters. a. d. bot. Inst. Tübingen. Leipzig. Bd. I. 1884.

1893. — Druck und Arbeitsleistung durch wachsende Pflanzen. Abhandl. d. math.-phys. Kl. d. Kgl. sächs. Ges. d. Wiss. 20. Leipzig 1893.

1904. — Pflanzenphysiologie. Ein Handbuch der Lehre vom Stoffwechsel und Kraftwechsel in der Pflanze. 2. Aufl. Leipzig. Bd. 2. Kraftwechsel. 1904.

1907. Pfeffer, W., Untersuchungen über die Entstehung der Schlaf-
         bewegungen. Abhandl. d. math.-phys. Kl. d. Kgl. sächs. Ges.
         d. Wiss. 30. Leipzig 1907.

1908. — Die Entstehung der Schlafbewegungen bei Pflanzen. Biol.
         Zentralbl. 28. 1908.

1911. — Der Einfluß von mechanischer Hemmung und von Belastung
         auf die Schlafbewegungen. Abhandl. d. math.-phys. Kl. d. Kgl.
         sächs. Ges. d. Wiss. 32. Leipzig 1911.

1915. — Beiträge zur Kenntnis der Entstehung der Schlafbewegungen.
         Abhandl. d. math.-phys. Kl. d. Kgl. sächs. Ges. d. Wiss. 34.
         Leipzig 1915.

1908. Prein, R., Über den Einfluß mechanischer Hemmungen auf die
         histologische Entwicklung der Wurzeln. Dissertation. Bonn
         1908.

1906. Pringsheim, E., Wasserbewegung und Turgorregulation in welken-
         den Pflanzen. Jahrb. wiss. Bot. 43. 1906.

1909. — I. Einfluß der Beleuchtung auf die heliotropische Stimmung.
         Cohns Beitr. z. Biol. d. Pfl. 9. 1909.
         II. Studien zur heliotropischen Stimmung und Präsentationszeit.
         Ebenda. 9. 1909.

1912. — Das Zustandekommen der taktischen Reizbewegungen. Biol.
         Zentralbl. 32. 1912.

1907. Prowazek, S., Zur Regeneration der Algen. Biol. Zentralbl. 27.
         1907.

1902. Pulst, C., Die Widerstandsfähigkeit einiger Schimmelpilze gegen
         Metallgifte. Jahrb. wiss. Bot. 37. 1902.

1900. Puriewitsch, K., Physiologische Untersuchungen über Pflanzen-
         atmung. Jahrb. wiss. Bot. 35. 1900.

1905. Raciborski, Bull. Acad. Crac. 1905. (Nach Jost 1908.)

1898. Ramann, E., Wandern die Nährstoffe beim Absterben der Blätter?
         Zeitschr. f. Forst- und Jagdwesen. 30. 1898. Bericht von
         Büsgen in Bot. Zeitung. 56. II. 1898.

1892. Richter, A., Über die Anpassung der Süßwasseralgen an Koch-
         salzlösungen. Flora. 75. 1892.

1894. — Über Reaktionen der Characeen auf äußere Einflüsse. Flora. 78.
         1894.

1905. Riehm, E., Beobachtungen an isolierten Blättern. Zeitschr. f.
         Naturw. 77. 1905.

1905. Roux, W., Die Entwicklungsmechanik, ein neuer Zweig der bio-
         logischen Wissenschaft. Vortr. u. Aufs. H. 1. Leipzig. 1905.

1914. — Die Selbstregulation, ein charakteristisches und nicht not-
         wendig vitalistisches Vermögen aller Lebewesen. Nova acta.
         Abh. d. Kaiserl. Leop.-Carol. Akad. d. Naturf. 100. Halle
         1914.

1893. Ruge, G., Beiträge zur Kenntnis der Vegetationsorgane der Leber-
         moose. Flora. 77. 1893.

1909. Ruhland, W., Beiträge zur Kenntnis der Permeabilität der Plasmahaut. Jahrb. wiss. Bot. 46. 1909.

1891. Sauvageau, Sur les feuilles de quelques monocotyledones aquatiques. Thèse. Paris 1891. (Nach Küster 1903.)

1884. Schenk, H., Über Strukturveränderung submers vegetierender Landpflanzen. Ber. d. D. bot. Ges. 2. 1884.

1892. Schilberszky, K., Künstlich hervorgerufene Bildung sekundärer (extrafaszikulärer) Gefäßbündel bei Dikotylen. Ber. d. D. bot. Ges. 10. 1892.

1913. Schindler, B., Über den Farbenwechsel der Oszillarien. Zeitschr. f. Bot. 5. 1913.

1912. — und W. Magnus, siehe Magnus.

1913. Schlumberger, O., Über einen eigenartigen Fall abnormer Wurzelbildung an Kartoffelknollen. Ber. d. D. bot. Ges. 31. 1913.

1908. Schuster, W., Die Blattaderung des Dikotylenblattes und ihre Abhängigkeit von äußeren Einflüssen. Ber. d. D. bot. Ges. 26. 1908.

1908. Senn, G., Die Gestalts- und Lageveränderungen der Pflanzenchromatophoren. Leipzig 1908.

1905. Shibata, K., Studien über die Chemotaxis der *Isoëtes*-Spermatozoiden. Jahrb. wiss. Bot. 41. 1905.

1911. — Untersuchungen über die Chemotaxis der Pteridophyten-Spermatozoiden. Jahrb. wiss. Bot. 49. 1911.

1908. Simon, S., Experimentelle Untersuchungen über die Entstehung von Gefäßverbindungen. Ber. d. D. bot. Ges. 26. 1908.

1894. Spalding, V. M., The traumatropic Curvature of Roots. Annals of Bot. 8. 1894.

1880. Stahl, E., Über den Einfluß von Richtung und Stärke der Beleuchtung auf einige Bewegungserscheinungen im Pflanzenreich. Bot. Zeitung. 38. 1880.

1884. — Einfluß des Lichtes auf den Geotropismus einiger Pflanzenorgane. Ber. d. D. bot. Ges. 2. 1884.

1909. — Zur Biologie des Chlorophylls. Laubfarbe und Himmelslicht. Jena 1909.

1916. Stark, P., Untersuchungen über den Traumatotropismus. Ber. d. D. bot. Ges. 34. 1916.

1916a. — Beiträge zur Kenntnis des Traumatotropismus. Jahrb. wiss. Bot. 57. 1916.

1910. Stoppel, R., Über den Einfluß des Lichts auf das Öffnen und Schließen einiger Blüten. Zeitschr. f. Bot. 2. 1910.

1911. — und Kniep, H., Weitere Untersuchungen über das Öffnen und Schließen der Blüten. Zeitschr. f. Bot. 3. 1911.

1912. — Über die Bewegungen der Blätter von *Phaseolus* bei Konstanz der Außenbedingungen. Ber. d. D. bot. Ges. 30. 1912.

1916. — Die Abhängigkeit der Schlafbewegungen von *Phaseolus multiflorus* von verschiedenen Außenfaktoren. Zeitschr. f. Bot. 8. 1916.

1917. Stoppel, R., Die Beziehungen der Schlafbewegungen von Laub-
und Blumenblättern zu autonomen Lebenserscheinungen. Die
Naturwissensch. 5. 1917.

1878. Strasburger, E., Die Wirkung der Wärme und des Lichtes auf
Schwärmsporen. Jenaische Zeitschr. f. Naturwissensch. 12.
1878.

1914. Swart, N., Die Stoffwanderung in ablebenden Blättern. Jena
1914.

1884. Tangl, Ed., Zur Lehre von der Kontinuität des Protoplasmas im
Pflanzengewebe. Sitzungsber. d. math.-phys. Kl. Wiener Akad.
d. Wiss. 90. I. 1884.

1900. Thomas, J., Anatomie comparée et expérimentale des feuilles
souterraines. Revue gén. de Bot. 12. 1900.

1897. Tittmann, H., Beobachtungen über Bildung und Regeneration
des Periderms, der Epidermis, des Wachsüberzuges und der
Cuticula holziger Gewächse. Jahrb. wiss. Bot. 30. 1897.

1903. Tobler, F., Über Vernarbung und Wundreiz an Algenzellen. Ber.
d. D. bot. Ges. 21. 1903.

1912. True und Bartlett, U. S. Dep. Agr. Bur. Plant. Ind. Bull. 231.
1912. (Nach Pantanelli 1915.)

1914. Trülzsch, Über die Ursachen der Dorsiventralität der Sprosse von
Ficus pumila und einigen anderen Pflanzen. Jahrb. wiss. Bot.
54. 1914.

1911. Ulehla, Vl., Ultramikroskopische Studien über Geißelbewegung.
Biol. Zentralbl. 31. 1911.

1878. Vöchting, H., Über Organbildung im Pflanzenreich. Bonn 1878.
Bd. I.

1887. — Über die Bildung der Knollen. Physiologische Untersuchungen.
Bibl. bot. H. 4. 1887.

1892. — Über Transplantation am Pflanzenkörper. Untersuchungen zur
Physiologie und Pathologie. Tübingen 1892.

1900. — Zur Physiologie der Knollengewächse. Studien über vikariierende
Organe am Pflanzenkörper. Jahrb. wiss. Bot. 34. 1900.

1902. — Über die Keimung der Kartoffelknollen. Experimentelle Untersuchungen. Bot. Zeitung. 60. 1902.

1906. — Über Regeneration und Polarität bei höheren Pflanzen. Bot.
Zeitung. 64. 1906.

1908. — Untersuchungen zur experimentellen Anatomie und Pathologie
des Pflanzenkörpers. Tübingen 1908.

1885. Wakker, J. H., Onderzoekingen over adventieve Knoppen. Aka-
demisk-proefschrift. Amsterdam 1885.

1891. Wehmer, C., Entstehung und physiologische Bedeutung der
Oxalsäure im Stoffwechsel einiger Pilze. Bot. Zeitung. 49.
1891.

1892. — Zur Frage der Entleerung absterbender Organe, insbesondere
der Laubblätter. Landwirtschaftl. Jahrb. (Thiel). 21. 1892.

1903. Wiedersheim, W., Über den Einfluß der Belastung auf die Ausbildung von Holz- und Bastzellen bei Trauerbäumen. Jahrb. wiss. Bot. 38. 1903.

1906. Wiesner, J. v., Zur Laubfallfrage. Ber. d. D. bot. Ges. 24. 1906.

1911. — Über aphotometrische, photometrische und pseudophotometrische Blätter. Ber. d. D. bot. Ges. 29. 1911.

1906. Wildt, W., Über die experimentelle Erzeugung von Festigungselementen in Wurzeln und deren Ausbildung in verschiedenen Nährböden. Bonner Dissertation. Bonn 1906.

1913. Winkler, A., Über den Einfluß von Außenbedingungen auf die Kälteresistenz ausdauernder Gewächse. Jahrb. wiss. Bot. 52. 1913.

1908. Winkler, H., Über die Umwandlung des Blattstiels zum Stengel. Jahrb. wiss. Bot. 45. 1908.

1885. Wortmann, J., Der Thermotropismus der Plasmodien von *Fuligo varians*. Ber. d. D. bot. Ges. 3. 1885.

1887. — Zur Kenntnis der Reizbewegungen. Bot. Zeitung. 45. 1887.